1分钟秘笈

Lightroom照片处理
实战秘技250招

李杏林　编　著

U0293154

清华大学出版社
北　京

内 容 简 介

本书通过250个实战秘技，介绍Lightroom 6.7在图片处理应用中的实战技巧，以传授实战技巧的形式打破了传统的按部就班讲解知识的模式，大量的实战秘技全面涵盖了读者在图像处理中所遇到的问题及解决方案。

本书共分为18章，分别介绍了照片处理的基础知识、导入照片、用图库管理照片、照片的简单修复技法、照片瑕疵的修复技法、照片色调的修复技法、特殊色调的处理技法、黑白照片的转换、同步和转入Photoshop、将照片导出到磁盘或CD、幻灯片让作品更有魅力、画册与Web画廊的独特呈现、打印知识尽在掌握、自然风光摄影后期处理、人像宠物摄影后期处理、数码照片修复处理、数码照片光影色调调整、人像数码照片美化与修饰等内容。

本书内容丰富、图文并茂，适合零基础、想快速提高图片处理水平的读者阅读；如果读者从未接触过Lightroom，通过本书的学习，也可以毫无压力地使用Lightroom 6.7快速处理图片。

本书封面贴有清华大学出版社防伪标签，无标签者不得销售。

版权所有，侵权必究。侵权举报电话：010-62782989 13701121933

图书在版编目(CIP)数据

Lightroom照片处理实战秘技250招 / 李杏林编著. —北京：清华大学出版社，2018

(1分钟秘笈)

ISBN 978-7-302-50197-8

Ⅰ. ①L… Ⅱ. ①李… Ⅲ. ①图像处理软件 Ⅳ.①TP391.413

中国版本图书馆CIP数据核字(2018)第114757号

责任编辑：韩宜波
装帧设计：杨玉兰
责任校对：吴春华
责任印制：李红英

出版发行：清华大学出版社

网　　址：http://www.tup.com.cn, http://www.wqbook.com

地　　址：北京清华大学学研大厦A座　　　　邮　　编：100084

社 总 机：010-62770175　　　　　　　　　邮　　购：010-62786544

投稿与读者服务：010-62776969, c-service@tup.tsinghua.edu.cn

质量反馈：010-62772015, zhiliang@tup.tsinghua.edu.cn

印 装 者：北京密云胶印厂

经　　销：全国新华书店

开　　本：185mm×260mm　　印　张：22　　字　数：532千字

版　　次：2018年7月第1版　　　　印　次：2018年7月第1次印刷

定　　价：58.00元

产品编号：074522-01

前言

Lightroom作为一款为数码摄影而生的软件，在通用性、操作性和功能上具有自己独特的优势。与其他的图像软件相比，它不仅有优秀的图像处理引擎，还提供了一套完整的数码后期处理解决方案，可以完成从照片导入到最终输出的一系列过程。

本书特色包含以下4点。

- ⏱ **快速索引，简单便捷：** 本书考虑到读者实际遇到问题时的查找习惯，标题即点明要点，从而在目录中即可快速检索出自己需要的技巧。
- ⏱ **传授秘技，招招实用：** 本书总结了250个使用Lightroom处理图像常见的难题，并对图像处理的每一步操作都进行详细讲解，从而使读者能轻松掌握实用的操作秘技。
- ⏱ **知识拓展，学以致用：** 本书中的每个技巧都含有知识拓展的内容，对每个技巧的知识点都进行了延伸，能够让读者学以致用，对日常的工作、学习有所帮助。
- ⏱ **图文并茂，视频教学：** 本书采用一步一图形的方式，使技巧的讲解形象而生动。另外，本书配备了所有技巧的教学视频，使读者的学习更加直观、生动。

本书共分为18章，具体内容介绍如下。

- ⏱ **第1章 照片处理的基础知识：** 介绍认识各种模块、显示副窗口、简化工作界面、调整面板尺寸、查看图片信息、降低背景光亮度、身份标识的设计方法等内容。
- ⏱ **第2章 导入照片：** 介绍导入预设设置、选择导入源、选择导入方式、监视的文件夹设置方式、用佳能相机联机拍摄等内容。
- ⏱ **第3章 用图库管理照片：** 介绍图库界面、视图模式的转换、胶片窗格的基本操作、关键字的添加、查找照片的方法、备份目录的基本做法、照片链接丢失的判断方法、重新建立照片链接等内容。
- ⏱ **第4章 照片的简单修复技法：** 介绍照片风格的转换、快速修改照片、矫正倾斜照片、用采点工具设置白平衡、还原画面真实色彩、利用自动同步一次性编辑多张照片等内容。
- ⏱ **第5章 照片瑕疵的修复技法：** 介绍利用污点去除工具修复照片瑕疵、调整画笔为人物柔肤、去除人物红眼、修正色差、修复变形照片、修复边缘暗角、识别相似人脸表情、轻松制作HDR图片、锐化图像等内容。
- ⏱ **第6章 照片色调的修复技法：** 介绍使用直方图调整图像影调、用相机校准功能恢复照片色彩、修正曝光不足的图像、用渐变滤镜制作光照效果、镜头暗角的消除方法、制作图像的收光效果等内容。
- ⏱ **第7章 特殊色调的处理技法：** 介绍制作色彩绚丽的夕阳美景、快速改变画面的局部曝光、制作唯美的外景风光大片、制作室内人像蓝色调、改善曝光增强静物的质感等内容。

⊕ 第8章 黑白照片的转换：介绍转换为黑白影像的四大技巧、打造超强的黑白视觉效果、制作高对比度的黑白照片、打造魅力中性色等内容。

⊕ 第9章 同步和转入Photoshop：介绍复制设置并对照片进行粘贴、在Photoshop CC 2017中进行编辑、在其他应用程序中进行编辑、批量更改照片中的影调和色调、在Photoshop中创建HDR图像等内容。

⊕ 第10章 将照片导出到磁盘或CD：介绍导出对话框的打开方式、导出照片大小的调整、管理导出照片的元数据、使用上次的设置导出照片、导出照片时使用自定预设等内容。

⊕ 第11章 幻灯片让作品更有魅力：介绍幻灯片制作的基本流程、幻灯片背景颜色的调整、幻灯片的身份标识、在幻灯片中添加背景音乐、在收藏夹中存储幻灯片、将幻灯片导出为MP4视频文件等内容。

⊕ 第12章 画册与Web画廊的独特呈现：介绍画册首选项的设置、自动布局、页面调整、参考线与单元格的设定、Web模块、调整HTML画廊的布局、更改HTML画廊的颜色等内容。

⊕ 第13章 打印知识尽在掌握：介绍快速实现打印预设模块、辅助设计面板、调整照片尺寸并旋转、在打印版面中添加"身份标识"、当前打印页面的存储等内容。

⊕ 第14章 自然风光摄影后期处理：介绍加强对比凸显大海的壮阔，利用色调分离制作日式街景，打造水墨山水效果，复古怀旧的罗马建筑、金碧辉煌的帆船酒店等风景摄影图片处理等内容。

⊕ 第15章 人像宠物摄影后期处理：介绍增强特定的颜色展示人像，制作黑白肖像、高饱和度的人像照片，萌宠可爱的猫咪、体态轻盈的飞鸟等人像宠物摄影图片处理等内容。

⊕ 第16章 数码照片修复处理：介绍利用Photoshop调整倾斜照片、裁剪照片、调整照片方向、为照片添加水印、消除照片噪点、修正模糊旧照片等内容。

⊕ 第17章 数码照片光影色调调整：介绍利用Photoshop调整曝光不足、增强照片对比度、恢复照片层次、为水面合成倒影、制作阿宝色效果、制作红外线照片效果等内容。

⊕ 第18章 人像数码照片美化与修饰：介绍利用Photoshop消除红眼、清除眼袋、美白牙齿、消除皱纹、清除脸部雀斑、打造V脸型、打造修长身姿等内容。

本书作者 ————————————————————————

本书由李杏林编著，其他参与编写的人员还有张小雪、罗超、李雨旦、孙志丹、何辉、彭蔓、梅文、毛琼健、胡丹、何荣、张静玲、舒琳博等。

由于作者水平有限，书中不足、疏漏之处在所难免。在感谢您选择本书的同时，也希望您能够把对本书的意见和建议告诉我们。

读者服务邮箱为luyubook@foxmail.com。另外，本书配备资源可以通过扫描二维码进行下载。

编　者

目录

第 4 章　照片的简单修复技法 52

第 5 章　照片的修饰技法 72

第 6 章　照片色调的修复技法 93

第 7 章　特殊色调的处理技法 113

第 8 章　黑白照片的转换 132

第 9 章　同步和转入 Photoshop 139

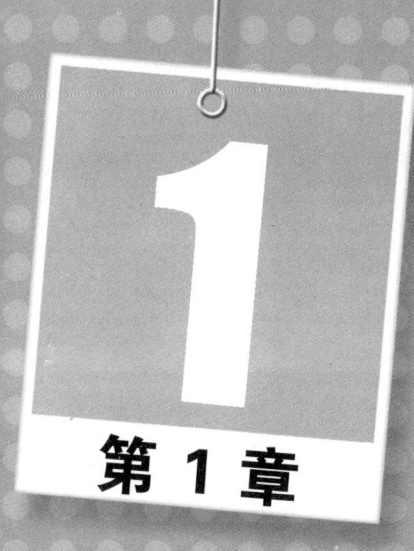

照片处理的基础知识

第1章

Adobe Photoshop Lightroom 是Adobe公司推出的一款图像应用软件，专为数码照片后期处理服务。它具备强大而易用的自动调整功能，以及各种最先进的工具，可以让处理的图像达到最佳品质。本章将用图解的方式向读者介绍Lightroom工作区的功能分布，以及用一些常见的修改方式修饰工作区。

招式 001 菜单栏的操作方法

Q Lightroom软件与Photoshop软件的菜单栏有什么区别?

A 没有什么区别,菜单上的命令都是差不多的。

1.介绍菜单栏

❶ 双击桌面上的 Lightroom 快捷图标,打开操作界面。菜单栏位于页面顶端,包括 8 个程序菜单,❷ 在菜单栏中可以选择任何命令来调整照片。

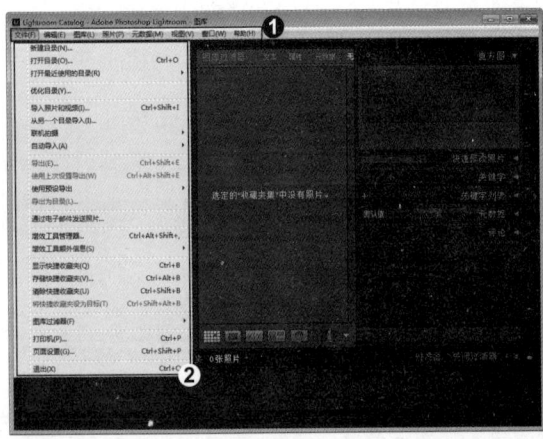

2.使用菜单栏执行命令

❶ 单击"文件"|"优化目录"命令,❷ 此时弹出"确认"提示框,单击"优化"按钮即可优化目录。

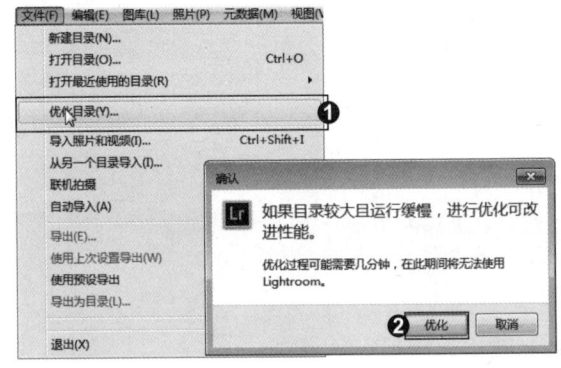

知识拓展

可以通过首选项设置更改 Lightroom的工作界面。❶ 单击"编辑"|"首选项"菜单命令,打开"首选项"对话框,单击"界面"标签,展开"界面"选项卡,❷在此选项卡下可以对背景颜色、面板文字等选项进行设置,以变换工作界面。

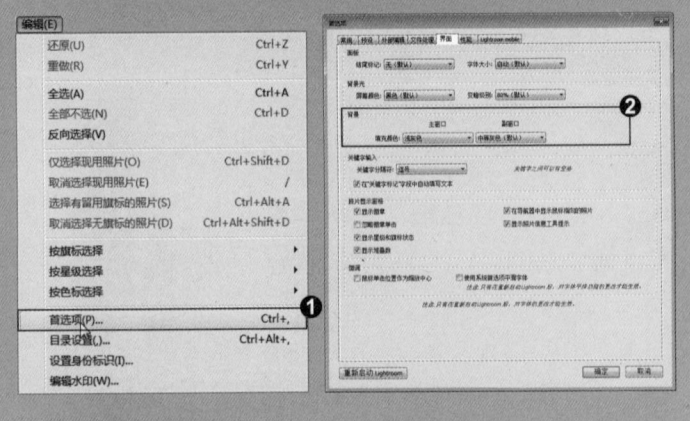

招式 002 认识各种模块功能

Q Lightroom有多少个功能区域？分别是哪几种？

A Lightroom包括7个功能区域，分别是菜单栏、工作区、左侧面板、主窗口、右侧面板、胶片显示窗格、LR标识。

1.介绍工作区与左侧面板

❶ 工作区位于页面的右侧顶端，共包括 7 个模块，每个模块针对的都是摄影后期工作流程的某个特定环节。❷ 左侧面板位于页面左侧，对应的是使用的程序模块，主要作用是管理目录和照片文件夹、显示历史记录和一些模板的预设。

2.介绍主窗口与右侧面板

❶ 主窗口位于页面的中间位置，在此区域显示照片，显示的方式可以是以缩览图的方式多幅显示，也可以是单张显示。在不同的模块中，还可以编辑在此区域的照片。❷ 右侧面板位于页面的右侧，在 7 个不同的模块中，此面板显示的控制选项各不相同，用于处理元数据、关键字及调整图像。

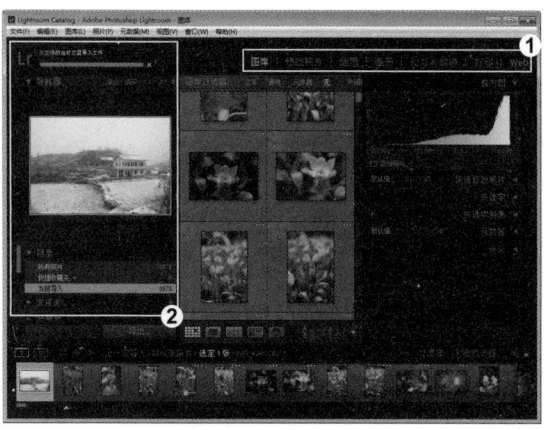

3.介绍胶片显示窗格与LR 标识

❶ 胶片显示窗格也称为"浏览器窗口"，位于页面的底部，可以像传统胶片一样排列照片。❷LR 标识也称为"身份标识"，位于页面的顶端，用来表示软件名称和版本。

知识拓展

运行Lightroom后，单击工作界面右上角的模块按钮，可以在"图库"模块、"修改图片"模块、"地图"模块、"画册"模块、"幻灯片"模块、"打印"模块和Web模块之间进行切换。同时，Lightroom还为这7个工作模块配备了相应的快捷键，在按住Ctrl+Alt快捷键的同时按数字1~7中的任意数字，可以在7个模块中切换。

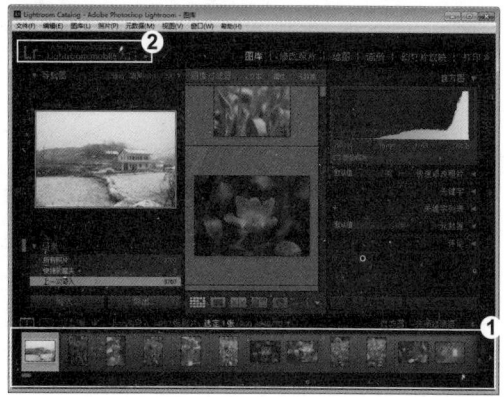

招式 003 面板的显示与隐藏

Q 在利用Lightroom处理照片时，想显示或隐藏面板，该如何去操作呢？

A 可以执行菜单命令来显示或隐藏面板，简化界面。

1.显示面板

❶ 双击桌面上的 Lightroom 快捷图标，打开操作界面，在菜单栏上单击"窗口"|"面板"命令，❷ 横向打开的子菜单中有很多不同的面板，可以选择显示工作区的一个或多个面板。

2.隐藏面板

❶ 在菜单栏上单击"窗口"|"面板"命令，❷ 横向打开的子菜单中有很多不同的面板，可以选择隐藏工作区的一个或多个面板。

知识拓展

　　除了可以使用菜单命令显示或隐藏面板外，还可以按键盘上的F5、F6、F7、F8键显示或隐藏面板。

✓	导航器(G)	Ctrl+Shift+0
✓	目录(C)	Ctrl+Shift+1
✓	文件夹(2)	Ctrl+Shift+2
✓	收藏夹(O)	Ctrl+Shift+3
—	发布服务(P)	Ctrl+Shift+4
✓	直方图(H)	Ctrl+0
	快速修改照片(Q)	Ctrl+1
	关键字(K)	Ctrl+2
	关键字列表(3)	Ctrl+3
	元数据(4)	Ctrl+4
	注释(E)	Ctrl+5
	切换两侧面板(S)	Tab
	切换全部面板(A)	Shift+Tab
✓	显示模块选取器(M)	F5
✓	显示胶片显示窗格(F)	F6
✓	显示左侧模块面板(L)	F7
✓	显示右侧模块面板(R)	F8

招式 **004** 显示副窗口

Q 在Lightroom中处理照片后，要想放大图片查看细节，该怎么单独用一个窗口显示图片？

A 单击胶片显示窗格左上角的"显示/隐藏副窗口"按钮，即可查看单独的照片。

1. 单击"显示/隐藏副窗口"按钮

❶ 双击桌面上的 Lightroom 快捷图标，打开 Lightroom 软件，此时界面为默认的"图库"界面。❷ 单击胶片显示窗格左上角的"显示 / 隐藏副窗口"按钮。

2. 显示副窗口

❶ 打开了一个独立的照片显示窗口，此窗口即为副窗口，❷ 对图像的选择、放大、切换、比较等操作都可以在副窗口上完成。

知识拓展

如果在两台联机的计算机上运行Lightroom软件，副窗口会独立显示在其中一台显示器上。这样做的好处是，可以在一台显示器上处理照片，而在另外一台显示器上全屏观察该照片的最终效果。双显示器显示功能扩展了软件的操作界面，对于专业人员而言，这项功能大大提高了工作效率。

招式 **005** 切换屏幕模式展现工作区

Q Lightroom可以像Photoshop一样切换不同的屏幕模式来展示工作区吗？

A 当然可以，除了可以切换不同的模式外，还可以隐藏全屏面板及查看下一个屏幕效果。

1. 显示屏幕模式

双击桌面上的 Lightroom 快捷图标，打开 Lightroom 软件。执行"窗口"|"屏幕模式"命令，此时弹出子菜单，显示 6 种屏幕模式。

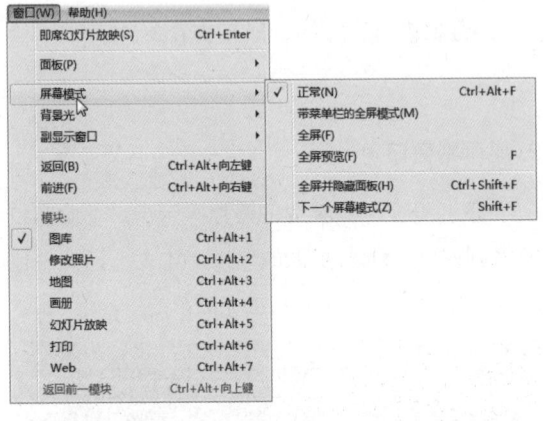

2. 查看屏幕效果

在弹出的子菜单中选择"全屏并隐藏面板"命令，可将软件的面板隐藏，用全屏显示图像。

知识拓展

如果输入法处于英文状态，按F键可在不同的屏幕模式之间进行转换。

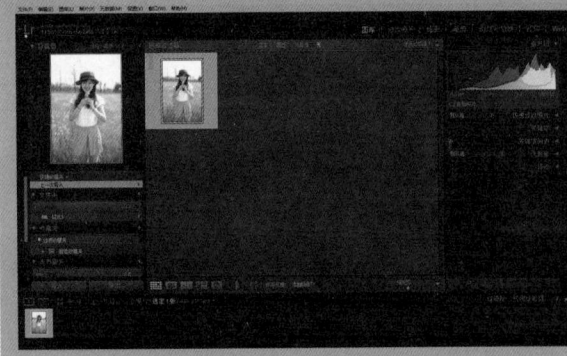

带有菜单的全屏模式

全屏模式

招式 006 调整面板尺寸

Q 如果想要放大或缩小功能区域的面板，怎么调整面板的尺寸？

A 当鼠标指针介于两个面板之间的临界线上时，指针会变为左右箭头的形状，移动鼠标即可调整面板的尺寸。

1.改变功能面板的大小

双击桌面上的 Lightroom 快捷图标，打开 Lightroom 软件。❶ 当鼠标指针置于"照片显示及工作区域"与"左面板"（或"右面板"）的临界点时，指针会变成左右箭头的形状。❷ 按住鼠标左键并左右拖动鼠标就可以改变"左面板"（或"右面板"）的大小。

2. 改变胶片显示窗格的大小

❶ 当鼠标指针置于"照片显示及工作区域"与"胶片显示窗格"的临界点时，指针会变成上下箭头的形状。❷ 按住鼠标左键并上下拖动鼠标就可以改变"胶片显示窗格"的大小。

知识拓展

在Lightroom中，其他面板也可以使用鼠标拖曳来放大或缩小。

招式 007 展开和折叠面板

Q Lightroom界面中包含众多的面板，如果想单独折叠或者展开功能区域面板，应如何操作？

A 单击想要折叠或者展开的功能区域面板旁边的小三角按钮，即可折叠或者展开这个功能区域面板。

1.展开面板

双击桌面上的 Lightroom 快捷图标，打开操作界面。❶ 当面板四周的三角形图标为 ▇▇▇ 形状时，表示该面板处于折叠状态，❷ 单击该三角形即可展开隐藏的面板。

2.折叠面板

❶ 当面板四周的三角形图标为 ██ 形状时，表示该面板处于展开状态，❷ 单击该三角形即可折叠显示中的面板。

知识拓展

除了单击上下左右的三角形面板可以展开或折叠面板外，还可以按下Shift+Tab快捷键展开或折叠全部面板。

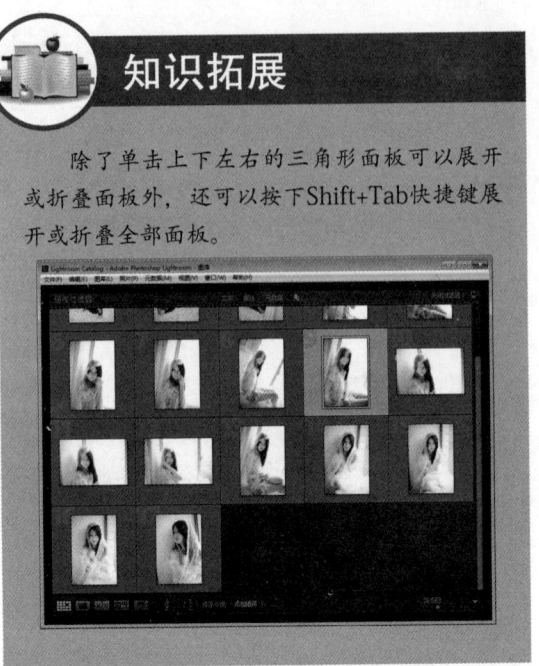

招式 **008** 自定义面板的外观

Q 在使用Lightroom处理照片时，要想让工作界面有自己的风格，该怎么设置窗口的背景颜色呢？

A 最好使用中等灰色作为窗口的背景颜色，一般情况下不建议使用白色与黑色，因为白色与黑色背景会与画面形成强烈的反差，容易使人对调整效果产生视觉偏差。

1.显示界面

❶ 双击桌面上的 Lightroom 快捷图标，打开操作界面。❷ 单击"编辑"|"首选项"命令。

2. 更改窗口背景的颜色

❶ 在弹出的对话框中单击"界面"标签。❷ 在"背景"选项组中可以设置"主窗口"（或"副窗口"）背景的"填充颜色"。Lightroom 一共有 6 种背景颜色。

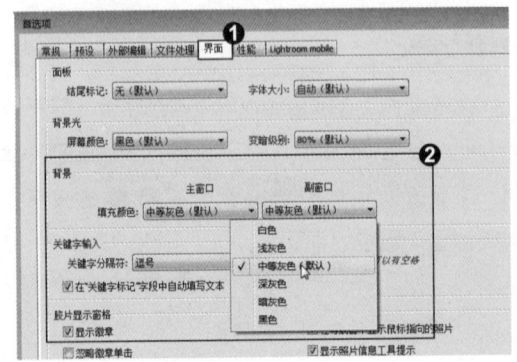

 知识拓展

　　在Lightroom 5中，单击"编辑"|"首选项"命令，在弹出的对话框中可以设置"主窗口"（或副窗口）背景的"纹理"效果，而在Lightroom 6.7中，该功能已取消。

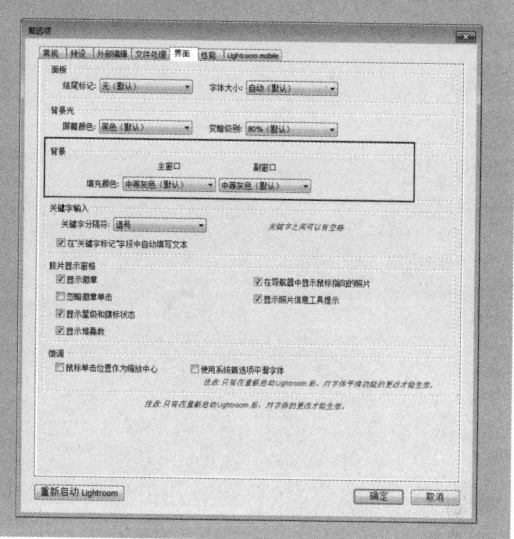

招式 009 认识视图模式

Q 在Lightroom中查看照片的方式有哪些?

A 在"图库"模块下有四种常用的视图模式，分别为网格视图、放大视图、比较视图和筛选视图。

1.显示网格视图

❶ 单击"图库"选项，切换到"图库"模块，选择图库工具栏中的▦（网格视图），❷ 可以查看导入 Lightroom 的所有照片的缩览图。

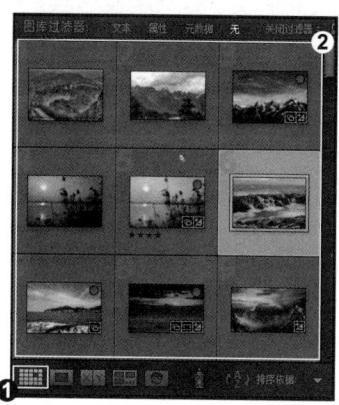

2.显示网格视图

❶ 在"图库"模块选择工具栏中的▣（放大视图），或双击网格视图中的图片缩览图，❷ 可以在视图窗口中查看单张照片的放大效果。

3.显示比较视图 --------------------

❶ 按住 Ctrl 键，在"网格视图"中单击要比较的照片，将其选中，❷ 选择图库工具栏中的 （比较视图），照片的对比效果就会在视图中显示，但一次只显示两张。

4.显示比较视图 --------------------

❶ 按住 Ctrl 键，在"网格视图"中单击多张需要进行比较的照片，❷ 选择图库工具栏中的 ▦（筛选视图），选中的多张照片会并列显示在视图窗口中。

专家提示

按Ctrl++或Ctrl+-快捷键可以对当前选定的图像进行放大或缩小显示。

知识拓展

如果想删除其中的某张照片，只需将鼠标指针移至照片上，照片的右下角就会出现一个X形符号，单击X形符号即可在筛选视图中删除选中的照片。

★★★★★ 招式 **010** 查看图片信息

Q 我想在Lightroom中查看单个图片的信息，该如何操作？

A 在"图库视图选项"对话框中勾选相关复选框，即可查看单个图片的信息。

1.设置网格视图选项

❶ 单击"视图"|"视图选项"命令，在弹出的对话框中单击"网格视图"标签，勾选"顶部标签"复选框，❷ 即在图片上显示了文件名。

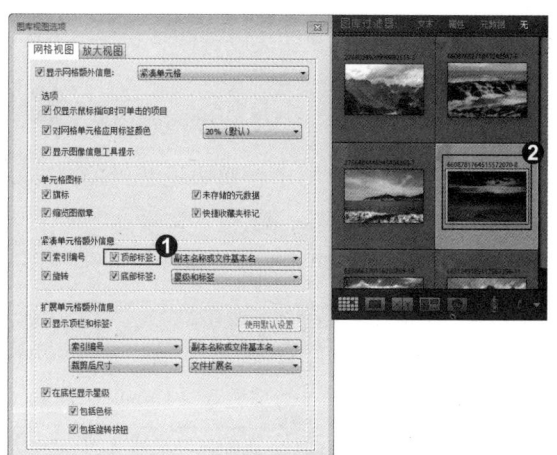

2.设置放大视图选项

❶ 单击"视图"|"视图选项"命令，在弹出的对话框中单击"放大视图"标签，勾选"显示叠加信息"复选框，❷ 即在图片上显示了图片信息。

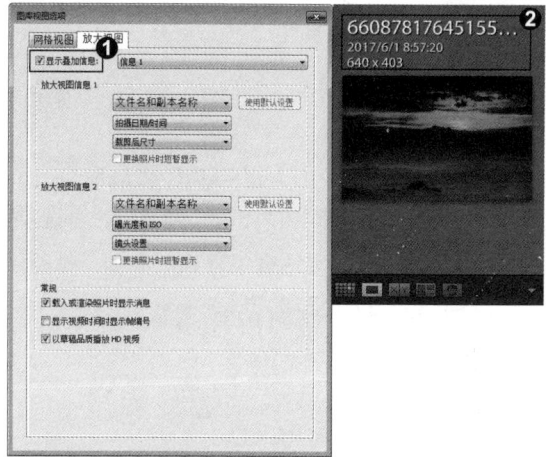

知识拓展

❶在"图库视图选项"对话框中勾选"仅显示鼠标指向时可单击的项目"复选框，移动鼠标指针至图像上可显示单击的项目；❷若不勾选，则照片显示区域将显示所有的照片项目。

专家提示

如果不勾选"显示网格额外信息"复选框，"仅显示鼠标指向时可单击的项目"复选框为灰色状态。

招式 **011** 降低背景光亮度

Q Lightroom的背景光亮度过高，会刺激人的眼睛，如何将背景光的亮度调低？

A Lightroom提供了5种"屏幕模式"与4种"变暗级别"，可以将"屏幕颜色"设置为"浅灰色"，提高"变暗级别"，就可以将背景光的亮度调低了。

1.打开首选项

❶ 双击桌面上的 **Lightroom** 快捷图标，打开操作界面。在菜单栏中单击"编辑"|"首选项"命令，❷ 在弹出的对话框中单击"界面"标签。

2.降低背景光亮度

❶ 在"背景光"选项组中设置光的"屏幕颜色"为"浅灰色"，❷ 在"背景光"选项组中设置光的"变暗级别"为"90%"。

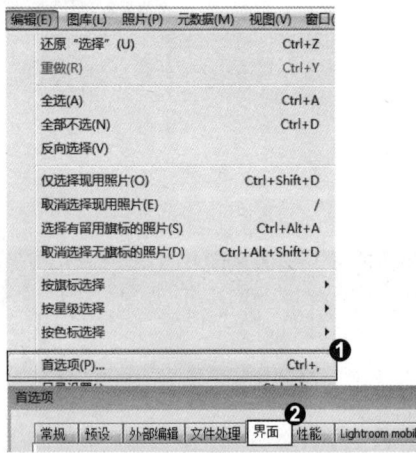

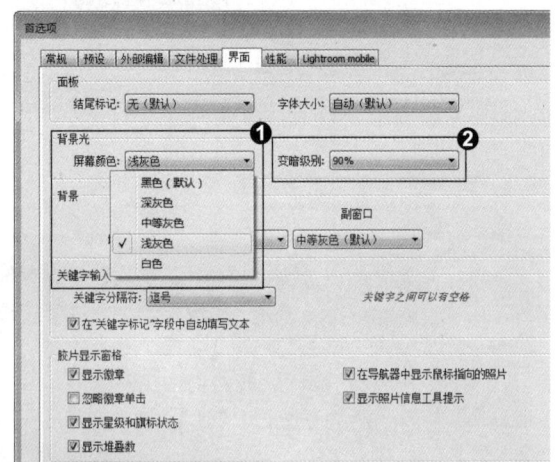

知识拓展

    单击"编辑"|"首选项"命令，在弹出的对话框中单击"界面"标签，在"背景光"选项组中设置背景光的"屏幕颜色"为"黑色（默认）"，设置"变暗级别"为"80%（默认）"。如果按下L键一次，背景光的颜色就会变暗至"黑色（默认）"的80%；按下L键两次后，背景光的颜色就会变暗至"黑色（默认）"；按下L键三次后，背景光的颜色就会恢复初始状态。

招式 **012** 身份标识的设计方法

Q Lightroom中有个身份标识的功能，该功能有何作用呢？

A 这个功能可以自定义Lightroom软件的标识，可用图片或图形制作标识，也可以设置个性化的文字标识。

1. 设置图片、图形标识

❶ 单击 "编辑" | "设置身份标识" 命令，打开 "身份标识编辑器" 对话框，在 "身份标识" 下拉列表中选择 "已个性化" 选项，❷ 选中 "使用图形身份标识" 单选按钮。

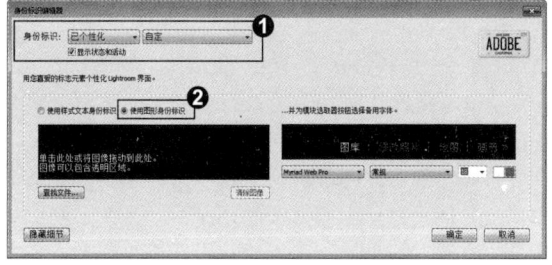

3. 设置文字标识

在 "身份标识编辑器" 对话框中，❶ 选中 "使用样式文本身份标识" 单选按钮，❷ 可以设置字体、字号选项。❸ 此时可以在 Lightroom 6.7 顶部面板中的标识区域查看更改的身份标识。

2. 选择合适的图形

❶ 将 "招式 12" 中的图形素材拖入 "身份标识编辑器" 对话框左侧的黑框区域，或者单击 "查找文件" 按钮，在弹出的对话框中找到图形，❷ 此时可以在 Lightroom 6.7 顶部的标识区查看

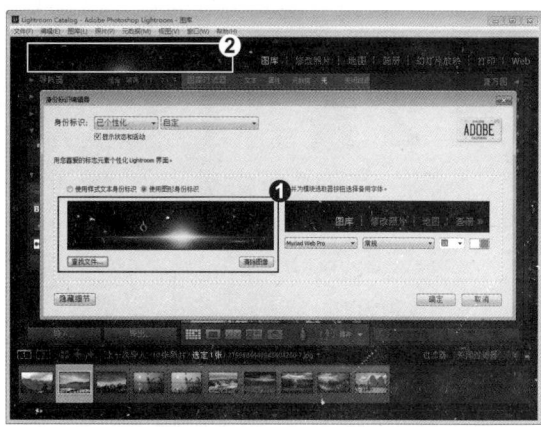

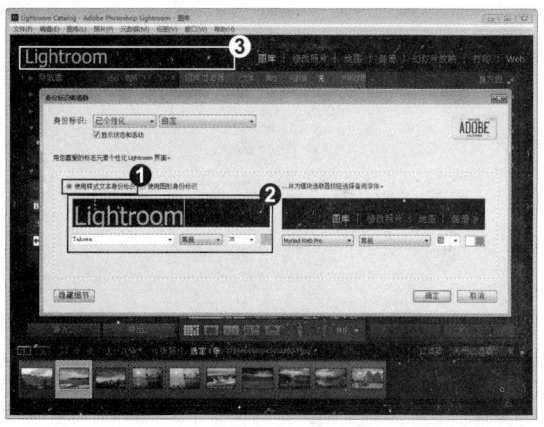

知识拓展

在 "身份标识编辑器" 对话框中单击 "隐藏细节" 按钮 隐藏细节 ，可将多余的面板隐藏；单击 "显示细节" 按钮 显示细节 可显示隐藏的面板。

2

第 2 章

导入照片

在使用Lightroom 6.7处理照片前，需要将照片导入该软件，本章主要讲解如何导入照片。通过本章的学习，读者可以了解导入窗口的基本设置，并学会用不同的方法将所有存储外围设备上需要修饰的照片全部导入Lightroom 6.7中。

招式 013 导入预设设置

Q 如果想快速、准确地将照片导入Lightroom中的"图库"，有什么方法可以解决？

A 按照自己的需求预先设置各项导入参数，即可快速、准确地导入照片。

1.打开首选项

双击桌面上的 Lightroom 快捷图标，打开操作界面。❶ 单击"编辑"|"首选项"命令，❷ 在弹出的对话框中单击"常规"标签。❸ 在"导入选项"选项组勾选"检测到存储卡时显示导入对话框"复选框，一旦计算机和照相机或相机存储卡连接，系统就会自动打开导入对话框，在打开的对话框中可以设置各项参数。

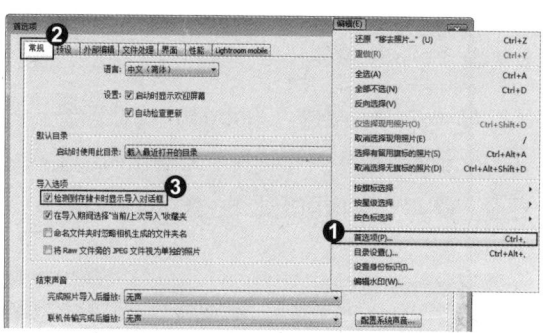

2.设置导入选项

❶ 将照片导入计算机的过程中，如果需要选择"当前/上次导入"收藏夹，则需要勾选此项。❷ 当相关设备向计算机传输照片时，相关设备就会自动创建一个文件夹名。若勾选"命名文件夹时忽略相机生成的文件夹名"复选框，则不会自动生成文件夹名。

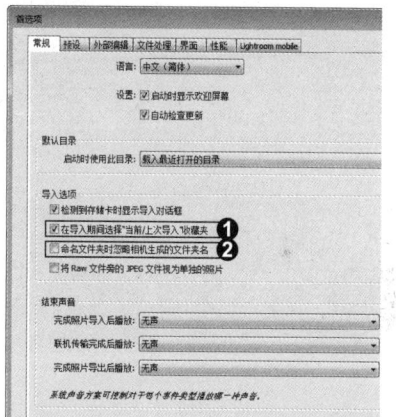

知识拓展

为了便于快速预览，现在一些高端的单反相机在拍摄Raw格式的照片时，会附带一张JPEG格式的照片，Lightroom 不会将JPEG格式的照片导入图库。勾选"将Raw文件旁的JPEG文件视为单独的照片"复选框，则可以将JPEG格式的照片作为独立照片导入Lightroom。完成相关参数的设置后，单击"确定"按钮，导入预设设置完成。

未勾选"将Raw文件旁的JPEG文件视为单独的照片"复选框

已勾选"将Raw文件旁的JPEG文件视为单独的照片"复选框

招式 **014** 选择导入源

Q Lightroom会将插入的存储卡显示在设备一览表并且将它作为默认的导入源，如何操作能让存储卡在结束导入后自动弹出？

A 在左侧面板的最上方会显示选择的导入源，选中"导入后弹出"，存储卡将会在结束后自动弹出。

1.单击"导入"按钮

❶ 双击桌面上的 Lightroom 快捷图标，打开 Lightroom 软件，此时界面为默认的"图库"界面。❷ 单击左侧面板上的"导入"按钮。

2.选择导入源

❶ 在导入对话框内，左侧是导入的源区域，在这里选择需要导入照片的来源，❷ 单击"导入"按钮后，将照片导入软件内。

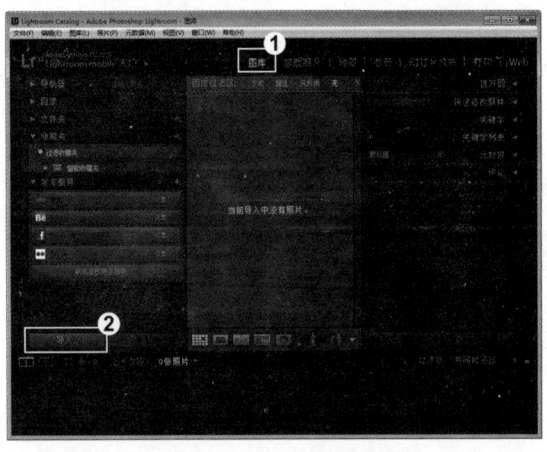

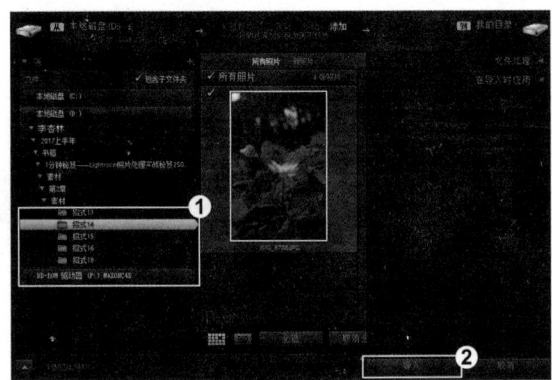

知识拓展

存储卡插入计算机后，Lightroom软件通常会自动识别存储卡并将它作为默认的导入源。

招式 **015** 选择导入方式

Q 确定好导入源后，有几种导入方式？分别是什么呢？

A 有4种导入方式，分别是复制为DNG、复制、移动与添加。如果插入了存储卡，移动和添加两个选项则不能使用。

1.用"添加"的方式导入照片

　　双击桌面上的 Lightroom 快捷图标，打开
操作界面。❶ 单击"文件"|"导入照片和视频"
命令。❷ 打开"导入"对话框，选择"添加"
选项。❸ 按照存放路径查找，选择好要导入的
照片；若要导入某个文件夹中的所有照片，选
择"所有照片"选项即可导入所有照片。

2.选择要导入的照片

　　❶ 若文件夹中包含多个子文件，勾选"包
含子文件夹"复选框，可查看文件夹中所有照片。
❷ 单击"导入"按钮即可导入所选中的照片。

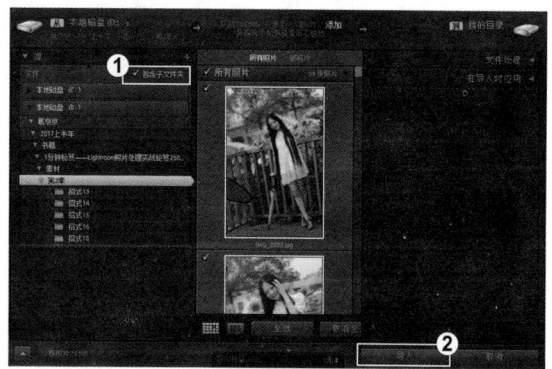

3.用复制的方式导入照片1

　　❶ 在打开的导入对话框中选择"复制"的
导入方式，❷ 展开导入对话框右侧面板中的"文
件处理"面板，勾选"在以下位置创建副本"
复选框，单击选择下方的路径，即可为照片指
定位置创建另一副本。❸ 展开右侧面板中的"目
标位置"面板，可以在其中选择一个存放导入
照片副本的位置。❹ 单击"导入"按钮确认。

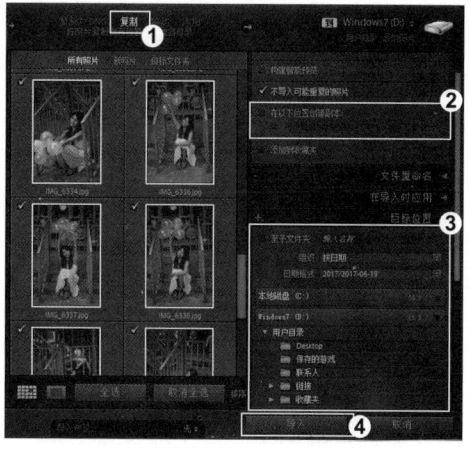

4. 用复制的方式导入照片2

　　❶单击"编辑"|"首选项"命令，❷在打
开的"首选项"对话框中单击"文件处理"标
签，设置"文件扩展名"为"dng"，"兼容"
为"Camera Raw 7.1及以上"，"JPEG预
览"为"中等尺寸"，单击"确定"按钮。

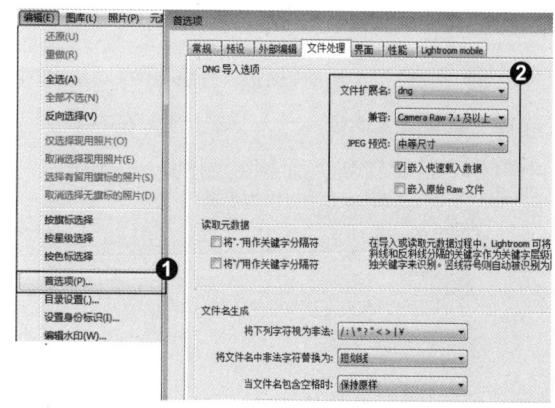

5.用复制为DNG的方式导入照片

❶单击"文件"|"导入照片"命令，在打开的对话框中选择导入方式为"复制为DNG"，并转换为DNG格式导入，❷在"目标位置"面板中为转换为DNG格式的照片选择一个存放位置，单击"导入"按钮，完成操作。

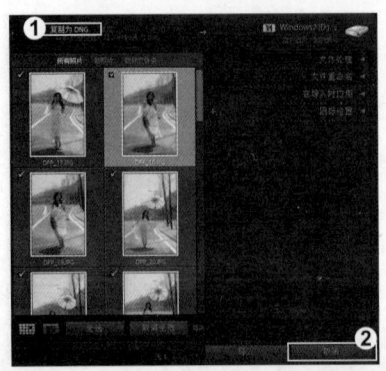

 ## 知识拓展

选择好要导入的照片后，在导入对话框的预览区域就会出现这些照片，选择"所有照片"，显示选定位置的所有照片。此时预览区域中的照片会呈现三种状态：❶四角灰暗中间亮的预览图是没有被选中的照片；❷左上角带小钩且最亮的预览图是被选中的将要导入的照片；❸全灰色显示的预览图是已经导入Lightroom的照片（这类照片是不可选的）。如果选择"新照片"，已导入的照片就不再显示，只会显示从未导入Lightroom的新照片。

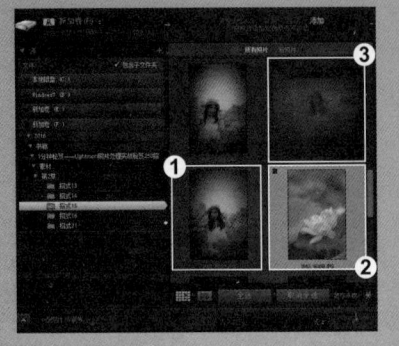

招式 **016** 设置存储照片的位置

 **Q** 在Lightroom中，如果想将照片复制到新的位置，那么该如何设置照片的存储位置呢？

A 可以在"目标位置"面板中设置需要存储照片的位置，就可以将照片进行复制了。

1.打开"目标位置"面板

❶单击"导入"按钮，在弹出的对话框中选择"复制为DNG"导入方式。❷在右侧列表中单击"目标位置"面板右侧的小三角形，打开"目标位置"面板。

2. 选择存储照片的位置

❶ 在"组织"下拉列表框中选择"到下一个文件夹中"选项，可以将照片直接放进指定的文件夹中。❷ 在"组织"下拉列表框中的"按日期"选项，Lightroom 软件会自动在选择的文件夹下建立日期文件夹，依照拍摄日期将照片组织到对应文件夹内。

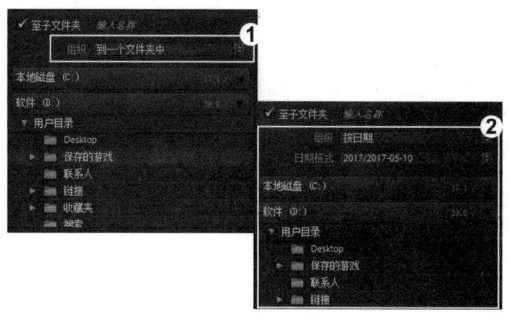

知识拓展

单击面板右侧的小三角可以打开或者关闭面板。当区域中有多个面板的时候，关闭所有未使用的面板，可以更快捷、方便地了解活动面板的动态信息。

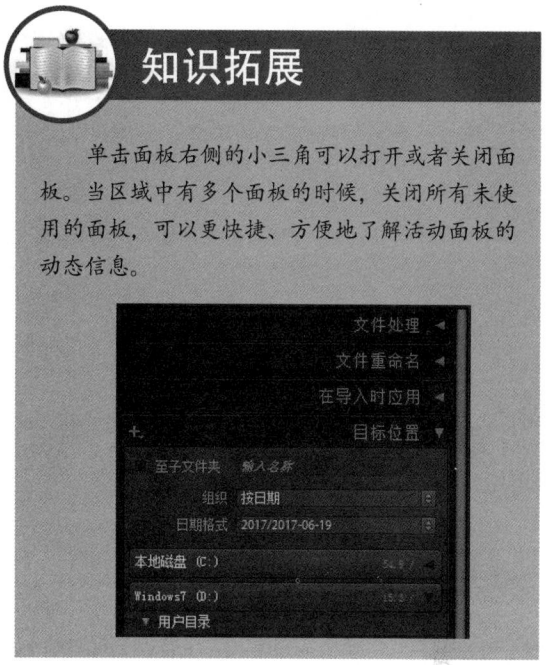

招式 017 文件处理选项的设置

Q 在处理文件选项时，要想预览文件处理的效果，如何预览？有几种方式？

A 勾选"构建智能预览"复选框即可预览，有最小、嵌入与附属文件、标准和1:1这四种方式。

1.打开导入对话框

❶ 双击桌面上的 Lightroom 快捷图标，打开 Lightroom 软件。单击"导入"按钮，在导入对话框中单击右侧面板最上方的"文件处理"面板，❷ 打开"构建预览"下拉菜单可以看见4 个选项，"最小"和"嵌入与附属文件"选项使用照片内嵌的预览文件加载预览，预览体积小、加载速度快，但是预览品质相对较低。

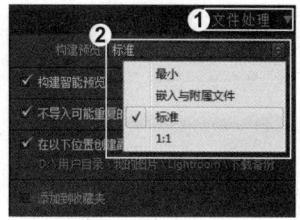

2.设置文件处理选项

❶ 勾选"构建智能预览"复选框，可以编辑未实际连接到计算机的图像；❷ 勾选"不导入可能重复的照片"复选框后，如果 Lightroom 发现当前导入队列中的照片与目录中已有的照片重复，则会取消该照片的导入；❸ 勾选"在以下位置创建副本"复选框，Lightroom 在将照片导入目标位置指定的文件夹的同时，将在另一位置再复制一次照片。

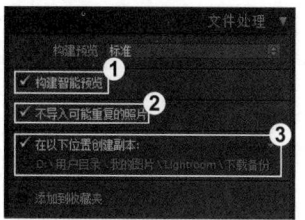

Lightroom 照片处理实战秘技 250 招

 **知识拓展**

　　Lightroom记录了所有照片的位置信息并且为照片创建预览。这些预览被存储在预览文件夹中。也就是说，在Lightroom中看到的不是实际照片，而是它们的预览。只有当修改照片的时候，Lightroom才会需要实际的照片。因此，如果把照片存储在移动硬盘中，即使将移动硬盘拔出计算机，Lightroom依然能工作，并且依然可以在图库模块中看到所有照片。在Lightroom中浏览照片的时候，Lightroom将从自己的预览文件内找到相应照片的预览并且使之呈现在屏幕上。

招式 018 导入时给照片命名并添加信息

Q 在Lightroom中导入照片时，可以为照片重命名吗？

A 向Lightroom 6.7中导入照片时，不仅可以修改照片的名称，还可以为照片添加元数据、关键字等信息。

1.执行命令

　　双击桌面上的 Lightroom 快捷图标，打开 Lightroom 软件，此时界面为默认的"图库"界面。单击"文件" | "导入照片和视频"命令。

2. 添加数据信息

　　❶ 在导入对话框中展开"在导入时应用"面板，设置"修改照片设置"为"无"（保持原照片风格）、"元数据"为"无"，可以为照片添加关键字如 "2017.5.10"，以便于日后排列和查找照片，❷ 设置"构建预览"为"标准"。

3.重命名文件

❶ 在打开的导入对话框中选择导入方式为"复制"，❷ 勾选"重命名文件"复选框，并在"模板"下拉列表中选择一种命令方式，即可重命名文件。

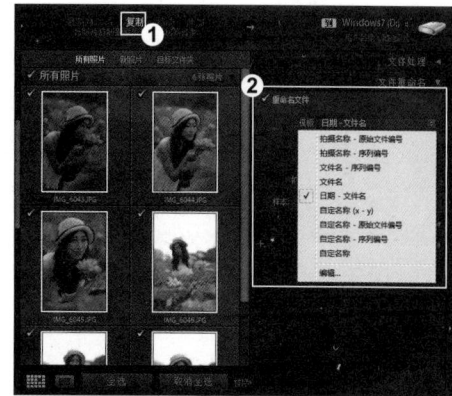

知识拓展

单击"编辑"|"目录设置"命令，打开"目录设置"对话框，单击"文件处理"标签，设置"预览缓存"选项组中的"标准预览大小""预览品质"和"自动放弃1:1预览"。需要注意的是，1:1预览基本上是图像的全分辨率版本，会占用大量内存，为了加快软件的运行速度，定期清除1:1预览很有必要。

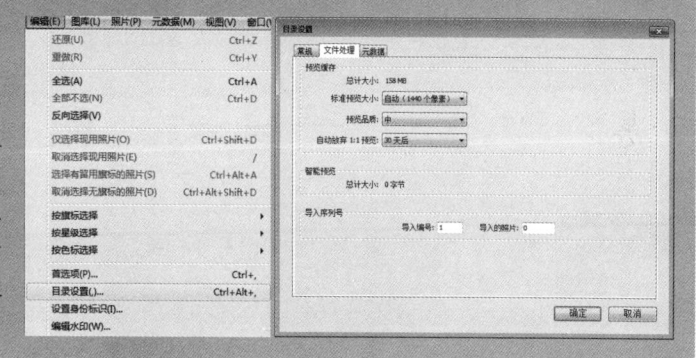

招式 019 监视的文件夹设置方式

Q 如何将"监视的文件夹"中的照片自动转移到"目标文件夹"，并且导入Lightroom的图库中？

A 设置监视的文件夹，指定目标文件夹和启用自动导入，即可将"监视的文件夹"中的照片导入图库中。

1.执行"自动导入设置"命令

双击桌面上的Lightroom快捷图标，打开操作界面，此时界面为默认的"图库"界面。单击"文件"|"自动导入"|"自动导入设置"命令。

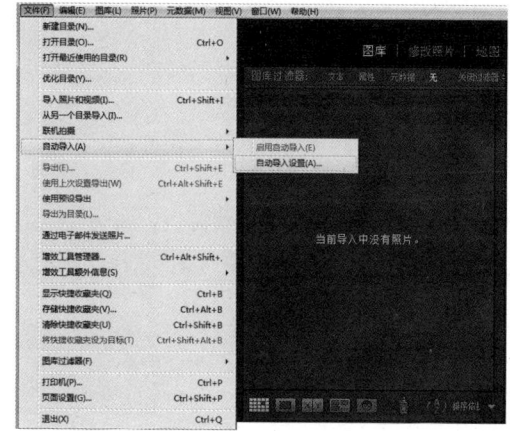

2.设置方式

❶ 在弹出的"自动导入设置"对话框中，单击"监视的文件夹"右侧的"选择"按钮，❷ 在弹出的对话框中选择一个文件夹（或者新建文件夹）作为"监视的文件夹"。

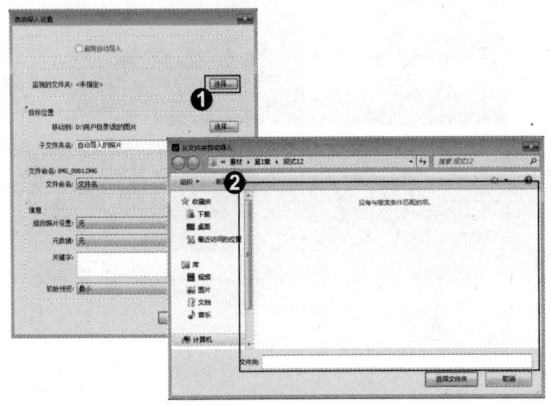

专家提示

不要选择已存放有照片的文件夹作为"监视的文件夹"。

知识拓展

在Lightroom中，启用自动导入最快捷的方法是在打开的"自动导入设置"对话框中勾选"启用自动导入"复选框，单击"确定"按钮，启用自动导入。

招式 020 设置目标文件夹的方式

Q 如果向监视文件夹中添加了一些照片，Lightroom会将这些新添加的照片移动到"目标文件夹"中保存起来，如何为新添加的照片指定一个"目标文件夹"？

A 可以在"位置目标"选项组中选择文件的存储位置，即可设置目标文件的位置。

1.确定监视的文件夹

双击桌面上的Lightroom快捷图标，打开操作界面。❶ 单击"文件" | "自动导入" | "自动导入设置"命令，❷ 单击"监视的文件夹"右侧的"选择"按钮，❸ 在弹出的对话框中选择路径，并新建一个空白文件夹。

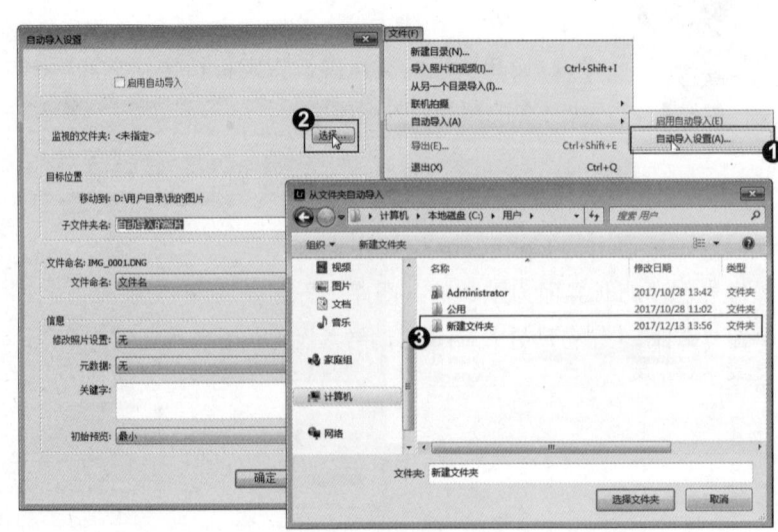

2. 确定监视的文件夹

❶ 单击"选择文件夹"按钮，确定监视文件夹的位置。❷ 单击"目标位置"右侧的"选择"按钮，在弹出的对话框中选择文件的存储位置。❸ 勾选对话框顶部的"启用自动导入"复选框，单击"确定"按钮后即可将照片拖动到已经设置好的"监视的文件夹"中，检查照片是否能自动导入并显示在 Lightroom 中。

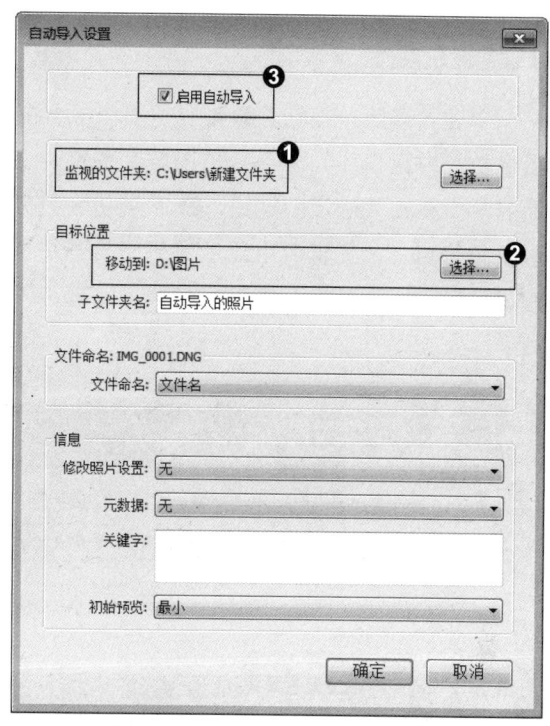

 知识拓展

在"自动导入设置"对话框中，单击"文件命名"下拉按钮，在打开的下拉列表中选择"编辑"选项，打开"文件名模块编辑器"对话框，在对话框中可以输入新的文件名称。

招式 021 用佳能相机联机拍摄

Q 听说Lightroom可以联机拍摄，联机拍摄是什么意思，又是如何操作的呢？

A 联机拍摄是指通过USB数据线将数码相机和计算机连接后再拍摄，所拍摄的照片直接导入Lightroom 中，存储在计算机硬盘上，而不是存储在相机的CF和SD卡上。

1.设置联机拍摄

❶ 单击"文件"|"联机拍摄"|"开始联机拍摄"命令，❷ 打开"联机拍摄设置"对话框，在弹出的对话框中设置参数（这里使用默认设置）。

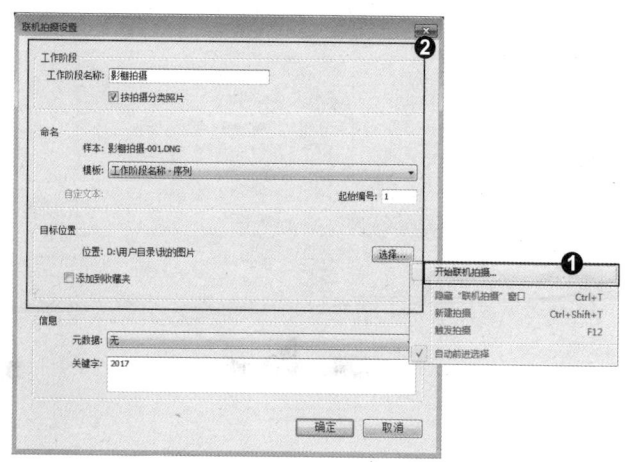

2.确定联机操作

　　单击"确定"按钮，**❶** 在打开的"初始拍摄名称"对话框中，为存放拍摄照片的文件夹命名后，单击"确定"按钮，**❷** 系统将会打开联机拍摄窗口，在窗口中显示数码相机拍摄的相关数据。

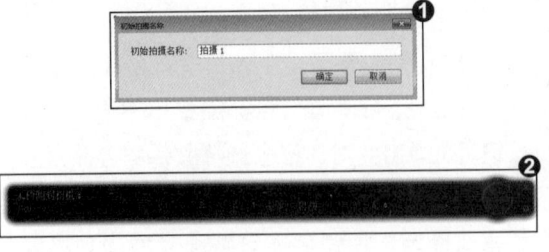

专家提示

　　即使在联机拍摄时为照片添加了创建风格摄影，也影响不到原始的图像文件。如果对效果不满意，还可以在"修改照片"模块中修饰或者去除已经添加的效果

知识拓展

　　除了可以用佳能相机联机拍摄外，还可以用其他的相机联机拍摄。**❶**在计算机硬盘上创建一个空文件夹，并对其进行命名（这里命名为"Lightroom监视文件夹"）。安装厂商提供的相机控制软件（并非所有型号的数码相机都有控制软件），并把控制软件中的目标文件夹指向刚创建的"Lightroom监视文件夹"，这样在拍摄照片时，图像文件自动发送到计算机的"Lightroom监视文件夹"软件中。**❷**在Lightroom 6.7菜单栏中，单击"文件"|"自动导入"|"自动导入设置"命令，单击"自动导入设置"对话框中"监视的文件夹"右侧的"选择"按钮，找到前面创建的"Lightroom监视文件夹"，并单击"确定"按钮，**❸**在"目标位置"选项组中单击"选择"按钮，为即将导入的照片确定一个存放文件（可以是已有的文件夹，也可以新建一个文件）。勾选对话框顶部的"启用自动导入"复选框，单击"确定"按钮完成全部设置。将数码相机通过USB线连接到计算机就可以开始拍摄了，所拍摄的照片不是存储在相机卡上，而是直接传到Lightroom 6.7中，并存储在刚设定的目标文件夹里。

Lihgtroom监视文件夹

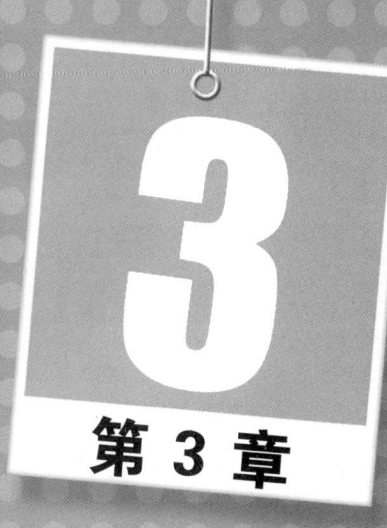

3

第 3 章

用图库管理照片

"图库"菜单是Lightroom最主要的模块之一，主要用于管理图库中导入的照片，包括创建收藏夹、查找照片、对照片进行评级、选择照片等。本章详细介绍了"图库"的各个知识点，读者掌握图层分类管理的方法后，就可以更加快捷地处理图片。

招式 022 "图库"模块的功能介绍

Q 打开Lightroom软件，显示的就是"图库"模块，这个模块的主要功能是什么？由哪几个区域组成？

A "图库"模块的主要功能是将导入的照片按照各自的特征进行分类管理和查找，它主要由"图库过滤器""目录、文件夹和收藏夹""图库工具栏"组成。

1. "图库"界面的组成

双击桌面上的 Lightroom 快捷图标，打开 Lightroom 软件，此时界面为默认的"图库"界面。❶ "图库"模块界面主要由"图库过滤器" ❷ "目录和文件夹"以及 ❸ "图库工具栏"组成。

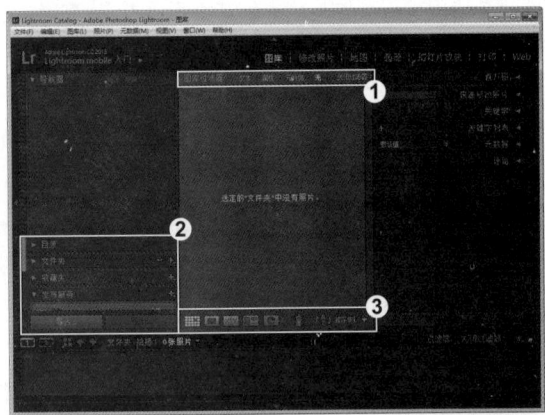

3.目录、文件夹和收藏夹

"目录和文件夹"位于"图库"模块的网格视图左边，❶ "目录"面板会记录照片以及与之相关的信息，但是不包含照片文件本身，❷ "文件夹"面板反映了所在卷的文件夹结构。❸ "收藏夹"面板可以快速地查找需要的照片。

2.图库过滤器

"图库过滤器"位于"图库"模块的网格视图顶端，在"图库"模块的上方显示了默认的 ❶ 文本、❷ 属性、❸ 元数据三种图库过滤器。

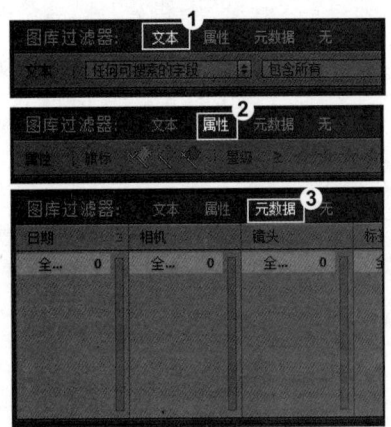

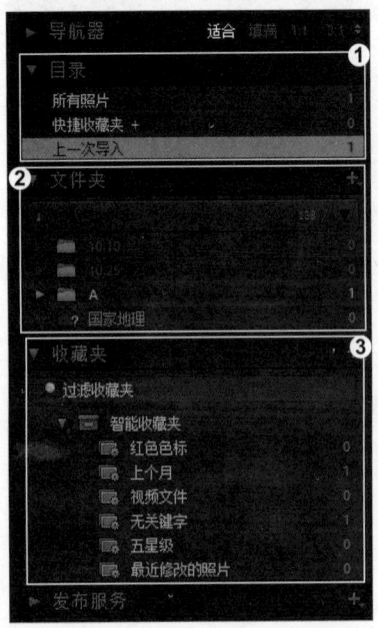

4.图库工具栏

"图库工具栏"位于"图库"模块的网格视图底端,选择"图库"模块中的"放大视图",在其工具栏中包含用于 ❶ 浏览照片、❷ 旋转照片、❸ 设置星级、旗标和色标的选项。

知识拓展

对导入的照片进行分类管理,以方便浏览和查找,这是"图库"模块的主要功能。要运用这一功能,就必须先了解"图库"模块,尤其是其中的功能面板、图库过滤器和工具栏。

图库过滤器

目录和文件夹管理面板

照片显示区域

图库工具栏

用于处理元数据和关键字,还可以调整图像的面板

招式 023 显示或隐藏功能面板

Q Lightroom界面中包含许多面板,这些面板可以帮助我们完成照片的后期处理,但烦琐的界面并不利于图像的查看,可不可以适当隐藏部分面板,显示常用的面板呢?

A 可以在"面板"命令子菜单中隐藏或显示面板,也可在功能模块前右击,隐藏或显示面板。

1.隐藏或显示工作区

❶ 在"图库"工作区上,右击,弹出快捷菜单。❷ 在弹出的快捷菜单中取消勾选不需要的工作区,可以隐藏这些功能模块。同理,若要显示功能模板,勾选相应的菜单命令即可显示功能模板。

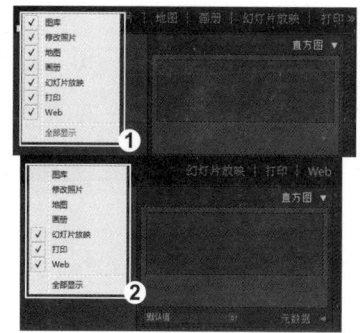

2.隐藏或显示功能面板 -----------

❶ 在功能面板上右击，在弹出的快捷菜单中选择相关命令即可显示或隐藏对应的功能面板。❷ 在弹出的快捷菜单中选择相应的命令，即可显示或隐藏对应的功能面板。

3.单击按钮隐藏面板 -----------

❶ 将鼠标指针移动到面板中的小三角按钮上，❷ 单击鼠标即可隐藏该面板，再次单击小三角按钮，可显示该面板。

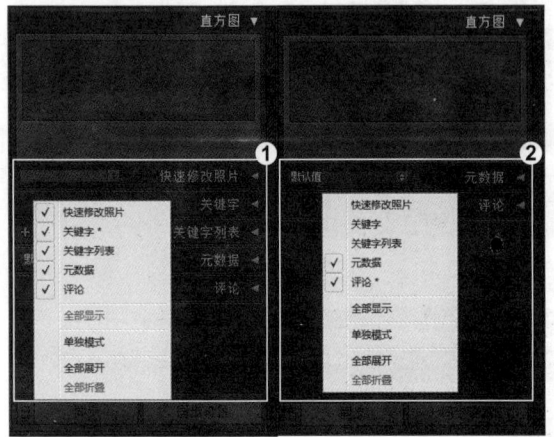

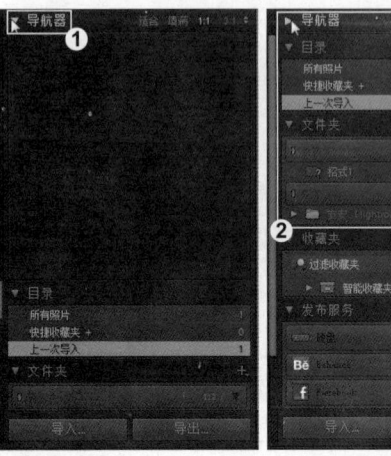

知识拓展

　　"单独模式"是功能面板中一个比较特别的命令，❶如果选择了"单独模式"命令，❷那么面板名称前的小三角就会变成虚点状，而且一次只能展开一个功能。

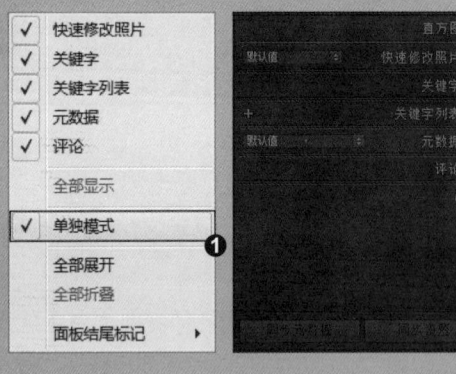

招式 024 图库过滤器选项的显示或关闭

Q 在Lightroom中，应如何显示或关闭图库过滤器栏？

A 在Lightroom中，可通过菜单命令或鼠标操作显示或关闭图库过滤器栏。

1.显示图库过滤器

❶ 单击"图库"选项，切换到"图库"模块，❷ 在模块上方显示"图库过滤器"栏，其中包含"文本""属性""元数据"和"无"4 个选项。

2.关闭图库过滤器

❶ 在菜单栏中单击"视图"|"显示过滤器栏"命令，或按"\"键，可以将"图库过滤器"栏隐藏，❷ 或者是在顶部的 4 个选项中选择"无"，也可隐藏"图库过滤器"栏。

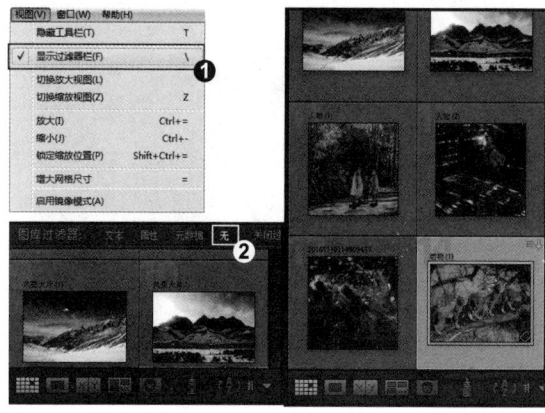

知识拓展

在"图库过滤器"栏中，❶单击"无"选项的右侧，在弹出的列表中选择其他的命令，❷可以显示其他的过滤器。

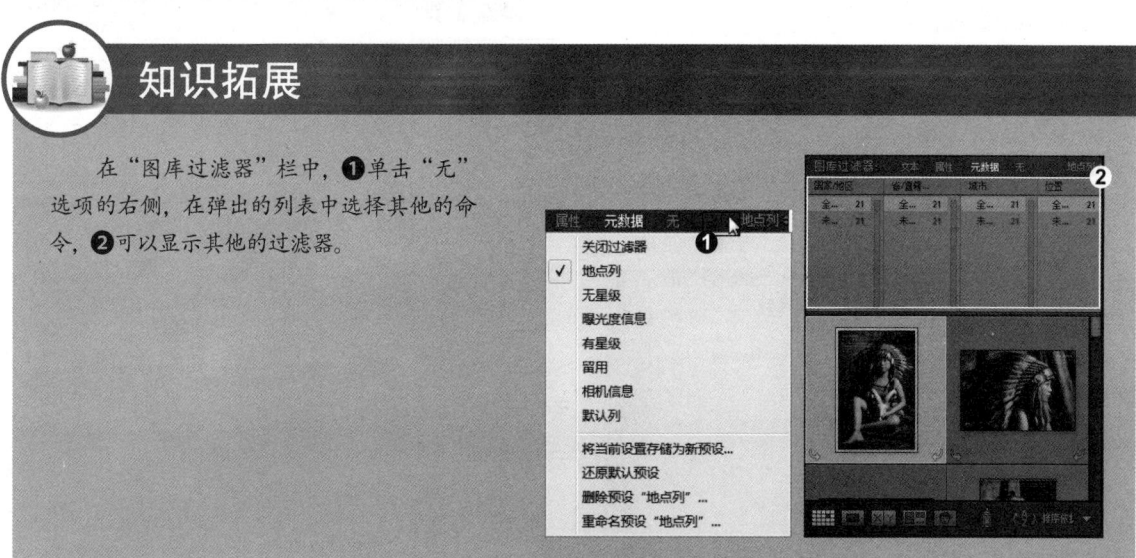

招式 025　图库工具栏中选项的显示或隐藏

Q 在Lightroom中，如何显示或隐藏图库工具栏选项？

A 可以在图库工具栏处选择显示或隐藏部分选项，也可以在菜单栏中设置隐藏整个图库工具栏。

1.找到图库工具栏

打开Lightroom，❶将照片导入图库界面后，❷"图库过滤器"面板下方的长条为"图库工具栏"。

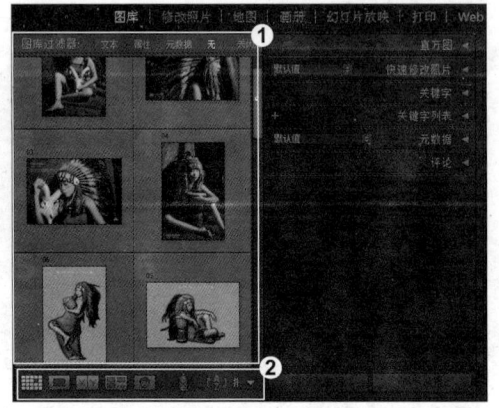

2. 隐藏图库工具栏选项

❶将鼠标指针移至图库工具栏中的▾处并单击，❷在弹出的列表中取消勾选不需要的选项，此时图库工具栏会隐藏该选项。

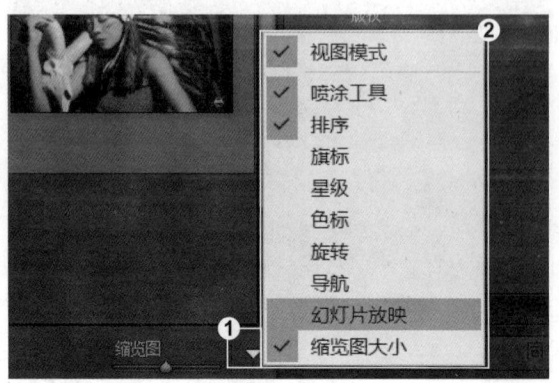

3.显示常用的图库工具栏选项

❶将鼠标指针移至图库工具栏中的▾处并单击，❷在弹出的列表中勾选需要的选项，此时图库工具栏中即可显示该选项。

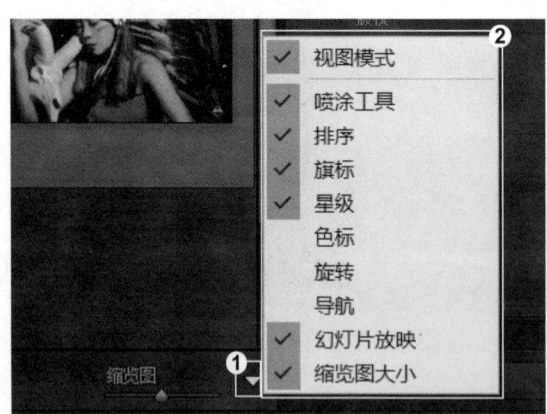

4.隐藏工具栏

在 Lightroom 的菜单栏中单击"视图"|"隐藏工具栏"命令，或按T键，即可将"图库工具栏"隐藏。

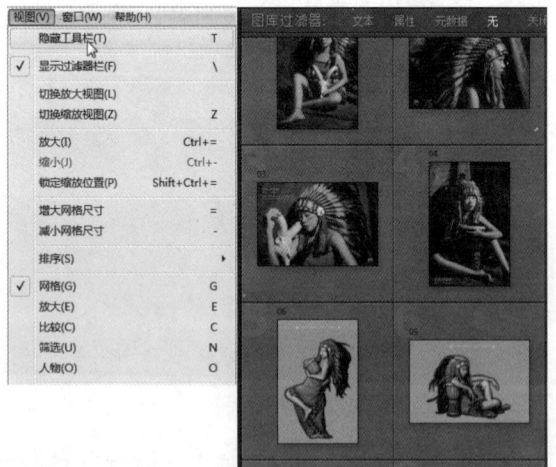

知识拓展

　　显示/隐藏图库工具栏可按键盘上的T键、显示/隐藏过滤器可按键盘上的"\"键；其他面板的隐藏/显示可单击"窗口"|"面板"命令下的子菜单。

招式 026 转换不同的视图模式

Q 有时需要在Lightroom中用不同的视图模式来查看照片，该怎样进行视图模式转换呢？

A 可以通过单击某个图标或是单击菜单命令实现视图模式的转换。

1.单击图标转换视图

❶ 图库工具栏中分别有"网格视图"图标、"放大视图"图标、"比较视图"图标、"筛选视图"图标，单击其中的某个图标，可以转换视图。❷ 此处单击"比较视图"图标，进入"比较视图"模式。

2.单击命令转换视图

❶ 在菜单栏中单击"视图"命令，在展开的列表中选择"网格""放大""比较"或"筛选"命令，❷ 即可将视图切换为相应的模式。

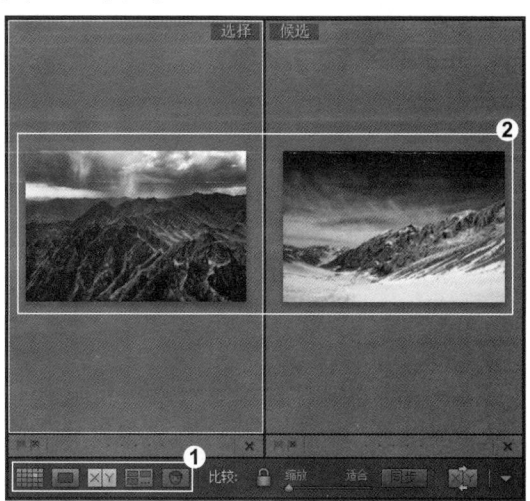

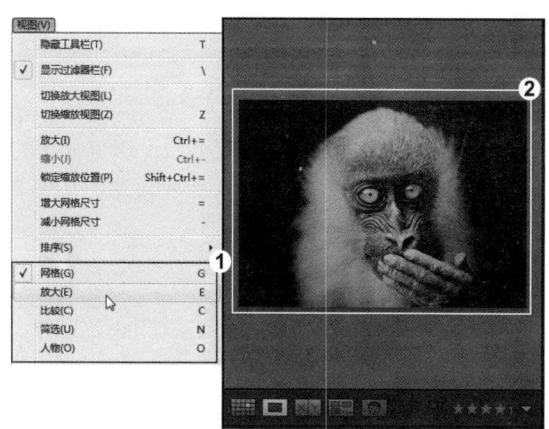

3.转换为比较视图

❶ 在"图库"模块的网格视图中选择两张需要进行比较的照片，❷ 在顶部菜单栏中单击"视图"|"比较"命令，切换到比较视图。

4.转换为筛选视图

❶ 在"图库"模块的网格视图中选择三张或多张类似的照片，❷ 在顶部菜单栏中单击"视图"|"筛选"命令，切换到筛选视图。

知识拓展

通过快捷键的方式也可以切换不同的视图模式：按下G键可以切换至图库的网格视图模式；按下E键可以切换至图库的放大视图模式；按下C键可以切换至图库的比较视图模式；按下N键可以切换至图库的筛选视图模式。

招式 027 胶片窗格的基本操作

Q 胶片窗格位于Lightroom界面的哪个部位？该怎么操作胶片窗格？

A 胶片窗格位于Lightroom的底部，是Lightroom的一个重要的界面组成部分，可以利用胶片窗格选择不同的照片，并为照片添加不同的信息。

1.显示所有导入Lightroom的照片

在 Lightroom 软件中，在下方找到胶片窗格，❶ 单击"上一次导入"，在出现的下拉菜单中选择"所有照片"，❷ 可以利用胶片窗格选择需要的照片。

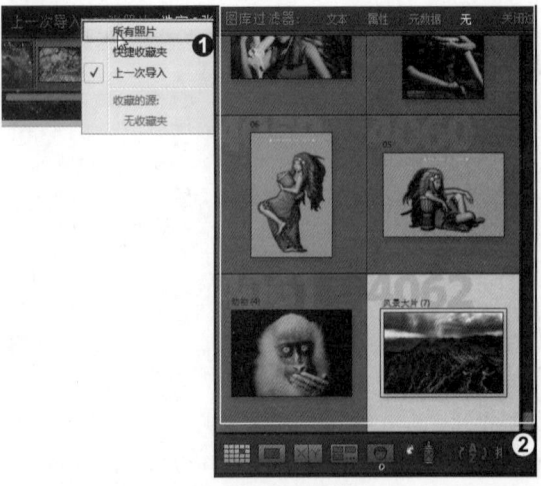

2.自定义叠加信息

❶ 在胶片窗格上右击，弹出快捷菜单，选择"视图选项"命令，❷ 可自定义需要在胶片窗格中叠加的信息。

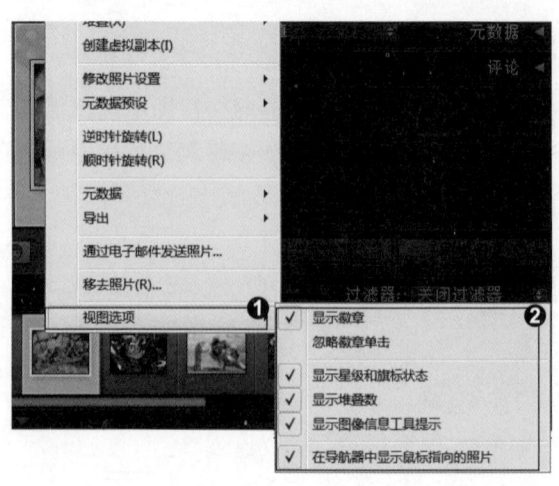

3.快速查看照片

❶ 当鼠标指针在胶片窗格中滑过照片时，无论有没有选择该照片，❷ 导航器面板中都会显示当前指向的照片，这样可以快速查看需要的照片。

 **知识拓展**

　　将鼠标指针放在胶片窗格的上方，当指针变为 ↕ 状时，❶往上拖曳可以放大胶片窗格，❷往下拖曳可以缩小胶片窗格。

招式 028 旗标、星级与色标的标注方式

Q 把所有照片都导入Lightroom中，它们都是按时间顺序排列的，该怎么快速找到自己需要的照片呢？

A 在Lightroom中，可以通过给照片评星级或者插旗标、色标的方式统一一类照片，方便日后快速查找。

1.打开标注方式 ⸺⸺⸺⸺⸺

❶打开Lightroom软件，在"图库工具栏"中选择 ▮ （喷涂工具），❷在"喷涂工具"图标后单击 ▾ 按钮，打开标注方式。

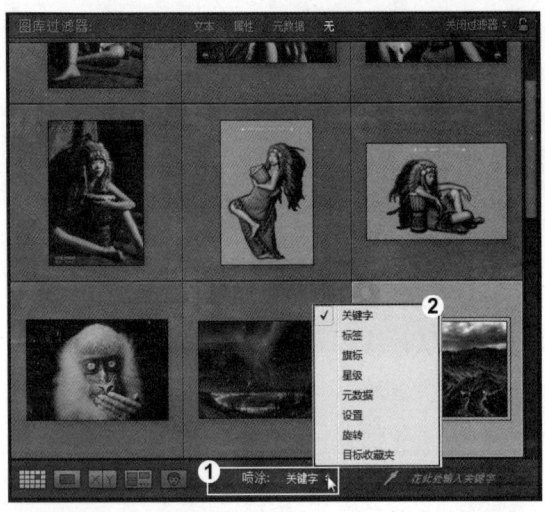

2.设置照片旗标 ⸺⸺⸺⸺⸺

❶在打开的标注方式中选择"旗标"选项，单击"留用"选项后的 ▾ 按钮，选择"留用"选项，❷在一张或多张图片缩览图上单击，设置旗标。

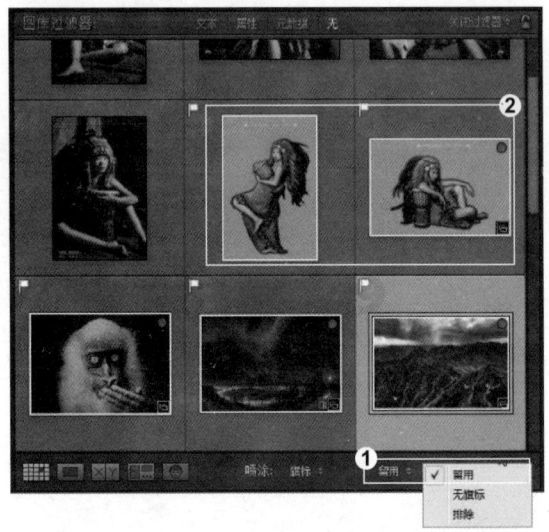

3.设置星级 ⸺⸺⸺⸺⸺⸺⸺

❶在标注方式中选择"星级"选项，❷在网格视图中选择一个或多个照片，单击单元格中缩览图下方的五个五角形，即可设置星级。

4.设置色标 ⸺⸺⸺⸺⸺⸺⸺

❶在网格视图中选择一个或多个照片，❷单击"照片"|"设置色标"命令，在弹出的子菜单中选择色标颜色（红、黄、蓝、绿），选中的照片则显示相应的色标颜色。

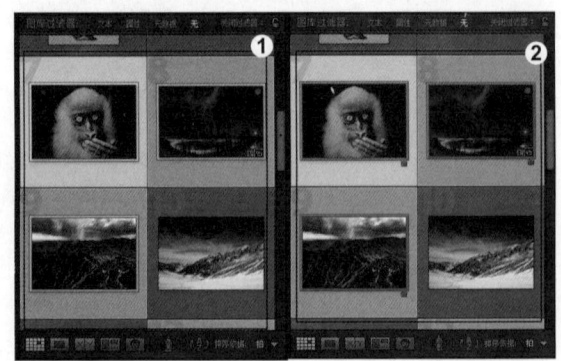

知识拓展

　　照片窗格的左上角显示的标识是旗标，左下角显示的是星级，而色标则以背景的形式铺满整个窗格。如果为照片添加了留用旗标，照片周围就会出现一个小白框；如果为照片添加了排除旗标，窗格会变暗。在胶片窗格的视图选项中，如果没有选择显示旗标与星级等内容，在胶片窗格中就看不到这些。

招式 029　快速添加标记的方法

Q 每次添加标记的时候都要在工具栏里一个一个地找，十分麻烦，有简单快捷的方法吗？

A 当然有，在添加标记时适时地使用快捷键能提高工作效率。

1.设置旗标状态

　　选择要设置旗标的单张或多张图片，按快捷键"P"设置留用旗标，或按快捷键"X"设置排除旗标。

2.设置星级

　　选择要设置星级的单张或多张图片，按数字键"1~5"设置相应的星级。（1是一星级，2是二星级，以此类推。），

3.设置色标

选择要设置色标的单张或多张图片，按住数字键"6~9"可以设置不同的色标颜色。（6是红色色标、7是黄色色标、8是绿色色标、9是蓝色色标。）

4.取消标记状态

选择需要取消标记状态的单张或多张图片，按快捷键"U"取消旗标，按数字键"0"取消星级；再次按数字键"6 ~ 9"可以取消相应的色标。

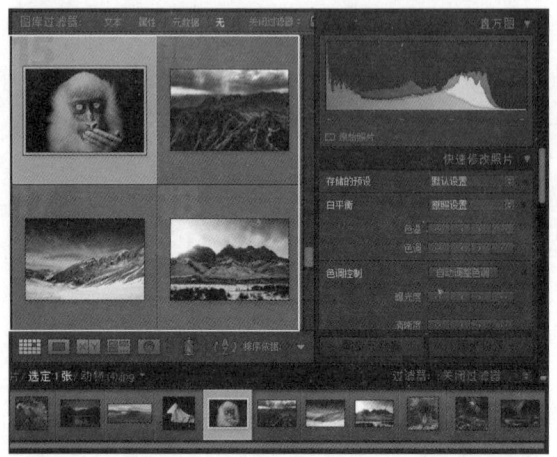

知识拓展

为了帮助大家更快捷、更方便地使用旗标、星级和色标来标记照片，Lightroom 6.7提供了一些与这些标记相关的快捷键。设置旗标的快捷键包括U、P、X；使用0~5数字键可以设置星级；使用6~9数字键可以设置色标；使用方向键可以移动照片。

旗标：U代表不使用标记，P代表标记为留用，X代表设置为排除。

星级：0代表不使用星级，1~5分别代表1~5星级。

色标：紫色色标没有快捷键，6~9分别代表红、黄、绿、蓝色色标。

★★★★★ 0		▢▢▢ 6
★★★★★ 1	U	
★★★★★ 2		▢▢▢ 7
★★★★★ 3	P	▢▢▢ 8
★★★★★ 4		
★★★★★ 5	X	▢▢▢ 9

招式 **030** 添加关键字

Q 想把拍过的动物照片在Lightroom中归为一类，方便日后查找，有什么方便快捷的方法吗？

A 在每次导入动物照片的时候为它们添加关键字，以后就可以快速地查找出来。

1.选择"关键字"选项

❶ 打开 Lightroom，将照片导入图库界面后，❷ 在右侧面板选择"关键字"选项。

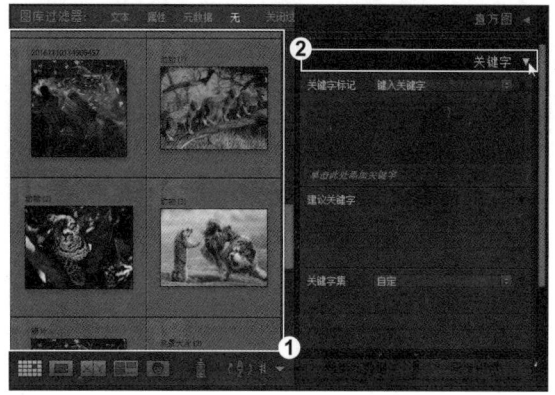

2.添加关键字

❶ 选择网格视图中的任意一张照片，❷ 在右侧的关键字菜单中输入"野生动物"，按 Enter 键添加关键字。

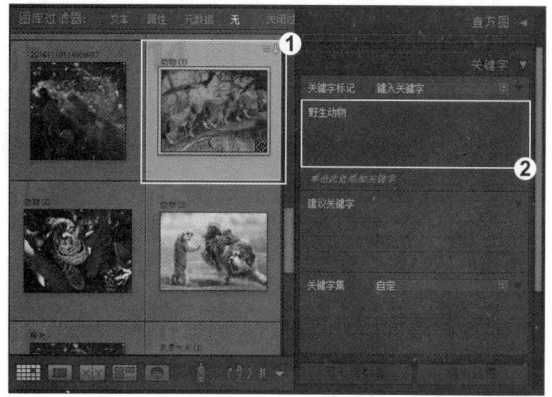

3.添加已有关键字

❶ 在网格视图中选择一张或多张照片，单击右侧"野生动物"关键字。❷ 此时照片右下角会出现一个小标志，说明照片已经被添加关键字。

4.利用关键字查找照片

❶ 在右侧面板单击"关键字列表"，❷ 在列表下找到需要查找的关键字，单击关键字最右侧出现的图标，此时包含这个关键字的照片会显示在网格视图中。

知识拓展

打开"关键字"面板直接输入关键字，这是添加关键字最简单的方法。❶按Ctrl+K快捷键可以快速激活关键字输入框，❷在输入框中可以输入想要使用的关键字，按Enter键，即可为照片添加关键字。❸在输入关键字时，可以输入多个关键字，输入完毕后按Enter键退出关键字输入框。

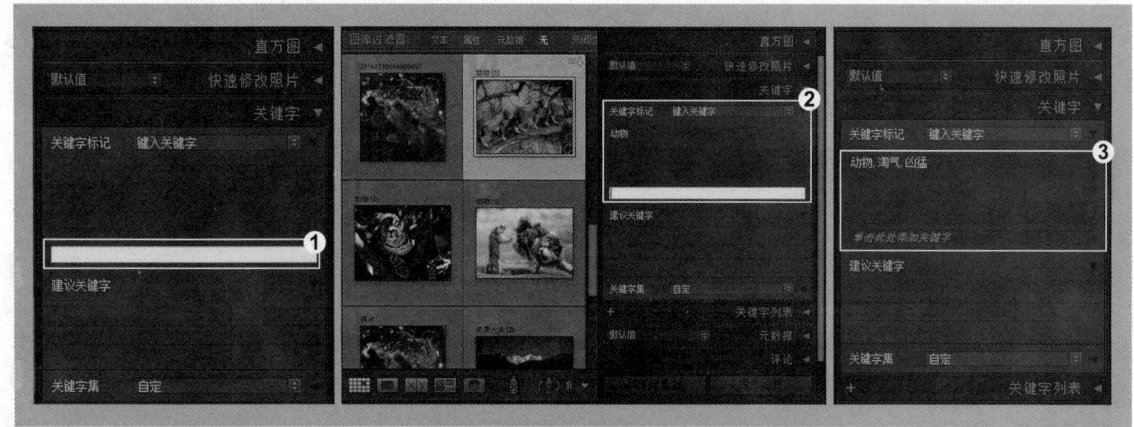

招式 031 照片堆叠的创建和显示

Q 用相机的连拍功能拍摄了大量相同的照片，在导入Lightroom时有什么办法可以把这些相同的照片放在一起？

A 这种情况下可以创建一个照片的堆叠来管理和查看类似图片。

1.创建照片堆叠

❶ 在图库模块的网格视图或者胶片显示窗格中选择一组需要堆叠在一起的照片，❷ 在任意一个已选中的缩览图上右击，在弹出的快捷菜单中选择"堆叠"|"组成堆叠"命令。

2. 显示照片堆叠

❶ 选中的所有照片将会堆叠在一起，并且只显示照片组内处于最上方的那张照片，❷ 建立堆叠的照片的左上角会显示一个堆叠图标，图标上的数字表示堆叠照片的数量。

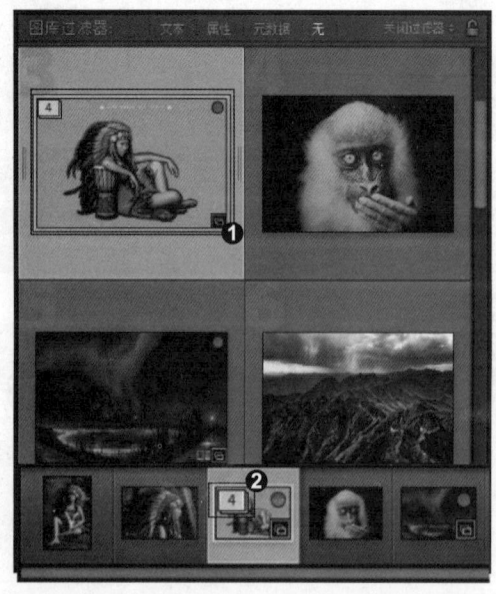

 **知识拓展**

堆叠即是将图片重叠堆放在一起，使用这种方式可以灵活地对图片进行分组管理和展示，它是一种有效的图片管理方式。除了创建照片堆叠外，还可以进行拆分堆叠、取消堆叠、从堆叠中移去等操作。

招式 **032** 照片堆叠的设置

Q 创建一个堆叠之后，下次怎么继续向里面添加照片呢？

A 只要重复之前创建堆叠的步骤就可以了。

1.向堆叠中添加照片

❶ 在图库的网格视图中，选择一个堆叠以及要添加到该堆叠中的一张或多张照片，❷ 在顶部菜单栏中单击"照片"|"堆叠"|"组成堆叠"命令，可以在堆叠中添加照片。

2.展开堆叠

右击已折叠的堆叠，❶ 在快捷菜单中单击"堆叠"|"展开堆叠"命令，❷ 或单击照片左上角所示的堆叠照片数 3 ，将堆叠的照片展开。

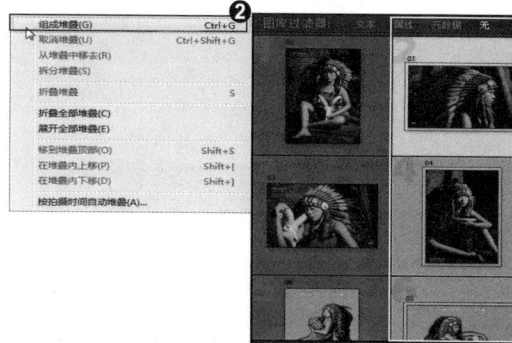

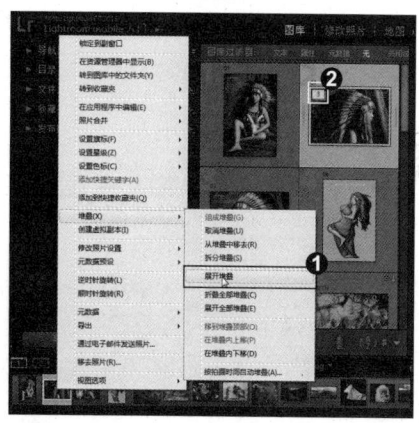

3.从堆叠中移去照片

❶ 在图库的网格视图中展开一个堆叠，选择该堆叠中的一张或多张照片，❷ 右击，在快捷菜单中单击"从堆叠中移去"命令，即可将选中的照片从堆叠中移去。

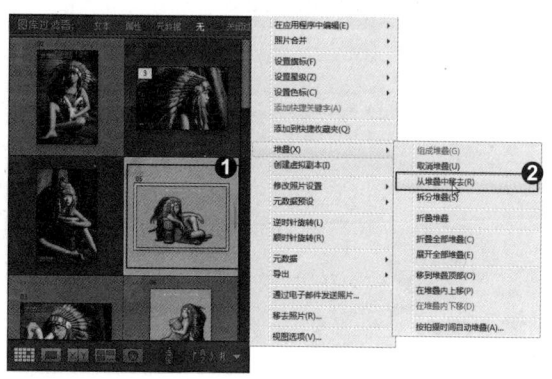

4.重新排列堆叠中的照片

❶ 在图库的网格视图中展开一个堆叠，❷ 选择一张需要置于顶层的照片，右击，单击快捷菜单中的"堆叠"|"移到堆叠顶部"命令，可以重新排列堆叠中的照片。

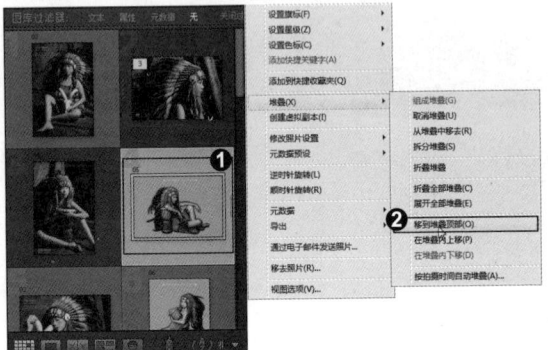

5.将一个堆叠拆分为两个堆叠

❶ 在图库的网格视图中展开一个堆叠，选择要组合成另一个堆叠的所有照片，❷ 在顶部菜单栏中单击"照片"|"堆叠"|"拆分堆叠"命令，可将一个堆叠分为两个堆叠。

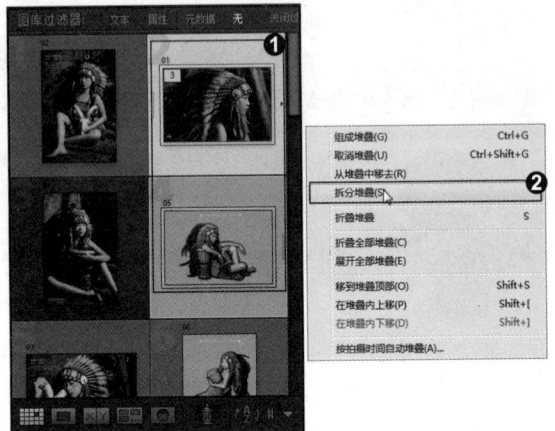

6.取消照片的堆叠

❶ 在图库的网格视图中选择一个堆叠，❷ 在顶部菜单栏中单击"照片"|"堆叠"|"取消堆叠"命令，可以取消照片堆叠。

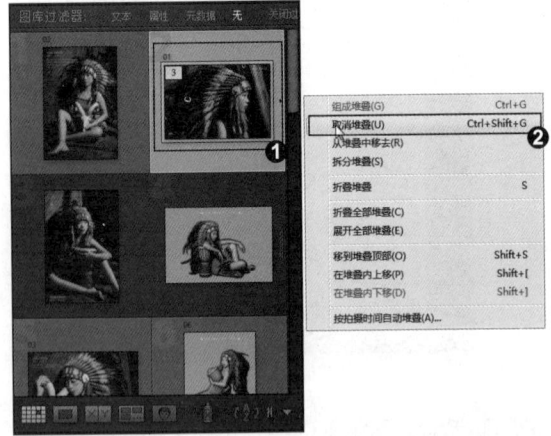

知识拓展

在"筛选视图"中展开并选择堆叠中所有的照片，可以并列展开堆叠中所有的照片，并进行筛选。堆叠中照片的数量和主窗口的大小决定着显示图片的大小。

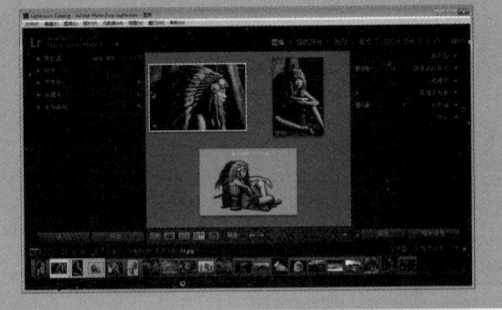

招式 033 查看元数据的方法

Q Lightroom中有一个选项是"元数据"，这是干什么用的？要怎么使用？

A 元数据是关于照片的一组标准化信息，包括作者姓名、分辨率、色彩空间、版权以及对其应用的关键字等。

1.选择需要查看元数据的照片

❶ 在图库的网格视图中选择一张需要查看元数据的照片，❷ 单击"元数据"右边的三角按钮，展开"元数据"面板。

2.查看元数据

❶ "元数据"面板显示照片的所有元数据，❷ 单击元数据栏中的 按钮，在下拉列表中选择查看其他数据。

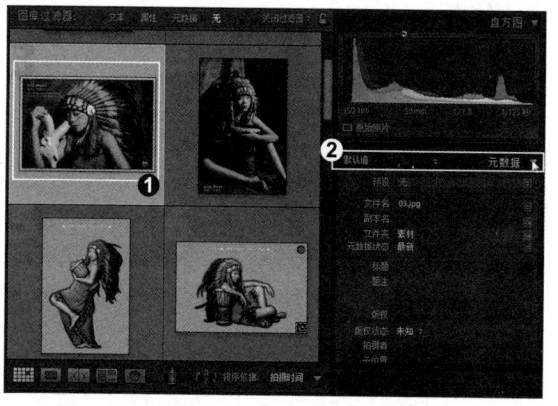

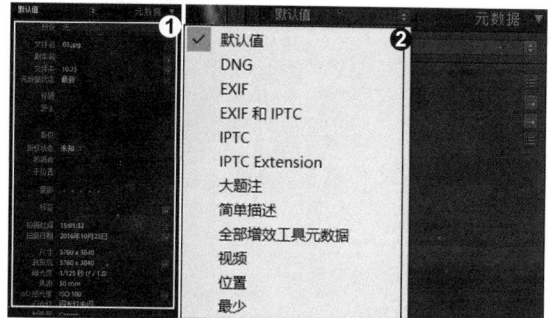

知识拓展

拍摄照片时所用相机的品牌和型号，拍摄时的光圈、快门、拍摄时间，以及照片的尺寸大小、色彩空间、文件格式等数据信息，在拍摄数码照片时都会自动嵌入照片，它们也被称为EXIF元数据。

拍摄后期为照片手动添加的关键字、拍摄者联系信息等称为IPTC元数据。添加及更改元数据，不但可以为照片嵌入作者的版权信息，还能利用添加或更改的元数据搜索相关照片，例如搜索同一时间段拍摄的照片。

招式 034 更改照片拍摄日期

Q 把扫描的照片导入Lightroom中时，照片包含的创建日期是扫描日期而非拍摄日期，这种情况有办法更改吗？

A 这时需要通过元数据更改照片的创建日期。

1.调出"编辑拍摄时间"对话框

❶ 在图库的网格视图中选定一张需要修改的照片，❷ 在顶部菜单栏中单击"元数据"|"编辑拍摄时间"命令，弹出"编辑拍摄时间"对话框。

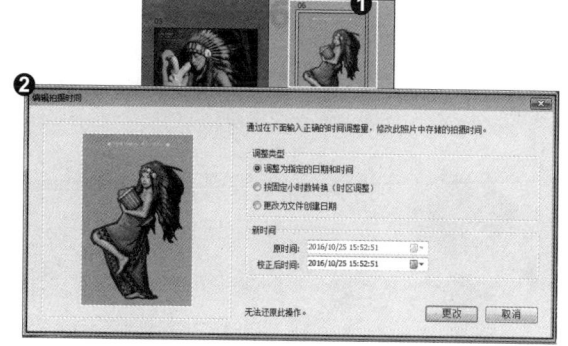

Lightroom 照片处理实战秘技 250 招

2.更改时间

❶ 选中 "调整为指定的日期和时间" 单选按钮，❷ 在 "新时间" 选项组中的 "校正后时间" 下拉列表框中输入新的日期和时间，也可在打开的日历表中选择日期和时间。

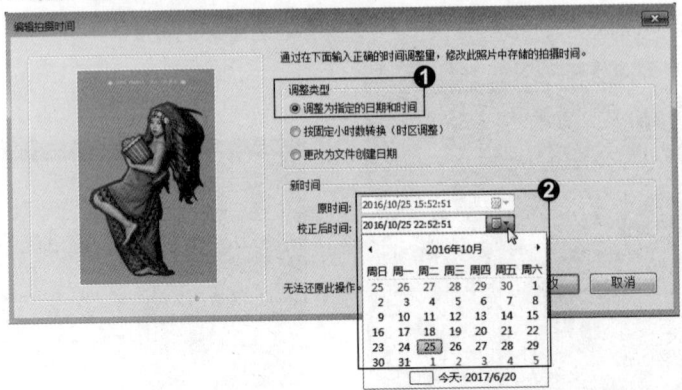

3.更改拍摄日期

返回 "元数据" 面板，"元数据状态" 显示为 "最新"，"拍摄日期" 项也相应地发生变化。

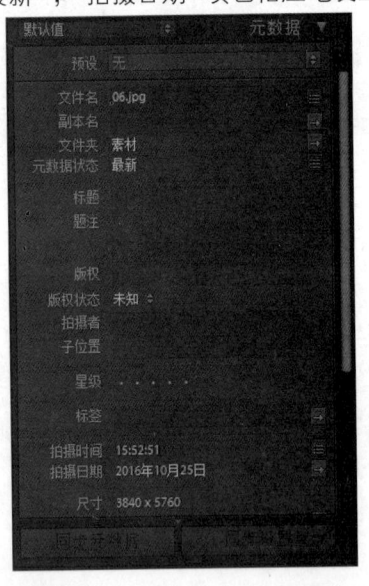

知识拓展

单击 "编辑拍摄时间" 命令后，如果要返回上一步，只能通过 "元数据" 菜单中的 "恢复为原始拍摄时间" 命令还原。如果按Ctrl+Z快捷键则不会返回。

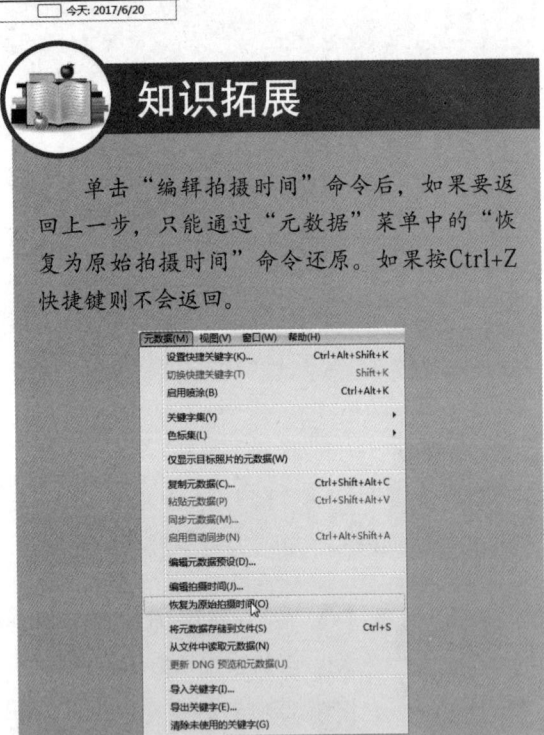

招式 035 为照片添加关键字

Q 拍摄了很多同一类型的照片，是在不同的时间拍摄的，有什么办法可以在Lightroom中查看时只显示同一类照片？

A 为同类型的照片添加一样的关键字，在Lightroom中查看时选择这个关键字，就可以看到所有包含这个关键字的照片了。

1.为照片输入"关键字"

❶ 在图库的网格视图中选择多张需要添加关键字的照片，❷ 在"关键字"面板中输入关键字，按 Enter 键，关键字即被添加到选中的照片中。

2.拖曳关键字添加关键字

❶ 在"关键字"列表中任意选择一个或多个关键字，❷ 直接拖曳到"网格视图"中的缩览图上，可以为该照片添加关键字。

3.用喷涂工具添加"关键字"

❶ 在"网格视图"模式下，单击"图库工具栏"中的"喷涂工具" 🖌，在其"喷涂"选项中选择"关键字"选项，❷ 这时在其右侧会出现一个输入字段框，输入相关文字，❸ 将鼠标指针移动到"网格视图"中的缩览图上，单击可为该图添加关键字。

知识拓展

在缩览图右下角显示的图标被称为缩览图徽章，三个图标从左到右分别表示"照片上已有关键字""照片已被裁剪""照片已进行修改照片调整"。单击其中任意一个图标，即可切换到对应的模块或面板。

招式 036 为多张照片添加相同的 IPTC 元数据

Q 为不同的照片重复输入相同的信息是一个非常烦琐的工作。Lightroom中有没有快捷方式直接添加相同的IPTC元数据呢？

A 在"编辑元数据预设"选项中输入相关信息，即可添加相同的IPTC元数据。

1.输入相关信息

❶ 在图库的网格视图中选择多张照片，单击右侧面板中的"元数据"选项，打开下拉菜单，选择"编辑预设"选项，❷ 弹出"编辑元数据预设"对话框，在其中填写想要加入的信息。

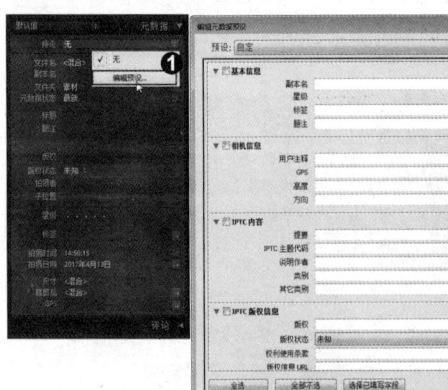

2.添加IPTC版权信息

❶ 单击"完成"按钮，弹出"确认"对话框，单击"存储为"按钮。❷ 在弹出的"新建预设"对话框中，输入预设名称，单击"创建"按钮，❸ 在网格视图中选择要应用预设的照片，可以将对应的预设应用于所选照片。

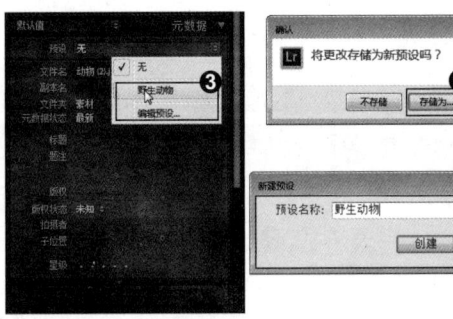

知识拓展

第一次给多张照片添加元数据预设时，会弹出"应用元数据预设"对话框，如果单击其中的"应用"按钮，元数据预设将被添加到所选的第一张照片（在所有被选择的照片中，这一张会比别的亮一些）。如果单击"所有选定"按钮，将应用于所有选择的照片。勾选"不再显示"复选框，以后将不再显示这个对话框。

招式 037 查找照片

Q 想在Lightroom中查找具有相同属性的照片，可以实现吗？

A 当然可以，在Lightroom中，可以通过"图库过滤器"和"关键字列表"查找照片。

1.用"图库过滤器"查找照片

❶ 在图库的网格视图中选择一张照片，在"图库"模板左侧的"文件夹"面板中选择一个存放所要查找照片的文件夹，❷ 单击"图库过滤器"栏中的"元数据"选项，❸ 在"元数据"选项的"日期"列表中选择日期，系统会在日期旁显示该日所拍摄的照片总数，所选文件夹中该日拍摄的所有照片将显示在网格视图中。

2.用"关键字列表"查找照片

❶ 在"图库"模块左侧的"目录"面板中选择"所有照片"选项，❷ 单击"关键字列表"的三角形按钮，将鼠标指针移动到一组关键字上，并单击右侧的小箭头（小箭头只有在鼠标指针移动到关键字上时才出现），即可在网格视图中显示所有包含关键字的照片。

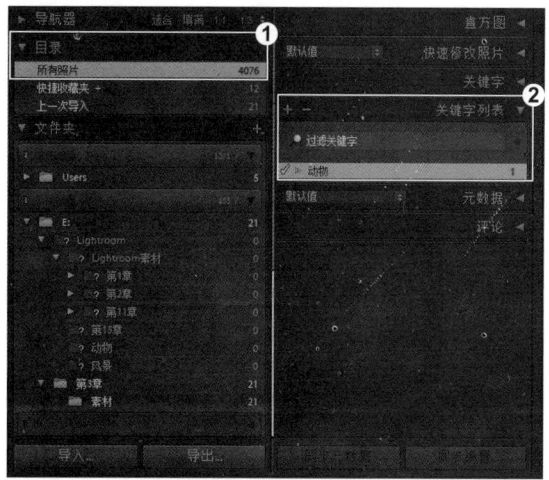

知识拓展

在"元数据"选项的"日期"列表上单击鼠标左键，弹出所有"元数据"选项。❶单击需要显示的选项，在"元数据"选项上则会显示该选项的参数。❷单击"日期""相机""镜头""标签"右侧的对钩，可以在其下拉菜单中选择添加或移去该列、更改排序顺序等。

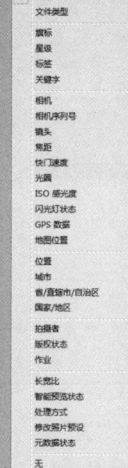

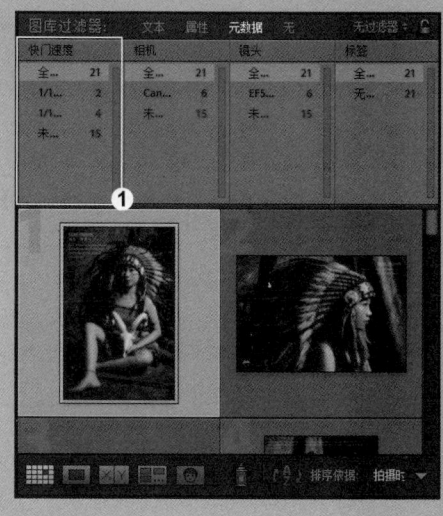

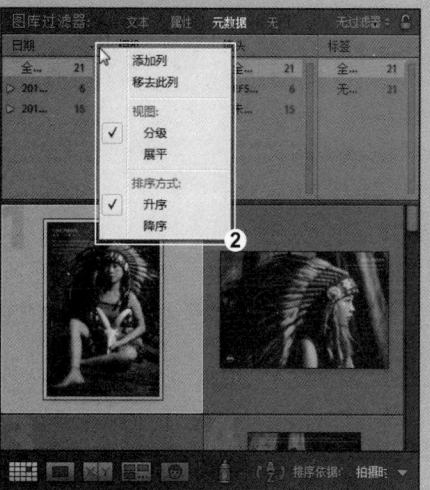

Lightroom 照片处理实战秘技 250 招

招式 038 创建和使用多个目录

Q Lightroom中有几万张照片，每次处理起来速度都很慢，有什么好的方法可以解决吗？

A 可以在Lightroom中根据照片类型创建不同的目录，缩小目录载入数据库的量，从而加快软件的运行速率

1.创建多个目录

❶ 在顶端菜单栏中单击"文件"|"新建目录"命令，❷ 打开"创建包含新目录的文件夹"对话框，选择新建目录存放的位置及命令，单击"确定"按钮后软件会关闭并重新启动，此时软件已加载新建的目录。❸ 在软件界面的左上角可以看到目录的名称。

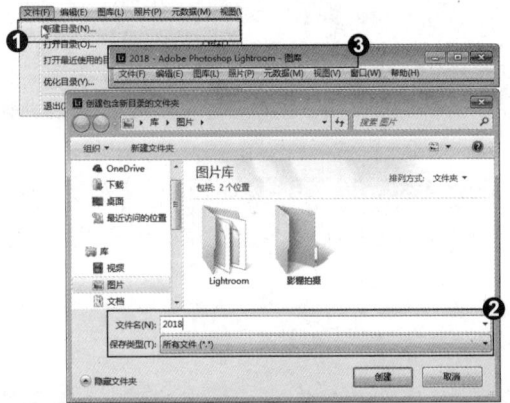

2.运行Lightroom时切换目录

❶ 在软件中单击"文件"|"打开最近使用的目录"命令，选择要返回的目录。❷ 此时系统会弹出"打开目录"对话框，❸ 单击"重新启动"按钮，可从已经打开的新建目录返回原来的主目录或其他目录。

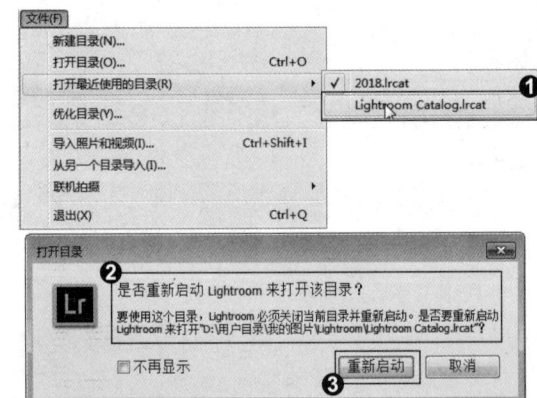

知识拓展

在启动Lightroom 6.7时按住Alt键不放，会弹出"选择目录"对话框，在最近使用的目录列表中选择相应的目录打开。或者单击"选择其他目录"按钮，可以选择不在列表中的其他目录。

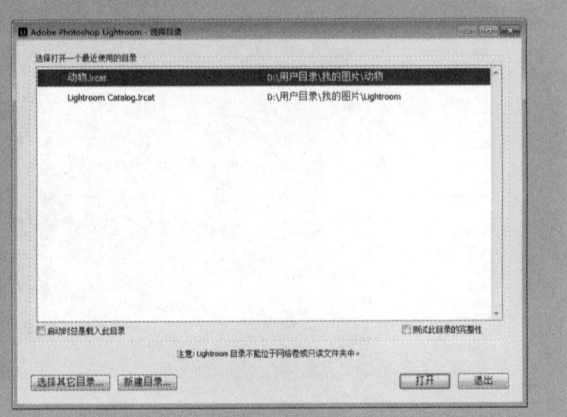

 招式 **039** 更改默认启动目录

Q Lightroom 在启动时总是会默认打开上一次使用的目录，可以让其默认，打开其他指定的目录吗？

A 当然可以，在Lightroom首选项里可以更改默认启动目录。

1.打开"常规"面板

❶ 在顶部菜单栏中单击"编辑"|"首选项"命令，❷ 在弹出的对话框中单击"常规"标签，打开"常规"面板。

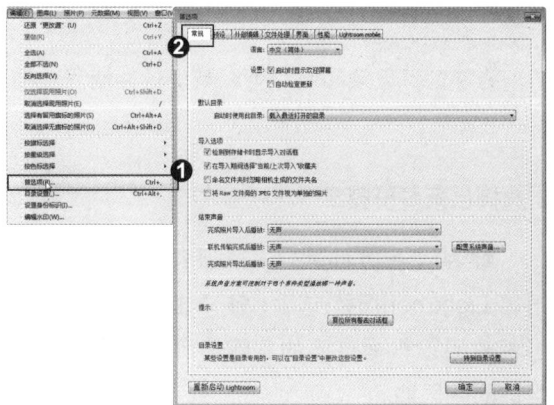

2.更改默认启动目录

❶ 打开"启动时使用此目录"下拉列表，选择"D\ 用户目录 \ 我的图片 \Lightroom\ Lightroom Catalog.Lightroom cat"，❷ 单击"确定"按钮。

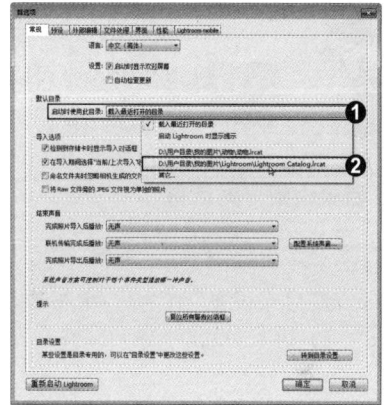

3.导出为目录

❶ 在网格视图中选择要添加到新目录中的照片，❷ 在顶部菜单栏中单击"文件"|"导出为目录"命令，打开对话框。

4.设置导出目录

❶ 在对话框中输入导出目录的名称和位置，❷ 并在下方勾选"仅导出选定照片"复选框，单击"保存"按钮，改变打开的目录。

 知识拓展

　　首次启动Lightroom 6.7并导入照片后，系统会自动创建一个目录文件（Lightroom 6.7 Catalog.Lightroom cat）。创建多个目录的好处有两点：一是方便管理，可以为不同的照片创建不同的目录；二是缩小每个目录载入数据库的量，从而加快软件的运行速度。

招式 **040** 备份目录的基本方法

Q Lightroom图库中的照片十分重要，有什么方法可以很好地保护这些照片呢？

A 在Lightroom中可以选择备份目录，经常备份目录和照片可以减少软件崩溃或损坏时产生的数据损失。

1.调出"目录设置"对话框

　　❶ 在顶部菜单栏中单击"编辑"| "目录设置"命令，❷ 弹出"目录设置"对话框，单击顶部的"常规"标签。

2.选择目录备份频率

　　❶ 从"备份目录"下拉列表中选择"每次退出 Lightroom 时"选项，❷ 单击"确定"按钮。当然也可以根据自己的实际使用情况来选择备份的时间周期。

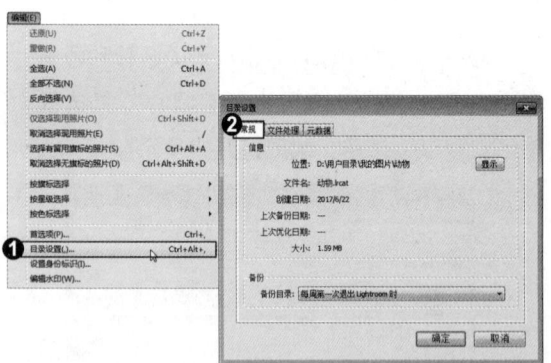

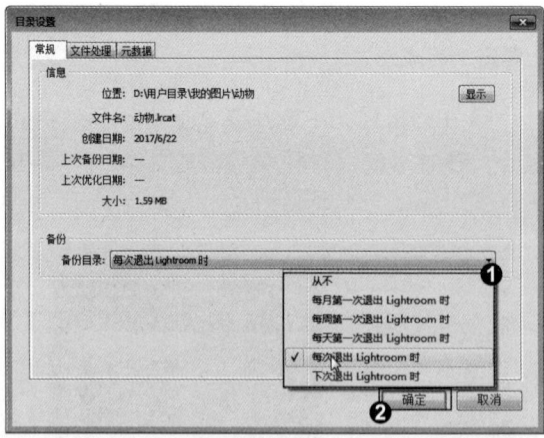

 知识拓展

　　单击"常规"选项卡右上角的"显示"按钮会弹出目录存放的文件夹。

3.选择存储位置

❶ 每次退出 Lightroom 6.7 时，会弹出"备份目录"对话框，单击"选择"按钮，❷ 弹出"选择文件夹"对话框，可以为备份的目录选择一个存放的位置。单击"选择文件夹"按钮，软件会自动完成备份。

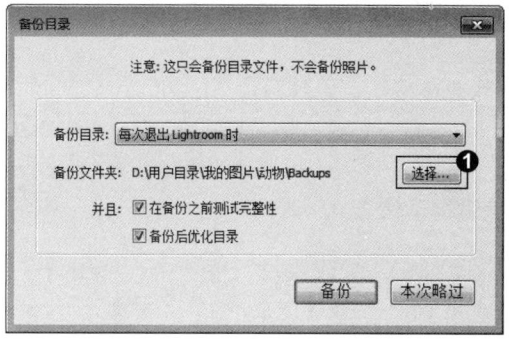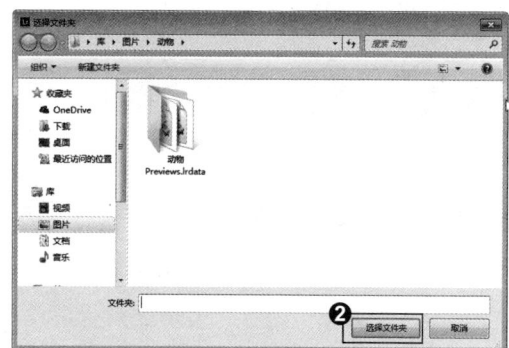

招式 041 恢复损坏的目录

Q 上次修好的照片现在打开时显示目录受损，有什么办法可以找回受损的照片吗？

A 如果退出时备份了目录，现在只要还原备份目录就可以找到原来的照片。

1.找到备份目录所在的文件夹

打开 Lightroom 软件，在顶部菜单栏中单击"文件"|"打开目录"命令。

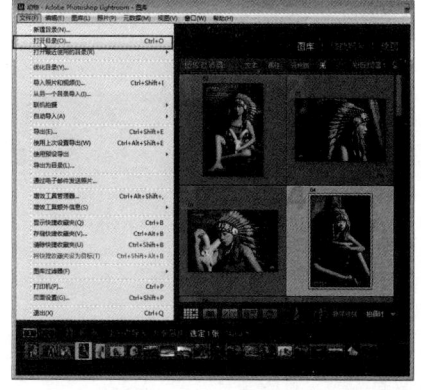

2.选择打开备份目录

❶ 在弹出的对话框中展开最后一次备份的目录，选择备份的 .Lightroom cat 文件，❷ 单击"打开"按钮，就可以恢复损坏的目录。

最好将备份目录存放到系统C盘以外的其他磁盘中，这样更安全。

招式 **042** 照片链接丢失的判断方法

Q 打开Lightroom时看到图片右上角显示有 ■ 标记,而且修改照片的时候显示无法找到文件夹,这是为什么呢?

A 出现这种情况是因为照片已经被删除或被移动,导致照片与Lightroom之间的链接丢失。

1.在网格视图中找到有 ■ 标记的图片

打开 Lightroom 软件,在网格视图中图片的右上角出现 ■ 标记图标,表示此照片链接已经丢失。

2.查看提示信息

此时在"修改照片"模块中,将出现"无法找到文件"或"该照片脱机或丢失"等提示信息。

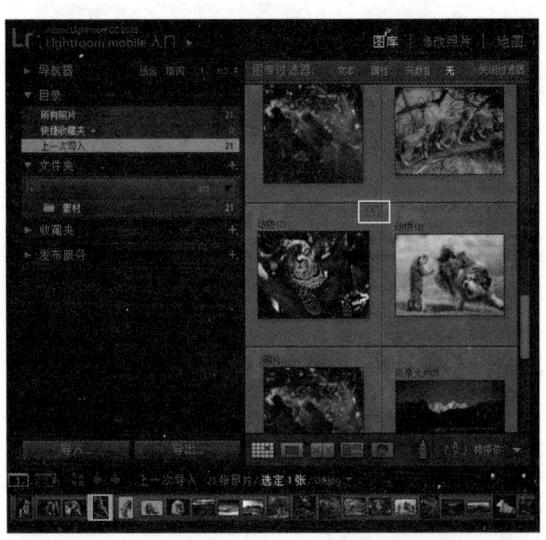

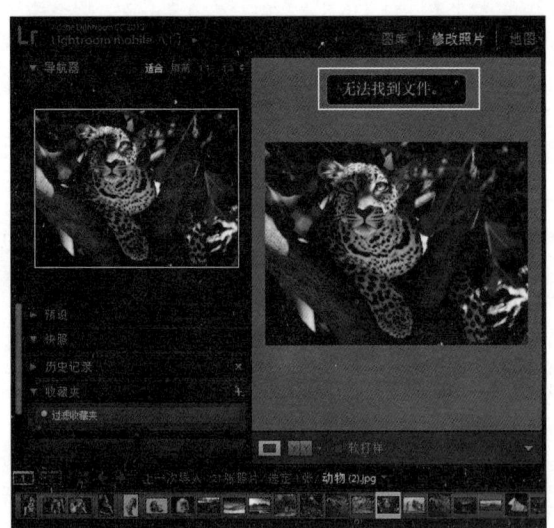

知识拓展

在导入照片时,"文件夹"面板中的照片会按照磁盘分区自动生成不同的文件夹。用鼠标拖曳的方式可以移动文件夹的位置,可以将照片移至其他文件夹中,但这种做法会移动原文件夹或原图片在磁盘上的位置。首次移动文件夹时,系统会弹出提示对话框。

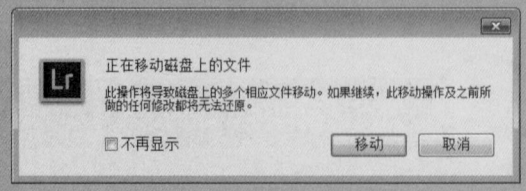

Q 照片链接丢失后有办法找回吗？

A 当然有，只需要重新建立照片链接就可以。

1.单张照片缺失链接的建立

❶ 单击缩览图右上角的"感叹号"图标 ，弹出"确认"对话框，其中显示了缺失链接的原始照片名称、格式和未链接前的位置（原文件的名称和格式一定要记住），单击"查找"按钮，❷ 弹出"查找"对话框，根据提供的文件名找到原文件，单击"选择"按钮即可完成建立链接的操作。

2.文件夹缺失链接的建立

❶ 单击"文件夹"前的三角图标，展开文件，如果文件夹图标旁有小问号，直接右击，在弹出的快捷菜单中单击"查找丢失的文件夹"命令，❷ 在打开的"查找丢失的文件夹"对话框中找到链接的原始文件夹，单击"选择文件夹"按钮，查看"文件夹"面板，文件夹图标上的小问号已消失，表示已找回文件夹中的所有文件。

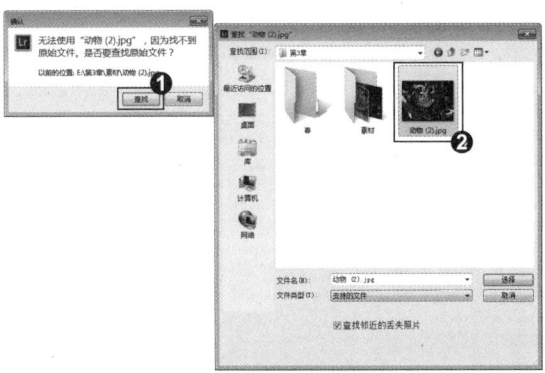

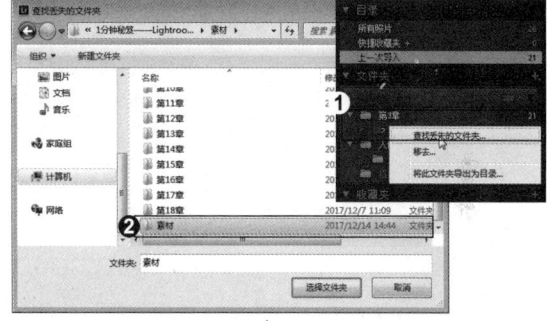

知识拓展

　　右击文件夹面板上的磁盘名称，会弹出一个菜单，在其中可以设置磁盘的相关信息。如果磁盘名称前出现绿色的LED图标，表示文件处于联机和可用状态，并且该磁盘有大于10GB的可用空间；如果出现灰色的LED图标，表示该文件处于脱机状态，不能修改和导出照片；如果出现红色的LED图标，表示文件已被锁定（当从光盘导入文件时会这样）或者存储空间不足1GB；当存储空间不足5GB时，就会出现橘黄色的LED图标；如果该磁盘可用空间不足10GB，就会出现黄色的LED图标。

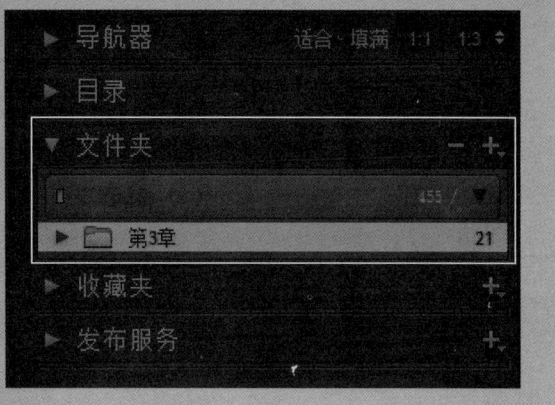

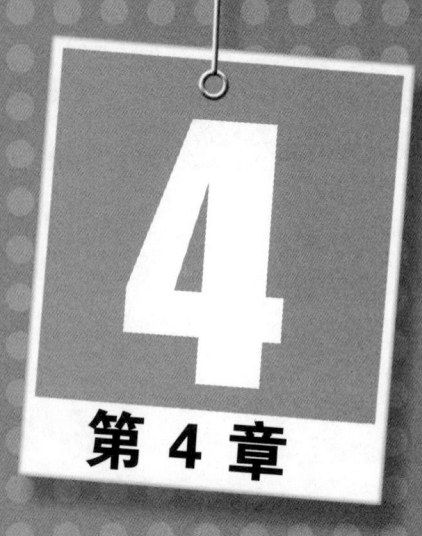

照片的简单修复技法

第 4 章

在Lightroom中，对照片做的大部分调整工作都可以通过"修改照片"模块来完成。本章将详细介绍如何通过"修改照片"模块进行简单的照片修复、调整色调、二次构图等，掌握各种不同的修饰方法后，可以更加快捷地处理图片。

招式 044 照片风格的转换

Q 拍摄了一张风景照片，在计算机上看了之后觉得黑白风格更合适，那么在Lightroom中怎么改变照片的风格呢？

A 在Lightroom中可以通过"快速修改照片"面板来快速修改照片的风格。

1.展开"快速修改照片"面板

导入"第4章\素材\招式44"中的照片素材，❶ 双击该素材，放大图片，❷ 单击"快速修改照片"右侧的小三角▼，展开面板。

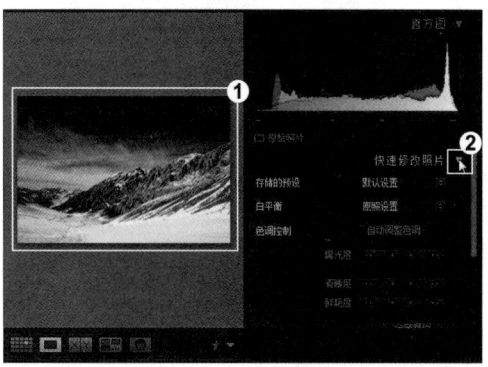

2.改变照片风格

❶ 单击"存储的预设"右侧的三角形按钮▼，❷ 在展开的面板中单击"处理方式"右侧的⬍按钮，选择"黑白"选项，转换照片的风格。

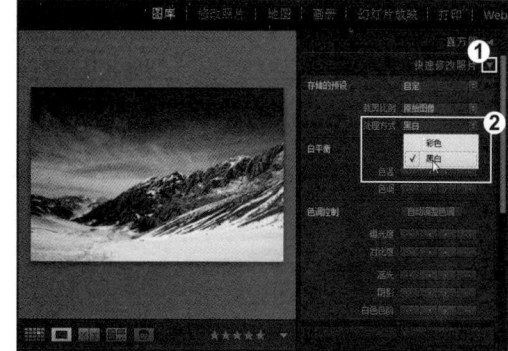

知识拓展

除了可以在"处理方式"选项中设置黑白效果外，还可以在"默认设置"下拉列表中选择各种黑白效果预设。

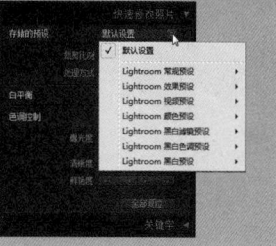

招式 045 利用 Lightroom 预设改变照片色调

Q 拍摄了一张风景照片，在计算机上看了之后想改变照片所传达的情绪，在Lightroom中怎么实现呢？

A Lightroom预设中提供了流行的影调和风格调整命令，只需要单击操作，就能转换照片风格。

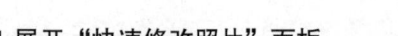
1.展开"快速修改照片"面板

导入"第4章\素材\招式45"中的照片素材，❶双击该素材，放大图片，❷单击"快速修改照片"右侧的小三角，展开面板。

2.改变照片影调

❶单击"存储的预设"右侧的选项框，在弹出的创意影楼风格列表中，选择一种预设风格，❷即可改变照片的影调。

知识拓展

在Lightroom 6.7中，除了可以选用软件预设的创意风格影调和调整命令外，还可以选择自己创建的风格影调和调整命令。

招式 046 色调的快速调整法

Q 拍摄的很多风景色调都有稍许偏差，有什么快速的后期方法可以调整色调？

A 可以通过调整"白平衡"面板的各项参数来调整照片的色调。

1.展开白平衡面板

导入"第4章\素材\招式46"中的照片素材，❶在"图库"模块下双击放大照片，❷在"快速修改照片"面板中，单击白平衡"原照设置"右边的黑色三角，展开白平衡面板，弹出"色温"和"色调"两个调节选项。

2.调整"色温"和"色调"

❶ 单击"色调"或"色温"的左向箭头，
❷ 将画面调成冷色调。若单击相反方向箭头，
画面将变成暖色调。

3.重新定义白平衡

❶ 若对调整结果不满意，单击"白平衡"
右边的选项框，❷ 在其下拉列表中选择"自动"
或"原照设置"来定义白平衡。

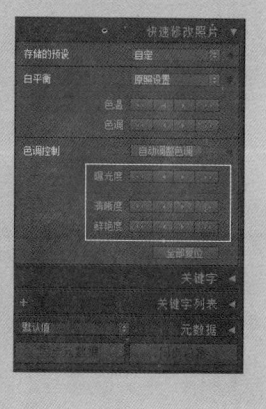

知识拓展

　　在"白平衡"
面板的下方，排列着
"色调控制"的3个主
要选项：曝光度、清
晰度和鲜艳度。单击
"色调控制"右侧的
黑色三角，"曝光度"
下会增加5项实用的命
令，它们都是用来辅
助调整曝光度的，用
法与调节白平衡相同。

★★★★★
招式 **047** 快速修改照片

Q 在不进入Lightroom的"修改照片"模块的情况下怎么快速修改照片呢？

A 可以在"图库"模块中选择"快速修改照片"来快速更改照片设置。

1.调节色温

　　导入"第4章\素材\招式47"中的照片素材，
❶ 在"图库"模块下双击放大照片，❷ 单击"快
速修改照片"三角形按钮，弹出面板，单击"色
温"选项的 ◀ ▶ 按钮调节色温。

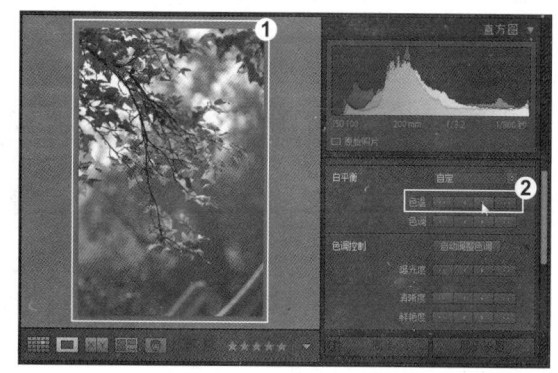

2.调节曝光度与对比度

❶ 展开"色调控制"面板,单击"曝光度"选项的右箭头 ▶ 一次,提高曝光度,❷ 单击"对比度"选项的左箭头 ◀ ,降低对比度。

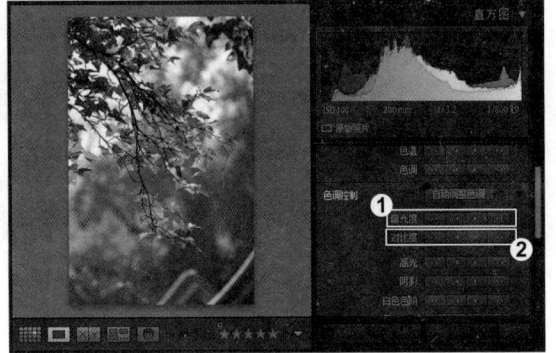

3.调节高光与阴影

❶ 单击"高光"选项的左向双箭头 ◀◀ ,降低高光;❷ 单击"阴影"选项的右向双箭头 ▶▶ ,拉高阴影区的暗色。

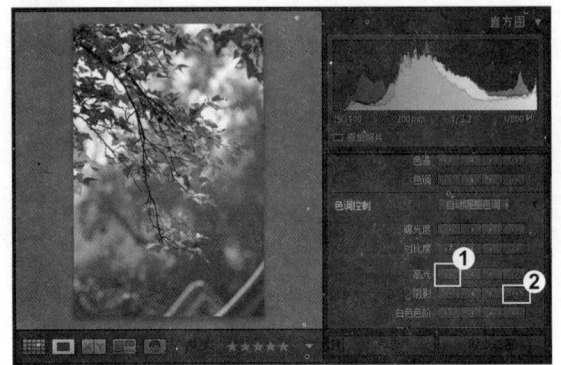

4.调节黑色色阶与白色色阶

❶ 单击"白色色阶"选项的右向双箭头 ▶▶ ,降低画面中的白色部分明度;❷ 单击"黑色色阶"选项的右向双箭头 ◀◀ ,提升黑色部分的明度。

知识拓展

利用"裁剪叠加"校正倾斜画面时,若勾选"角度"滑块下的"锁定图像"复选框,当对图像进行镜头扭曲矫正时可以自动调整裁剪框的大小,以确保裁剪的画面不留空边。

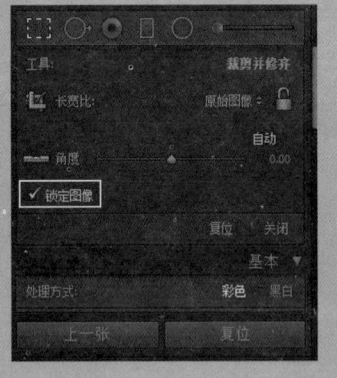

招式 048 利用裁剪功能对照片进行二次构图

Q 当拍的照片前期构图不是很完美时,可以通过Lightroom进行修改吗?

A 当然可以,可以利用Lightroom的裁剪功能对照片进行二次构图。

1.用"裁剪叠加"工具创建裁剪框

导入"第4章\素材\招式48"中的照片素材，❶在"图库"模块下双击素材放大照片，单击"修改照片"选项，进入"修改照片"模块。❷在右侧面板中单击"裁剪叠加"工具，沿图像创建裁剪框。

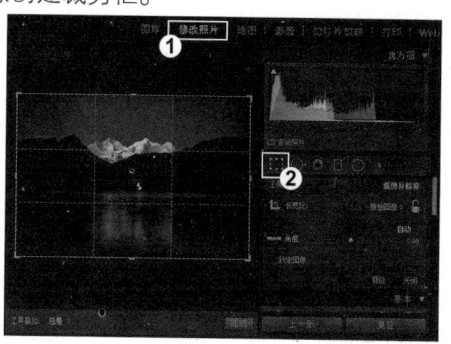

3.完成照片二次构图

确认需要保留的照片后，在预览窗口右下角单击"完成"按钮，完成照片裁剪，更改画面构图。

2.通过"裁剪叠加"工具确认裁剪范围

❶运用"裁剪叠加"工具从图像左上角向右下角拖曳鼠标，拖曳至满意位置后，释放鼠标，❷移动鼠标调整裁剪框的大小和位置，确认裁剪范围。

知识拓展

❶单击"裁剪叠加"按钮，在"裁剪并修齐"选项栏中单击"裁剪框"工具，❷在画面上沿着对角线拖出裁剪框，裁剪完成后，多次按L键，可以突出显示裁剪区域（变暗为被裁部分）。

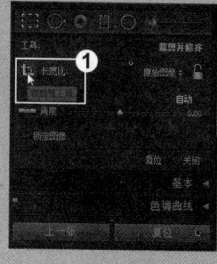 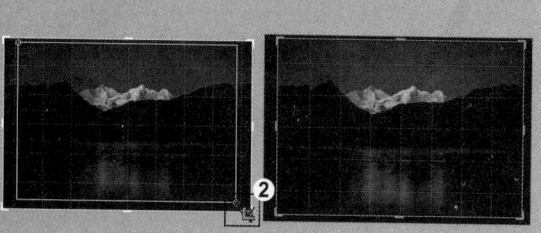

招式 049 裁剪照片突出主题

Q 当拍的照片总感觉主题不是很突出时，有什么好的解决办法吗？

A 首先拍照片之前要确定主题，如果前期拍摄的时候主题不突出，可以在后期通过裁剪的方式框取主体物，以突出主题。

1.裁剪照片

❶ 选取照片导入 Lightroom 中，然后选择"修改照片"模块，❷ 按 R 键，或者直接选择"裁剪叠加"工具，此时画面中会出现裁剪框和裁剪网格。

2.突出照片主题

❶ 按 O 键，将网格切换到"黄金分割构图网格"，❷ 将鼠标指针放在裁剪框的左右两侧并分别向右或向左拖曳，将画面两侧多余的部分裁剪掉，让主体落在两条斜线的交点上。

3.裁剪照片

单击"完成"按钮即可按照黄金分割构图突出主题。

知识拓展

选择裁剪工具后，每按一次O键，裁剪框就会显示不同的裁剪（构图）网格。这里只介绍常用的3种裁剪网格。

- 黄金分割法构图：黄金分割法是摄影构图中的经典法则，当使用"黄金分割法"对画面进行裁剪构图时，画面的兴趣中心（即表现主体）应位于或靠近两条线的交点，这种方法多用于拍摄人物。
- 三分法构图：三分法构图是黄金分割法构图的简化，这种构图方式在摄影构图中应用范围非常广，画面中任意两条线的交点就是视觉的兴趣中心，放置主体的最佳位置就是这些交叉点。
- 黄金螺旋线构图：黄金螺旋线构图法是一种螺旋状的网格视图模式，它也是从黄金分割法构图中衍生出来的一种构图形式，将对象安排在螺旋线的周围，引导观者的视线走向画面的兴趣中心。

黄金分割法构图　　　　　三分法构图　　　　　黄金螺旋线构图

招式 050 利用鼠标拖动校正倾斜的照片

Q 拍照的时候相机拿歪了，拍出来的照片都是歪的，有什么办法可以调整吗？

A 可以通过角度倾斜校正工具调整倾斜的照片。

1.显示裁剪框

导入"第4章\素材\招式50"中的照片素材，❶ 按 D 键进入"修改照片"模块，选择"裁剪叠加"工具 ■。❷ 画面中出现裁剪框。

2.校正倾斜照片

❶ 将鼠标指针移动到裁剪框外，待指针变为双向箭头时，按住鼠标旋转外框，❷ 旋转到合适的角度松开鼠标，并双击画面中心，照片倾斜得到校正。

知识拓展

在"裁剪框"工具的最右侧有一个锁形按钮 🔒，当其呈锁定状态时，可以让画面在裁剪时保持原始的长宽比，按照原比例裁剪画面。如果有预定的长宽比，可以在锁定按钮左侧的"原始图像"下拉列表中设定。

招式 051 用角度倾斜校正工具矫正倾斜照片

Q Lightroom中用什么工具矫正倾斜的照片呢？

A 矫正倾斜照片主要使用"裁剪叠加"工具中的"角度倾斜校正工具"。

1.创建裁剪框

导入"第4章\素材\招式51"中的照片素材，❶ 在"图库"模块下选择一张照片，单击"修改照片"选项，进入"修改照片"模块。❷ 单击"裁剪叠加"工具 或按 R 键，此时图像上自动创建裁剪框。

2.矫正倾斜照片

❶ 在"修改照片"模块下，单击并向右拖曳"角度"滑块，当拖曳至 −5.14 时，可以看到调整角度 后的图像，❷ 单击"完成"按钮，完成照片的裁剪与矫正。

知识拓展

❶ 在"裁剪叠加"工具选项栏中单击"矫正"工具 ，将带有小标尺图标的鼠标指针移动到画面中，沿着水平方向从左往右拖动鼠标，❷ 松开鼠标后画面被自动矫正，双击即可完成矫正。

招式 052 调整画面色调

Q 想拍一张看起来比较春天、偏绿色的照片，可是拍出来的照片整体偏红，有办法可以修正吗？

A 可以通过某些工具调整画面的整体色调，使画面呈现出偏绿色的色调。

1.自动调整色调

导入"第4章\素材\招式52"中的照片素材，❶ 在"图库"模块中显示照片。❷ 单击"色调控制"旁的"自动调整色调"按钮，调整照片的颜色，使调整后的照片色调更加明亮。

2.二次构图

❶ 单击"修改照片"选项，进入"修改照片"模块，❷ 选择"裁剪叠加"工具，显示裁剪网格，拖动裁剪网格，对图像进行二次构图。

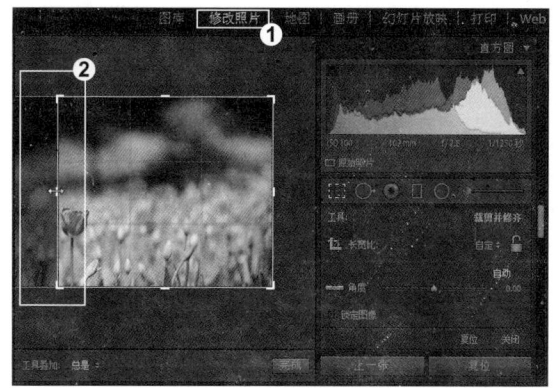

3.调整照片影调

❶ 完成照片二次构图后，在"修改照片"模块中，展开"基本"面板，❷ 在"色调"选项下调整"曝光度""阴影""对比度"，调整照片的影调。

4.增强照片色彩

❶ 在"色调"选项中将"清晰度"增加到 +20，"鲜艳度"增加到 +10，"饱和度"增加到 +5，❷ 增强照片的色彩，增添春天的气息。

知识拓展

照片调整满意后，单击"文件"|"导出"命令，在弹出的"导出一个文件"对话框中进行设置，可以将调整后的照片导出。

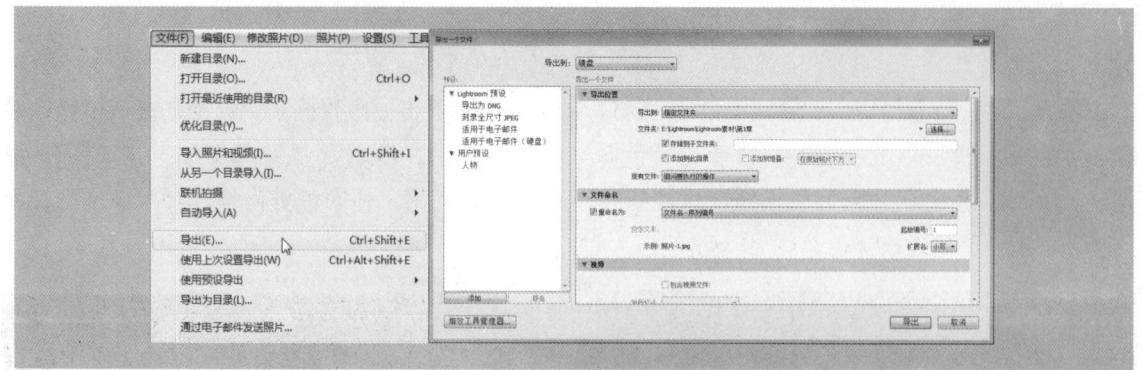

招式 **053** 用白平衡选择器的采点功能设置白平衡

Q 拍照之前相机的白平衡设置得不准确，后期可以调整到准确的白平衡吗？

A 当然可以，可以使用某些工具吸取画面中性区域来重新设置白平衡。

1.选择设置白平衡的工具

❶ 导入"第4章\素材\招式53"中的照片素材，单击"修改照片"选项，❷ 在右侧面板选择"白平衡选择器"工具，或按 W 键。

2.设置白平衡

❶ 移动"白平衡选择器"时观察"拾取目标中性色"图框底部的 RGB 数值，❷ 寻找 RGB 数值最接近之处作为取样点，确定取样点后单击，此区域的颜色会变为中性灰色。

知识拓展

在Lightroom 6.7中，调整RAW、DNG格式照片的白平衡是不会损伤照片画质的。也就是说，不会对照片产生任何影响，就像在拍摄之前设置相机的白平衡一样。而JPEG、TIFF和PSD文件则没有这一特性。

Q 使用白平衡选择器的采点功能总是把握不好白平衡，有便捷的方法设置白平衡吗？

A 当然有，Lightroom中的各种"自动"功能是很强大的。

1.选择白平衡选项

导入"第4章\素材\招式54"中的照片素材，❶ 双击放大，❷ 在右侧面板中单击"白平衡"右侧的下拉按钮，打开下拉列表。

2.自动校正白平衡

❶ 在打开的下拉列表中选择"自动"选项，❷ 将会自动调整错误的白平衡设置，恢复自然的白平衡效果。

3.整体调整照片，对比前后效果

❶ 根据画面效果，切换至"修改照片"模块，移动"对比度""清晰度"滑块，增强对比，❷ 单击"切换各种修改前和修改后视图"按钮 ▼▼◢，对比修改前后的照片。

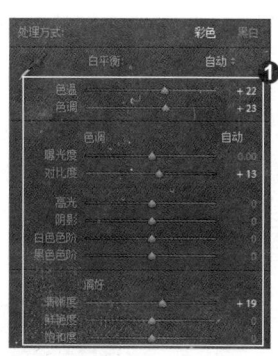

知识拓展

设置"白平衡"的方法除了"白平衡选择器"的采点设置和自动矫正白平衡以外，还可以用色温和色调设置白平衡。在Lightroom 6.7中，如果是JPEG、TIFF和PSD文件，会使用 -100~100范围的温标（即相对温度）调整白平衡；而在处理RAW文件时，会使用Kelvin温标（即绝对温度）调整白平衡。

招式 **055** 还原画面的真实色彩

Q 拍摄照片时受到旁边光源的影响有些偏色，可以调整回来吗？

A 拍摄照片时经常会受到旁边环境光的影响而使画面颜色不准确，这时可以利用 Lightroom来调整，还原画面的真实色彩。

1.调整照片白平衡

❶ 导入"第4章\素材\招式55"中的素材图片，单击"修改照片"选项，进入"修改照片"模块，❷ 单击"基本"面板，在"白平衡"选项下设置色温和色调，调整照片白平衡。

2.增强照片对比效果

❶ 在"基本"面板下设置"对比度""阴影"的数值，❷ 调整"白色色阶"和"黑色色阶"，提高照片的亮度，增强对比效果。

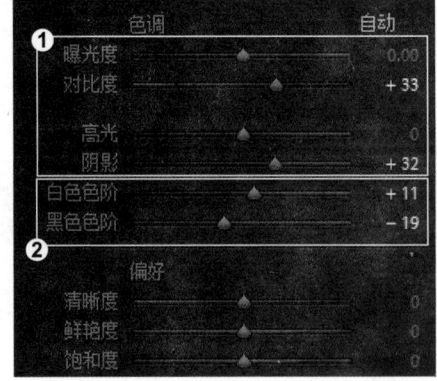

3.调整照片明暗关系

❶ 打开"色调曲线"面板，❷ 在面板中使用鼠标拖曳曲线，调整照片明暗。

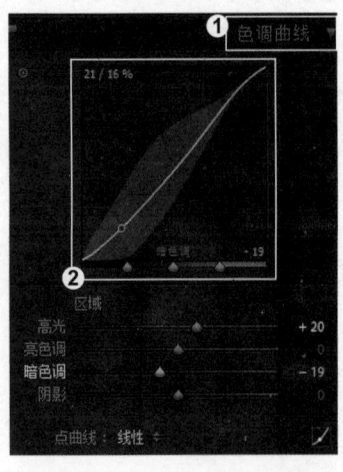

4.调整照片颜色

❶单击"分离色调"，打开"分离色调"面板，在面板中设置"高光""阴影"数值，❷再拖曳"平衡"滑块，平衡照片颜色。

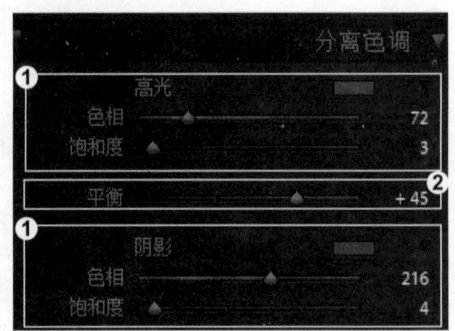

5.恢复照片自然色彩

❶打开"HSL/颜色/黑白"面板，❷在"色相"选项卡下分别拖曳各个颜色的色相，修复偏色的照片。

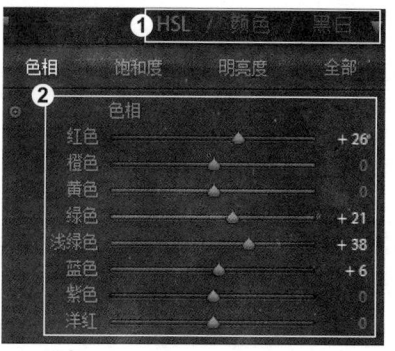

6.完成调整

❶在下方工具栏单击"切换修改前和修改后视图"按钮，❷比较照片修改前后的差别。

知识拓展

　　"色调"滑块向左移动（负值）可给照片增加绿色，向右移动（正直）可给照片增加红色。在调整完色温和色调后，如果在阴影区域存在绿色或洋红色阴影，应打开"相机校准"面板，调整其"阴影"下的"色调"滑块，将阴影尽量消除。

招式 056 改变色温将照片转换为暖色调

Q 拍摄的照片总是偏蓝色，感觉很冷，可以后期调成暖色调的照片吗？

A 当然可以，利用Lightroom中的色温调整功能就可以实现。

1.选择基本选项

　　导入"第4章\素材\招式56"中的照片素材，❶双击放大，单击"修改照片"选项，进入"修改照片"模块。❷在右侧面板中单击"基本"右边的黑色三角形按钮，展开基本参数栏。

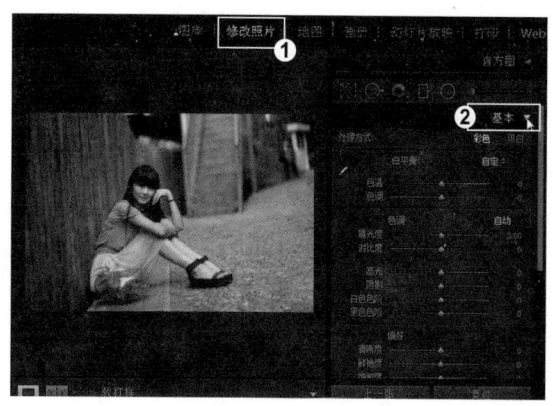

2.调整色温参数

❶ 拖动"色温"选项上的滑块，可提高照片的色温使其变暖，❷ 也可在"色温"文本框中输入数值，❸ 调整照片的色温。

 ## 知识拓展

将光标放置在"色温"文本框上，当光标变为 形状时，向左拖动降低色温数值；向右拖动提高色温数值。

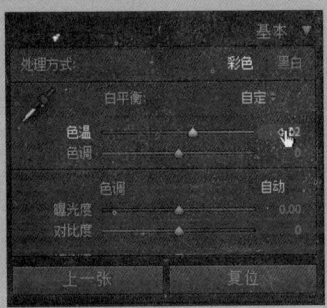 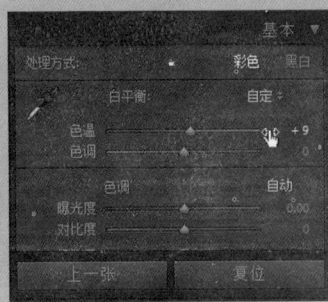 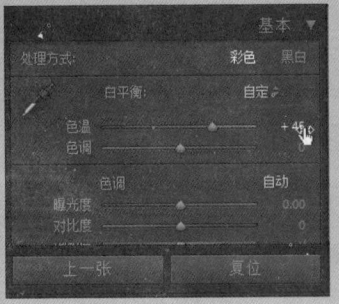

★★★★★ 招式 **057** 利用自动调整功能调整照片的影调

Q 刚开始学习修图没有思路，有快速的方法可以调整照片的影调吗？

A 可以利用Lightroom的自动功能对照片的影调进行设置。

1.展开"快速修改照片"面板

导入"第4章\素材\招式57"中的照片素材，❶ 双击放大图像，❷ 单击"快速修改照片"右侧的三角形按钮，展开"快速修改照片"面板。

2.自动校正照片影调

❶ 在 "色调控制" 面板中单击 "自动调整色调" 按钮，❷ 自动校正照片的影调。

 知识拓展

除了单击 "自动调整" 按钮调整图像外，还可以单击各个选项分别进行调整。如果对调整结果不满意，单击 "全部复位" 按钮可将照片恢复至初始状态。

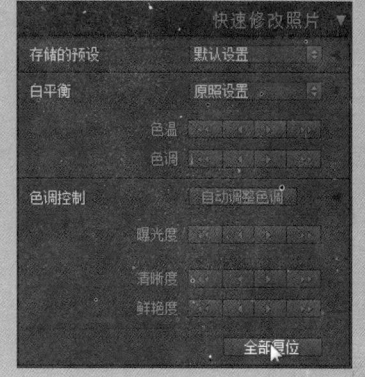

招式 058 利用清晰度功能获取清晰画面

Q 拍摄的照片总感觉不够清晰，后期可以修复吗？

A 可以利用Lightroom的后期修复功能获取清晰的画面效果。

1.调整照片整体色调

导入 "第 4 章 \ 素材 \ 招式 58" 中的照片素材，❶ 双击放大图像，单击 "快速修改照片" 右侧的三角形按钮，展开 "快速修改照片" 面板。❷ 在右侧面板中单击 "自动调整色调" 按钮，

2.修改清晰度

❶ 在右侧面板中找到 "清晰度" 选项，单击右侧的 "增加清晰度" 按钮，得到更精细的画面效果，❷ 根据画面效果，调整 "对比度"，增强对比效果。

Lightroom 照片处理实战秘技 250 招

 **知识拓展**

在"快速修改照片"面板中，每单击一次"曝光度"选项的向右双箭头就会增加1/3挡曝光；每单击一次右向箭头就会增加1挡曝光。使用同样的方法单击左向的箭头和双箭头，可不同程度地减少曝光。

 招式 **059** 利用鲜艳度功能增强画面色彩

 **Q** 拍摄的照片总是色彩很暗淡，没有层次，可以通过Lightroom恢复吗？

A 可以通过Lightroom的快速调整功能恢复画面艳丽的色彩。

1.增加照片鲜艳度

❶ 导入"第4章\素材\招式59"中的照片素材，双击放大图像，❷ 在右侧面板中单击"鲜艳度"右侧的"增加鲜艳度"按钮，提高照片鲜艳度。

2.增强照片对比效果

❶ 继续单击4次"鲜艳度"右侧的"增加鲜艳度"按钮，让原来暗淡的照片变得更加艳丽。❷ 单击"增加对比度"按钮，增强照片的对比效果。

 **知识拓展**

❶单击"图库工具栏"后的"选择工具栏的内容"按钮，❷在弹出的下拉菜单中勾选"缩放"复选框，❸此时在"图库工具栏"中拖动"缩放"滑块可以对图像进行缩放操作。

 **招式 060 利用自动同步一次性编辑多张照片**

Q 以同样的设置拍了好多照片，可以一次性对所有照片进行编辑吗？

A 当然可以，可以利用Lightroom的同步功能进行编辑。

1.导入多张图片

❶ 在左侧面板中单击"导入"，打开"导入"窗口，将"第4章\素材\招式60"中的照片素材导入软件中，选中任意一张照片，❷ 在"快速修改照片"面板中单击"存储的预设"右侧的 按钮。

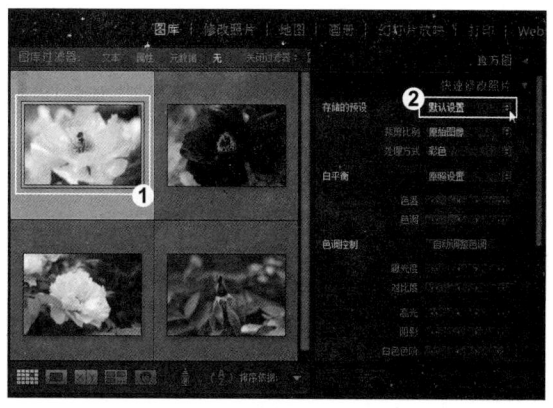

2.调整一张图片

❶ 在弹出的菜单中选择"Lightroom 视频预设"选项，❷ 在其子菜单中，单击"视频黑白（高对比度）"选项。

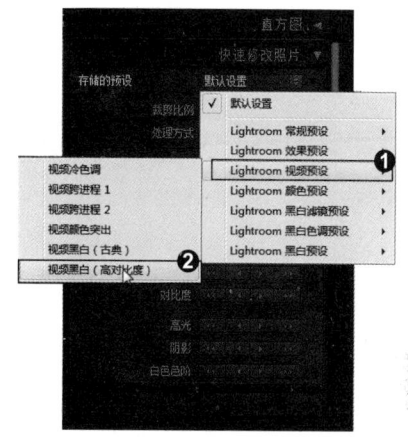

3."色调曲线"工具调整图像

❶ 完成其中一张照片的调整后，在界面下方的胶片显示窗格中按住 Ctrl 键单击选择其他照片，❷ 单击界面右侧的"同步设置"按钮，打开"同步设置"对话框，在对话框中设置照片的同步选项，设置后单击"同步"按钮，❸ 即可查看同步设置后的图像效果。

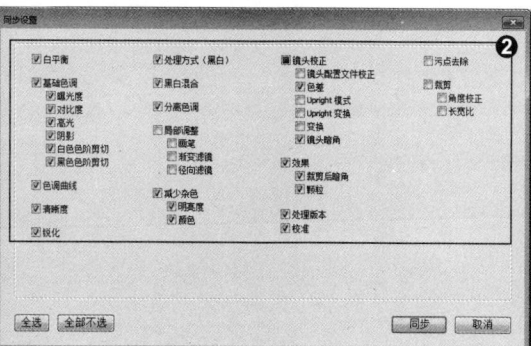

知识拓展

　　除了可以同步效果外，还可以同步元数据。❶在网格视图模式中，按住Ctrl键选择相邻照片或是按住Shift键单击选择多张照片，❷单击右侧面板下方的"同步元数据"按钮，❸弹出"同步元数据"对话框，选择需要同步的元数据，单击"同步"按钮即可同步元数据。

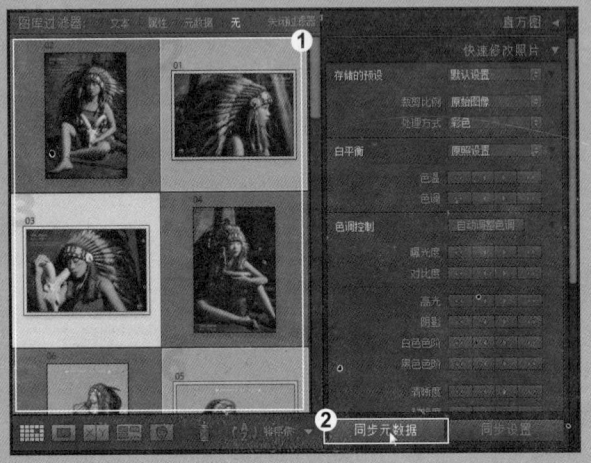 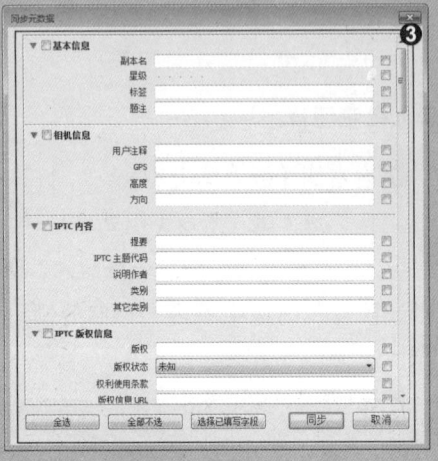

招式 061 利用色调曲线调整照片画面色彩

Q 在Lightroom中除了可以用"黑色色阶""白色色阶"调整画面色彩、增强对比效果外，还有其他方法可以调整画面色彩吗？

A 当然有，还可以使用曲线工具调整画面色彩。

1.展开"色调曲线"面板

　　导入"第4章\素材\招式61"中的照片素材，❶在"图库"模块下选择照片，单击"修改照片"选项，进入"修改照片"模块，❷在右侧面板中单击"色调曲线"三角按钮，展开面板。

2.选择曲线修改方式

❶ 在"色调曲线"面板中单击"点曲线"右侧的按钮，❷ 在弹出的列表中选择"线性"选项。

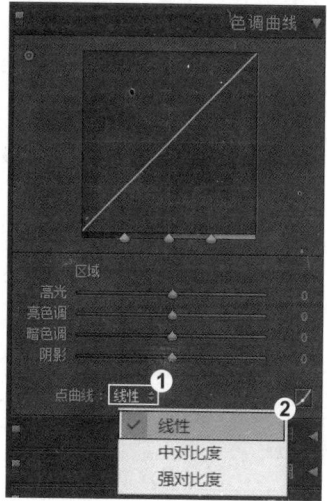

3.调整"色调曲线"参数

❶ 在"基本"面板中找到"色调"选项，单击"自动"按钮，恢复正确的画面色调，❷ 在"色调曲线"面板中按住鼠标左键向右拖曳"高光"滑块，再分别向左拖曳"亮色调""暗色调""阴影"滑块，❸ 单击"切换各种修改前和修改后视图"按钮，对比修改前后的照片。

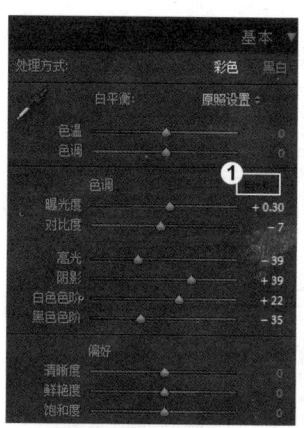

知识拓展

❶ 在"色调曲线"面板上，除了可以拖动滑块调整曲线外，还可以直接在曲线图上向下或向上拖曳鼠标确定调整范围。❷ 单击"单击点以编辑曲线"按钮，可以隐藏滑块参数栏，直接在曲线图上编辑曲线即可。

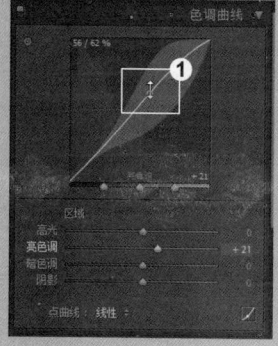

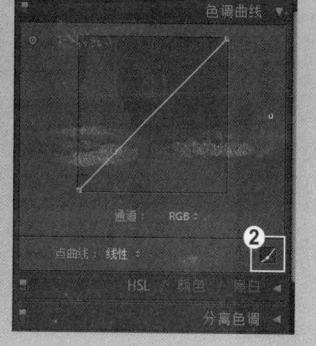

照片的修饰技法

第 5 章

　　在我们拍照的过程中，有时会因为相机的感光元件或镜头上有一些灰尘，使拍出来的照片出现污点或瑕疵，对此可以在后期处理时利用Lightroom中的一些工具来去除，以美化照片。通过学习本章内容，可以快速掌握照片瑕疵的修饰方法。

招式 062 利用污点去除工具修复照片瑕疵

Q 拍照的时候没注意到镜头上有灰尘，结果拍出来的照片有黑点，可以去除吗？

A 当然可以，利用Lightroom 里面的污点去除工具可以去除这些污点。

1.选择"污点去除"工具

导入"第5章\素材\招式62"中的照片素材，❶ 双击照片放大，可以清晰地看到照片上的镜头污点，❷ 切换到"修改照片"模块，选择工具栏中的 ⊙·（污点去除工具），或按 Q 键选取工具。

2.设置污点去除工具参数

❶ 在污点去除工具 ⊙ 的选项栏中选择"修复"，❷ 将鼠标指针放在污点上，利用"大小"滑块调整画笔直径到能包含住污点，最好比污点大 25% 左右。

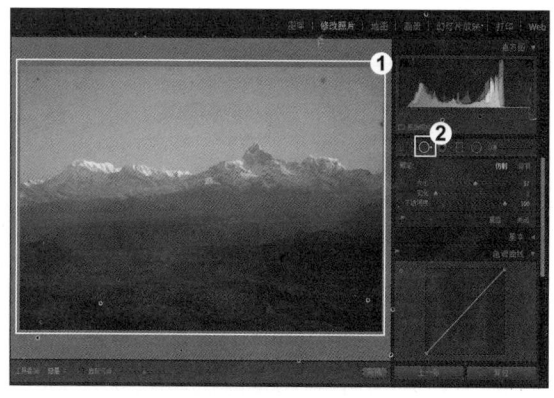

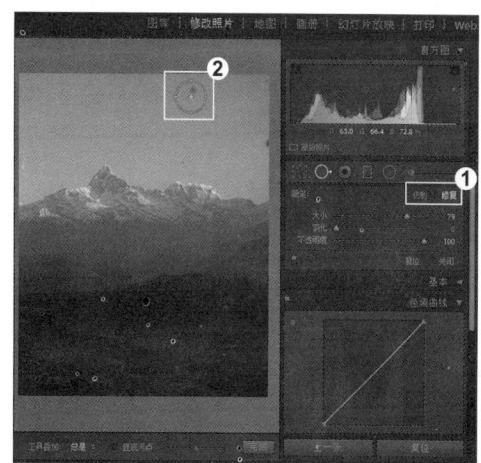

3. 完成照片整体修饰

❶ 在污点上单击，系统会自动从附近区域取样修复污点。❷ 如果自动修复的效果不够理想，可以按住鼠标左键并拖曳鼠标至另一取样区域后再松开鼠标，以去除污点。

知识拓展

　　污点去除工具的选项栏中有两个选项："仿制"是把照片附近部分区域复制到目标上；而"修复"则取样附近区域的光照、纹理和色调修复污点。按Q键选择污点去除工具，①在工具选项栏中选择"仿制"选项，调整画笔半径至合适大小，②在需要仿制对象的地方单击，按住并拖曳到取样区域，即可将取样区域的对象仿制到此处。

招式 063 同时去除多张照片上的污点

Q 如果数码相机镜头或传感器上的灰尘出现在多张照片的同一位置，要怎样做才能同时去除污点呢？

A 可以运用Lightroom提供的"复制"和"粘贴"功能同时修复所有照片上的污点。

1.去除一张照片中的污点

　　导入"第5章\素材\招式63"中的照片素材，①在胶片显示窗格中选择一组照片中的任意一张（最好是第一张或最后一张），②按照招式62所讲解的去除污点的技巧，去除照片中的污点。

2.设置"复制设置"对话框

　　①单击左侧面板底部的"复制"按钮，②在弹出的"复制设置"对话框中单击"全部不选"按钮，然后勾选"污点去除"复选框，复制上一步中的所有污点去除操作。

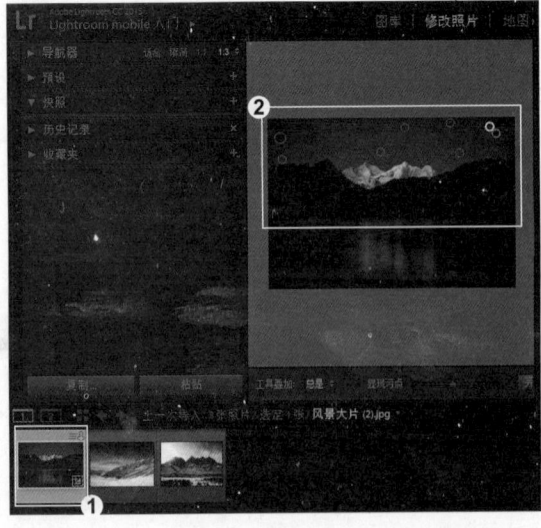

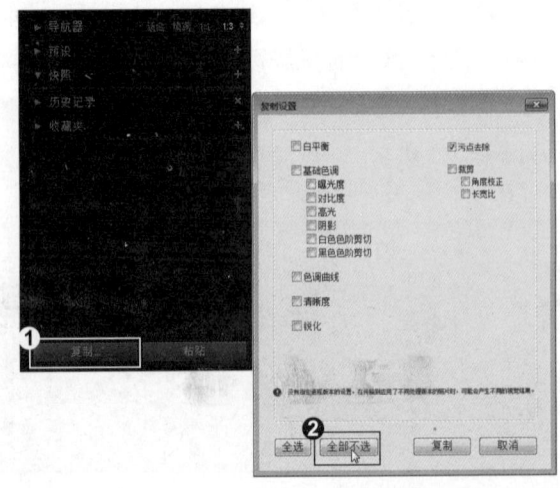

3. 同时去除多张照片中的污点

❶ 按住 Ctrl 键，在胶片显示窗格中选择要修复的多张照片（如果连续选择多张照片，可按住 Shift 键单击第一张和最后一张照片），❷ 单击"粘贴"按钮，将刚才复制的操作命令应用到选中的多张照片上。

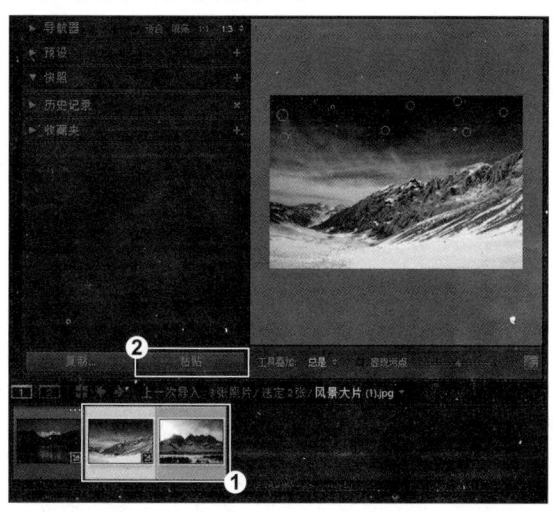

知识拓展

在修复痕迹上右击，在弹出的快捷菜单中选择相应的命令，可以执行在修复与仿制之间进行转换、对修复点进行删除、复位污点去除等操作。

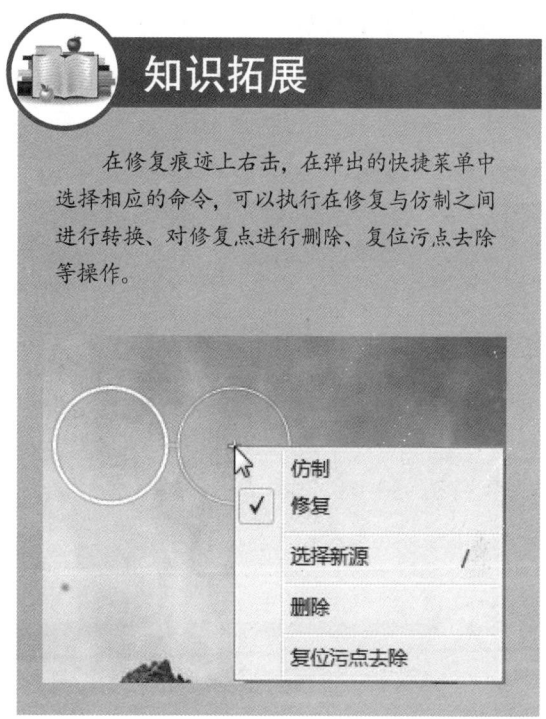

招式 064　查找并修复画面中的污点

Q 照片中的污点分布不均匀，在Lightroom中该如何查找并修复画面中的污点呢？

A 可以利用"导航器"面板，轻松又快速地查找污点，然后利用污点去除工具修复污点即可。

1. 展开"导航器"面板

导入"第5章\素材\招式64"中的照片素材，❶ 切换至"修改照片"模块。❷ 单击"导航器"前面的三角形按钮，展开"导航器"面板。

2.查找并去除污点

❶ 按 Z 键放大图片到 1:1 视图，按 100% 比例显示照片。❷ 将"导航器"面板预览图框内的小矩形拖曳至左上角，查找污点。❸ 选择"污点去除工具" 在污点上涂抹，去除污点。

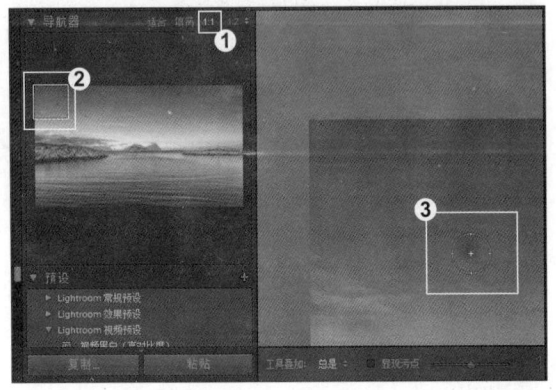

3.去除照片上的其他污点

同上述查找污点的操作方法，继续查找其他的污点，使用"污点去除工具" 去除画面中的污点。

知识拓展

使用"导航器"面板查找污点时，若检查到图片的底部，按Page Down键，检查的区域会自动折回到照片顶部，准确地错开一列。

招式 065 利用调整画笔为人物柔肤

Q 拍出来的人像照片皮肤总是不细腻，可以在Lightroom 中为人物美肤吗？

A 在Lightroom 里可以利用画笔工具调整人物皮肤。

1.设置调整画笔工具

导入"第5章\素材\招式65"中的照片素材，❶ 切换至"修改照片"模块，❷ 选择工具栏中的 ▭（调整画笔工具），❸ 在展开的"调整画笔"面板下方的画笔区域，将画笔大小、羽化、流畅度调整到合适大小。

2. 擦除多余蒙版区域

❶ 运用"调整画笔"工具在人物脸部涂抹，❷ 单击画笔选择区域的"擦除"按钮，选择擦除画笔，调整画笔大小流畅度，❸ 使用画笔继续涂抹，擦除多余的蒙版区域。

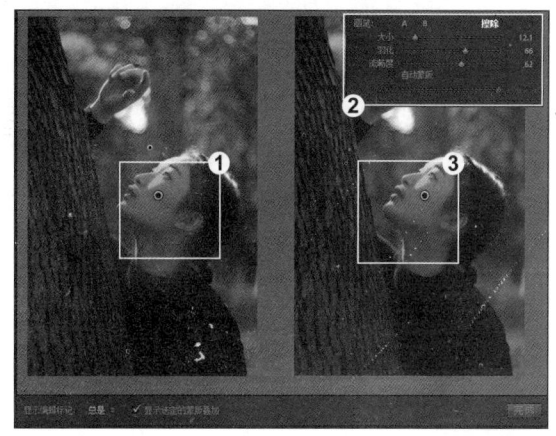

3.调整人物肌肤饱和度

❶ 取消勾选"显示选定的蒙版叠加"复选框，❷ 可看到调整后的图像效果，❸ 在"调整画笔"面板中的效果交界区域将"饱和度"选项滑块设置为 12，根据设置提高人物脸部的饱和度。

4. 调整背景色调

❶ 单击画笔选择区域的 A 按钮，❷ 在人物背景处涂抹，以提亮背景，柔化整体色调。

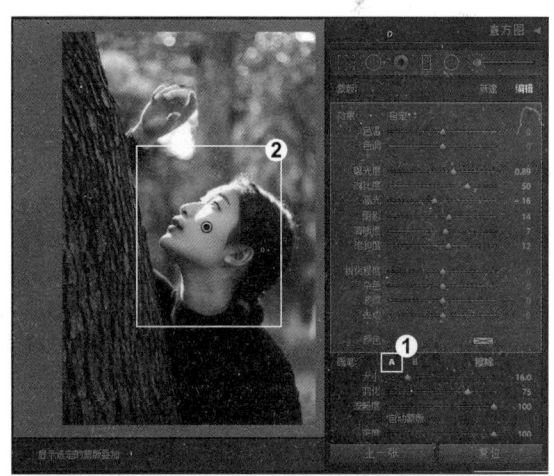

专家提示

在单击 ▭ (调整画笔工具)后，按Q键将鼠标指针移动到画面中，在需要增亮的区域涂抹，涂抹的区域将以红色蒙版显示；再次按Q键，蒙版显示状态将关闭。如果对涂绘有把握，可以先调节"曝光度"滑块，再涂绘需要增亮的区域，而不必显示红色蒙版。

知识拓展

　　使用"调整画笔"工具在图像上设置蒙版后，可以在"调整画笔"面板中的画笔选择区域调整蒙版区域。在画笔选择区域分别设置了A、B和擦除3种画笔，其中"擦除"画笔就是用来擦除多余的蒙版区域。

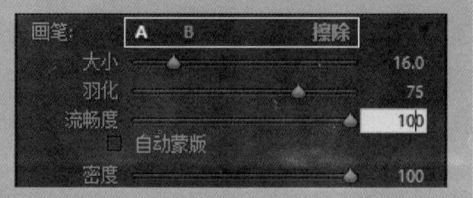

★★★★ 招式 066 利用红眼校正工具去除人物红眼

Q 拍摄人像照片时，经常会出现红眼的情况，这种现象是如何产生的？在Lightroom中又该如何去除红眼呢？

A "红眼"现象是在夜景或室内用闪光灯拍摄人物时，由于被摄对象眼底血管反光而造成的。在Lightroom中可以利用"红眼校正"工具快速去除红眼。

1.选择红眼校正工具

　　导入"第5章\素材\招式66"中的照片素材，❶ 切换至"修改照片"模块，❷ 在右侧工具选项栏中选择 ◉（红眼校正工具）。

2. 确定红眼范围

　　❶ 当鼠标指针出现定位标记时，将其移动到红眼位置。❷ 单击确定红眼去除范围。

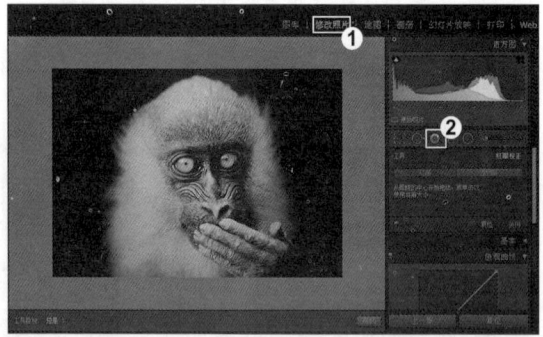

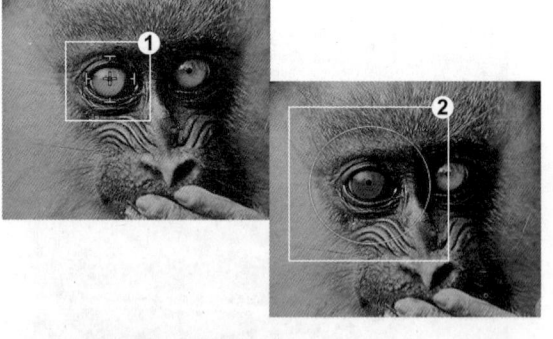

3.调整消除红眼的范围

　　❶ 将鼠标指针放在圆形定界框上，当指针变为双向箭头形状时，❷ 单击并拖曳定界框调整消除红眼的范围。

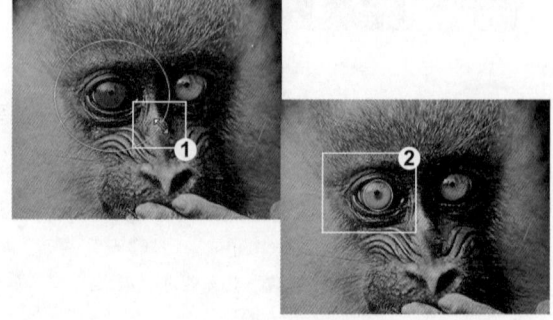

4. 消除红眼

❶ 按键盘上的方向键轻微移动圆形定界框位置，确保定界框与红眼重合，去除红眼。
❷ 使用相同的操作方法，去除动物另一只眼睛的红眼。

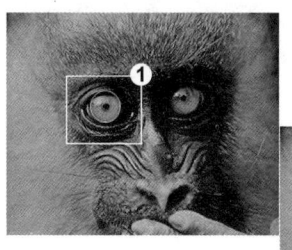
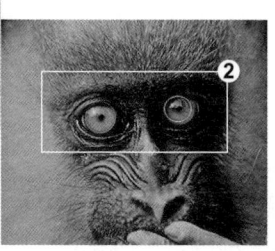

知识拓展

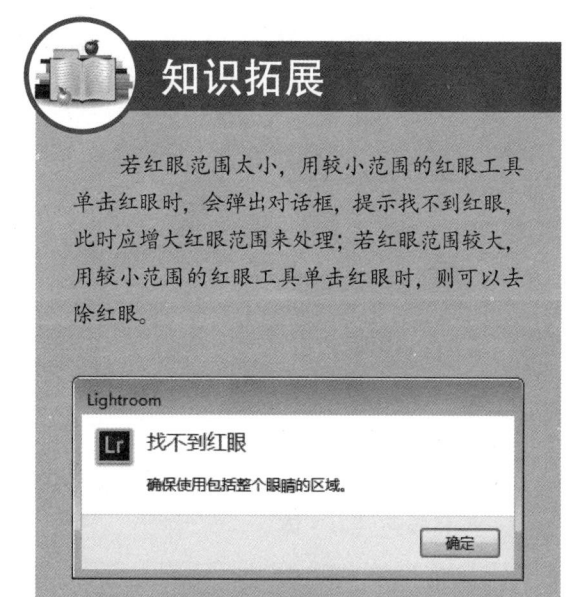

若红眼范围太小，用较小范围的红眼工具单击红眼时，会弹出对话框，提示找不到红眼，此时应增大红眼范围来处理；若红眼范围较大，用较小范围的红眼工具单击红眼时，则可以去除红眼。

专家提示

修改完成后，如果要再次修改这一红眼区域，只需单击该区域即可将其激活为编辑状态，按Delete键可将所做的红眼校正删除，按H键可以隐藏或显示红眼校正区域。

招式 067 利用"镜头校正"面板修复色差

Q 使用数码相机拍摄高反差强逆光的人物或景物时，对象的边缘常常会出现明显的色边，该怎样去除呢？

A 在Lightroom中预置的"镜头校正"面板可以快速修复照片中出现的色边。

1. 定位照片边缘

导入"第5章\素材\招式67"中的照片素材，❶ 放大照片仔细观察照片中人物下巴的边缘，可以明显看到有一圈绿色的边，❷ 切换至"修改照片"模块。

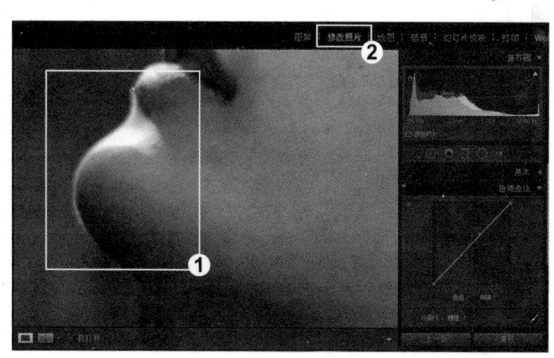

2.修复边缘色差

❶ 在右侧面板中展开"镜头校正"面板，单击"颜色"选项，勾选"删除色差"复选框，❷ 选择"边颜色选择器"工具，将工具移动至色差边缘。

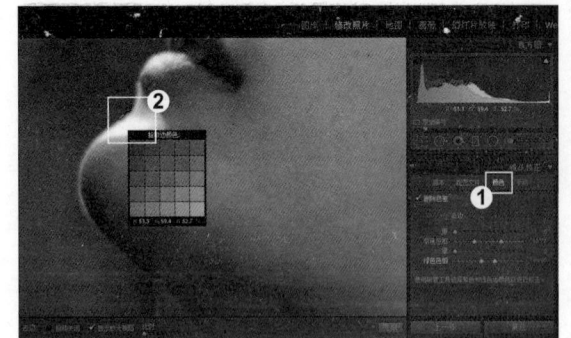

3.修复色差

❶ 单击边缘色差，修复色差。❷ 在右侧的"镜头校正"参数面板中调整"量"滑块，让人物边缘色差与背景色融为一体。

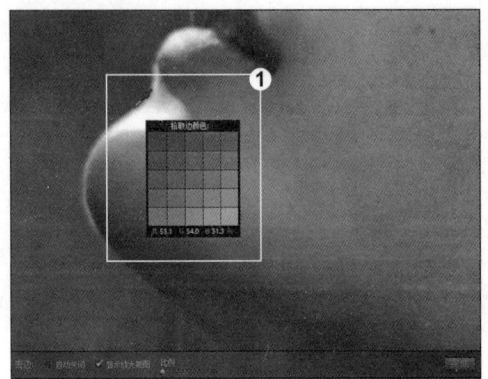
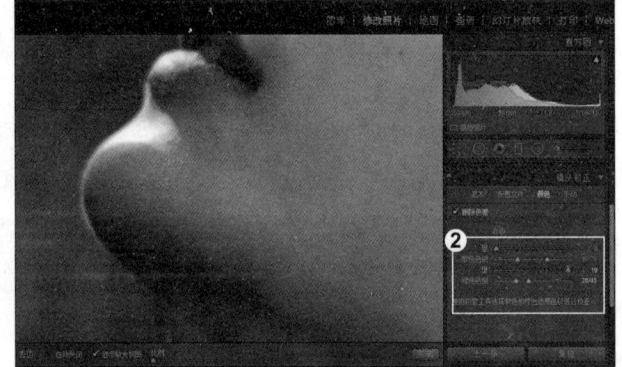

知识拓展

在"镜头校正"面板中单击"基本"选项，勾选"基本"面板中的"删除色差"复选框，对去除边缘色差没有效果。

（注：在"镜头校正"面板上有两个"删除色差"选项，招式里用的是"颜色"选项里的"删除色差"，才有消除色差的功能，而"基本"选项下的"删除色差"不能去除色差。）

招式 **068** 利用"镜头校正"面板修复变形照片

Q 拍照时经常会有镜头畸变，导致照片变形，怎样修复变形的照片呢？

A 在Lightroom中，可以自动校正变形照片，也可以利用"镜头校正"工具手动修复变形的照片。

1.启动配置文件

导入"第5章\素材\招式68"中的照片素材，❶切换至"修改照片"模块，展开"镜头校正"面板，❷在弹出的面板中选择"配置文件"选项，勾选"启用配置文件校正"复选框，启动配置文件。

3.手动校正变形照片

❶在"镜头校正"面板上单击"手动"选项，❷拖曳"扭曲度"选项的滑块，进一步校正画面。

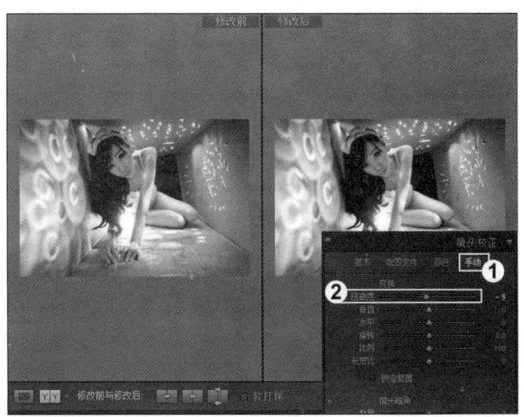

2.自动校正变形照片

❶单击"制作商"下拉按钮，选择Canon选项，❷在"型号"下拉列表中选择合适的镜头型号，自动校正变形的画面。❸选择工具栏上的 YY（切换各种修改前和修改后的视图），查看图像对比效果。

知识拓展

将"扭曲度"滑块向右拖曳可校正桶形畸变导致的直线向外弯曲，向左拖曳可校正枕形畸变导致的直线向内弯曲；拖曳"垂直"和"水平"滑块分别校正垂直方向和水平方向的倾斜变形；"旋转"滑块的作用与角度校正类似；"比例"滑块用来缩放图像以帮助去除由于透视校正和扭曲导致的空区域，或者显示超出裁剪边界的图像区域。

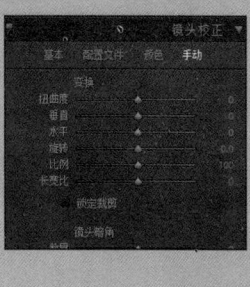

招式 **069** 利用"镜头校正"面板修复边缘暗角

Q 当拍的照片四个角总是有黑色的晕影时，有办法去除吗？

A 可以去除，只需要拖曳"镜头校正"面板中的"数量"和"中点"滑块，就可以轻松修复边缘暗角。

1.修复边缘暗角

　　导入"第5章\素材\招式69"中的照片素材，❶ 切换至"修改照片"模块，展开"镜头校正"面板，❷ 在弹出的面板中选择"手动"选项，向左移动"数量"滑块，使照片的暗角区域变亮。

2.拖曳"中点"滑块修复边缘暗角

　　将"数量"滑块拖曳至100时，照片四周会出现曝光的效果，因此要根据照片的情况来设置滑块的数值，继续向左拖曳"中点"滑块，让暗角区域向外扩散，修复边缘暗角。

知识拓展

　　修复边缘暗角除了可以调整"数量"和"中点"数值外，还可以在"镜头校正"面板上选择"配置文件"选项，勾选"启用配置文件校正"复选框，手动设置镜头为Canon，照片中的暗角即可消除，同时，镜头的变形也可以得到校正。

★★★★★ 招式 **070** 利用调整画笔工具增强眼神光

Q 拍摄的人物总觉得眼神没有光，可以提高眼神光吗？

A 当然可以，在Lightroom中只需简单几步即可增强人物的眼神光。

1.设置调整画笔工具

　　在Lightroom中导入"招式70"中的照片素材。❶ 切换至"修改照片"模块，选择工具栏中的 （调整画笔工具），❷ 在展开的"调整画笔"面板下方的画笔区域设置画笔大小、羽化、流畅度。

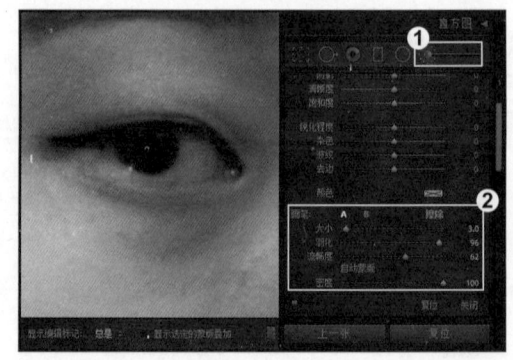

2.增强人物的眼神光

❶ 使用"调整画笔工具"在人物眼球上涂抹。❷ 在效果参数栏中调整"曝光度""对比度""阴影"和"清晰度"参数，增强人物的眼神光。

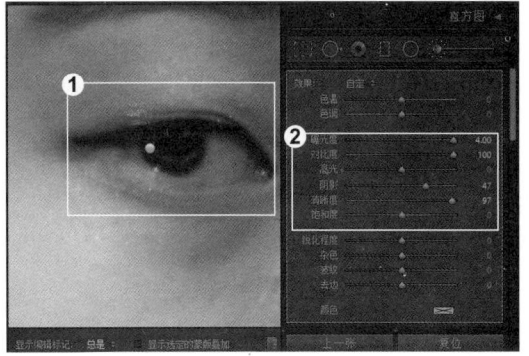

4.调整图像整体色调

单击"基本"选项右边的三角形按钮，展开面板，调整各项参数，调整图像整体的色调，让照片的颜色更加丰富。单击"完成"按钮并将文件导出到指定文件夹。

3.涂抹眼球调整眼神光

❶ 单击"擦除"选项，在人物眼球上涂抹，将部分不自然的眼神光擦除，❷ 单击"新建"按钮，新建调整画笔，调整各项参数，在人物眼球中间涂抹，调整眼神光。

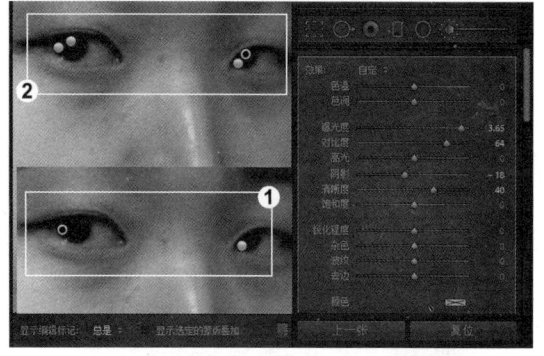

知识拓展

单击工具栏中的"切换各种修改前和修改后视图"按钮 █ 右边的三角形按钮，在其下拉列表中❶选择"修改前/修改后 左/右"选项，可以左右显示，查看图像修改前后的对比效果；❷选择"修改前/修改后 左/右拆分"选项，在同一图像中左右拆分显示修改前后对比效果；❸选择"修改前/修改后 上/下"选项，可以上下显示查看图像修改前后的对比效果；❹选择"修改前/修改后 上/下拆分"选项，在同一图像中上下拆分显示修改前后的对比效果。

招式 071　利用人脸检测工具识别相似人脸表情

Q 图库模块中有导入的所有照片，但有时只需要查找某个人的所有照片，有办法实现这种需要吗？

A 可以利用Lightroom新增的人脸识别工具筛选视图，查看相同的人脸。

1.选择人脸检测工具

❶ 导入"第5章\素材\招式71"中的照片素材，❷选择工具栏中的 ■（人脸检测工具）。

2.查找相似人脸

❶ 主窗口面板会显示检测到的相似人脸。
❷ 双击左上角的数字，可以展开图片堆叠，显示所有检测到的人脸表情。❸ 双击照片下的?图标，可以为照片上的人物重命名。

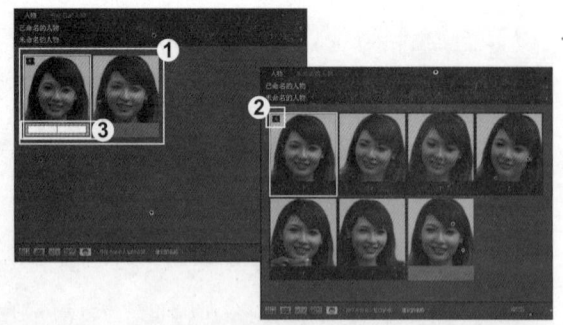

知识拓展

　　在Lightroom 6.7版本中，即使没有元数据标签，也能快速找到亲朋好友的照片。只要选择其中一张脸孔，Lightroom就能从所有的照片中找到该人，还可以根据人脸对照片进行分类和分组。

招式 072　轻松制作 HDR 图像

 **Q** Photoshop和Lightroom两款软件中都有HDR合并这个命令，这个命令是什么意思？在Lightroom中该如何操作呢？

A HDR合并是通过不同的曝光设定，轻松合并多张照片，创建一张对比度极高的图像。其使用方法和Photoshop中的合并到HDR Pro命令类似，但是不能在对话框中调整参数。

1.选择照片

❶ 导入"第 5 章 \ 素材 \ 招式 72 "中的照片素材，❷按住Shift键全选照片，单击"照片"|"照片合并" | HDR 命令，或按 Ctrl+H 快捷键。

2.创建高动态范围图像

❶ 在弹出的"HDR 合并预览"对话框中，Lightroom 系统会根据照片不同的曝光度进行合并，❷ 创建一张对比度极高的高动态范围图像。

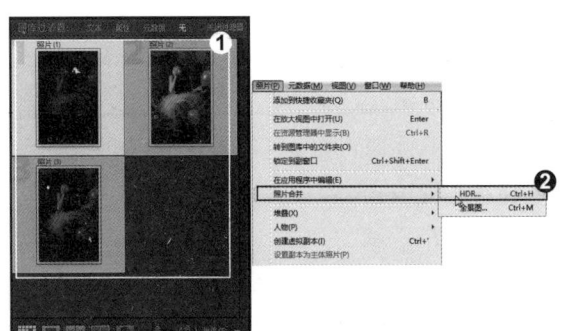

3.调整面板中的各项参数

❶ 在"HDR 合并预览"对话框中单击"合并"按钮，在 Lightroom 中打开合并的图像，❷ 单击图像右下角的"照片已进行修改调整"按钮，切换至"基本"参数面板，❸ 调整面板中的各项参数，让图像呈现出自然的颜色色调。

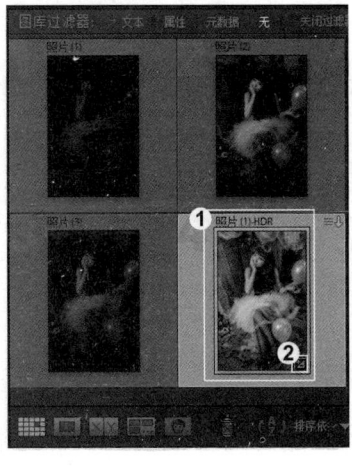

 知识拓展

    合并HDR图像，除了可以使用菜单命令外，还可以在胶片显示窗格中选择要合并的图像，右击，在弹出的快捷菜单中选择"照片合并"|HDR命令，打开"HDR合并预览"窗口，合并图像。

招式 073 制作全景拼接图像效果

 **Q** 有时拍全景图效果不太理想，是否可以先拍摄单幅照片，然后将其拼接呢？

A 当然可以，可以利用Lightroom的合并命令将图像合并，制作全景拼接图效果。

1.导入所有照片

❶ 导入"第5章\素材\招式73"中的照片素材。❷ 全选素材并右击，在弹出的快捷菜单中选择"照片合并"|"全景图"命令，或按 Ctrl+M 快捷键。

2. 合并照片

❶ 系统会自动根据照片的重合区域进行合并处理。❷ 在右侧选项面板中单击"圆柱"选项，系统会根据选择的选项进行对齐。❸ 单击"合并"按钮在 Lightroom 中合并为新的图像。

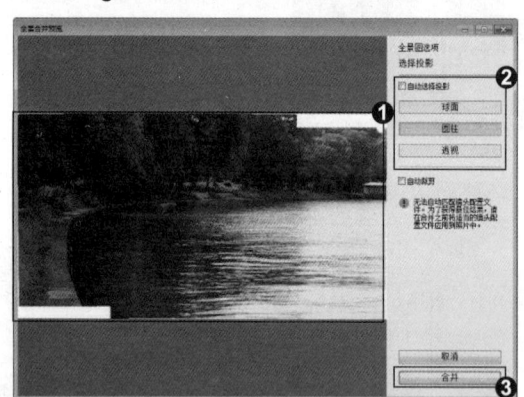

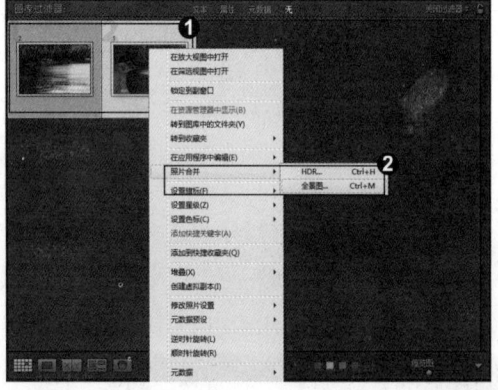

3.裁剪照片

❶ 选择图片，切换到"修改照片"模块，在右侧面板中选择 ■（裁剪叠加工具），此时图片上出现裁剪定界框，拖动裁剪定界框确定裁剪范围。❷ 单击"完成"按钮后即可根据裁剪范围裁剪图像。

知识拓展

　　使用"全景图"拼接照片后，再次导入拼接照片前的素材图片时，显示图片不可用，无论是重新复制或是移动照片位置都不可以。更改照片名称后则显示照片可用。

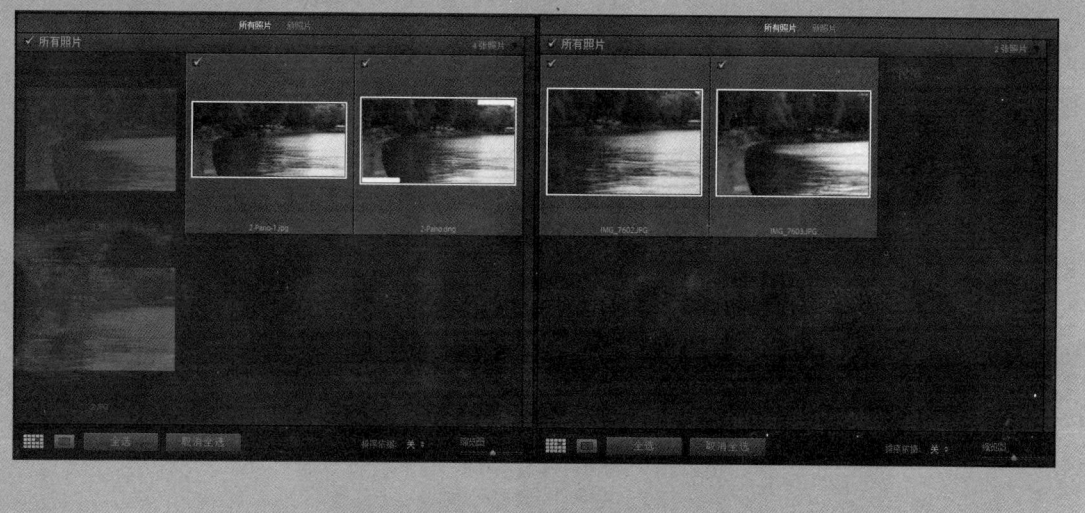

招式 074 GPU 相关的增强功能

Q Lightroom使用时间久了速度会变慢，可以增加GPU来提高性能，那么，什么是GPU，又该去哪里进行设置呢？

A 图形处理器（Graphics Processing Unit，GPU），是一种运行工作的微处理器，可以在Lightroom的首选项中进行设置，增强功能。

1.打开"性能"选项卡

　　❶ 单击菜单栏中的"编辑"|"首选项"命令，❷ 弹出"首选项"对话框，单击"性能"标签。

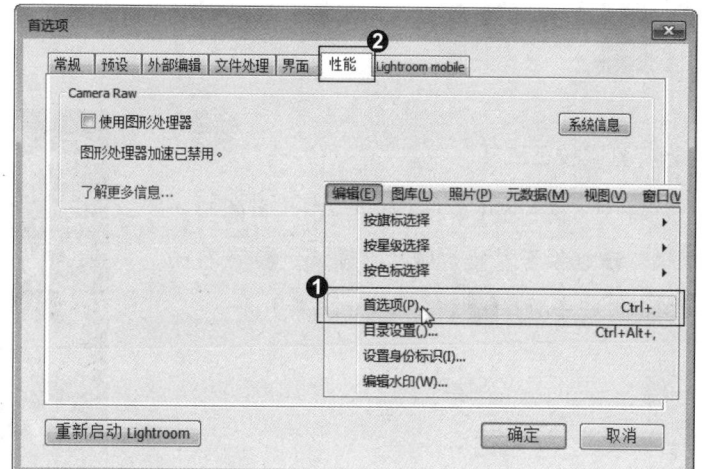

2.增强GPU功能

❶在Camera Raw选项中勾选 "使用图形处理器" 复选框，❷单击 "确定" 按钮，即可增强GPU功能。

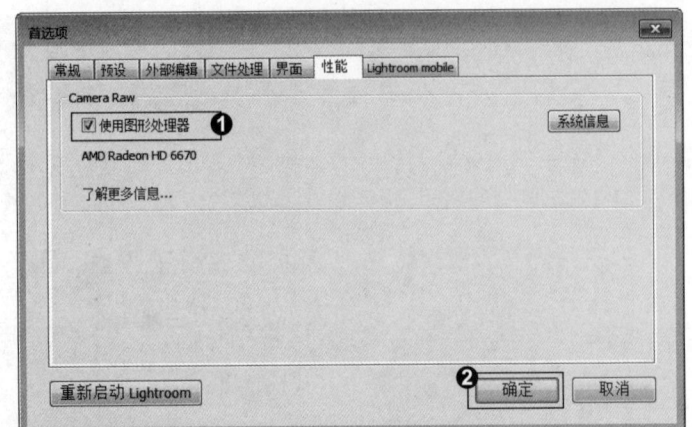

知识拓展

在Windows系统中，按住Shift+Alt快捷键的同时双击启动Lightroom，会出现 "还原Lightroom首选项" 提示对话框；在苹果系统中按住Shift+Option+Delete快捷键的同时双击启动Lightroom，会出现 "重置Lightroom首选项" 提示框。

★★★★★ 招式 075 利用宠物眼工具校正宠物红眼

Q Lightroom中有一个宠物眼选项，是用来做什么的呢？

A 可以利用宠物眼工具校正宠物红眼，其使用方法与红眼校正工具相同。

1.选择红眼校正工具

导入 "第5章 \ 素材 \ 招式75" 中的照片素材，❶切换至 "修改照片" 模块，❷在右侧工具选项栏中选择 ◉（红眼校正工具）。

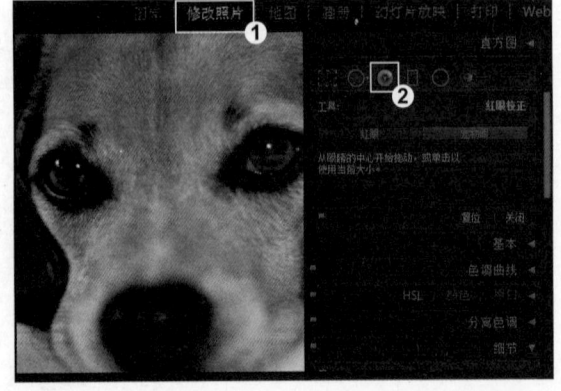

2.调节宠物眼参数

❶ 在右侧面板中单击"宠物眼"选项，
❷ 移动鼠标指针至眼睛部位，拖动鼠标调整选择范围，在右侧选项中滑动"瞳孔大小"滑块调节大小，完成红眼校正。

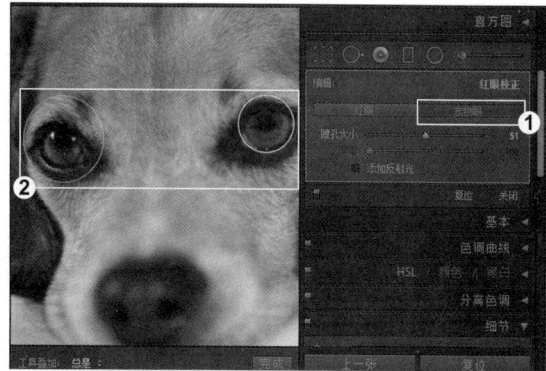

知识拓展

使用"宠物眼"工具去除红眼时，按键盘上的"["键可以缩小红眼范围，按"]"键可以放大红眼范围。

招式 **076** 利用渐变滤镜、画笔工具增强层次感

Q 拍摄出来的天空总是没有层次，可以在Lightroom 中把天空的层次拉出来吗？

A 当然可以，利用Lightroom中的渐变滤镜画笔工具调整局部明暗，可以增强画面的层次感。

1.选择渐变滤镜工具

❶ 导入"第5章\素材\招式76"中的照片素材。❷ 切换至"修改照片"模块，在右侧工具选项栏中选择▣（渐变滤镜工具）。

2.拖曳鼠标完成渐变调整

将鼠标指针移动到图像上，从图像上方向下方拖曳指针，当拖曳到合适位置时，释放鼠标完成渐变调整。

3.调整参数

❶ 在右侧的参数面板中调整各项参数，❷ 增强渐变范围内天空的层次感。❸ 单击"画笔"选项，或者按 Shift+T 快捷键将"渐变滤镜"切换为"画笔"工具，使用画笔涂抹图像。

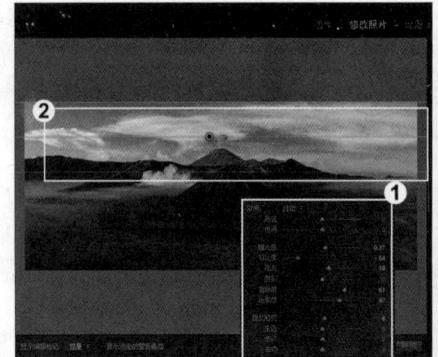

 **知识拓展**

选择"渐变滤镜"工具后拖曳鼠标时，渐变滤镜定位点（圆圈所指位置）将显示在效果作用区域的中间位置，三条白色参考线表示滤镜效果从强到弱的范围。

★★★★★ 招式 077 降低画面中的噪点

Q 拍摄的照片中有时会产生很多噪点，有什么方法可以在后期降低噪点呢？

A 在Lightroom 中利用杂色工具可以降低噪点。

1.展开"修改照片"模块

导入"第5章\素材\招式77"中的照片素材，❶ 放大观察，画面中有许多噪点，❷ 进入"修改照片"模块。

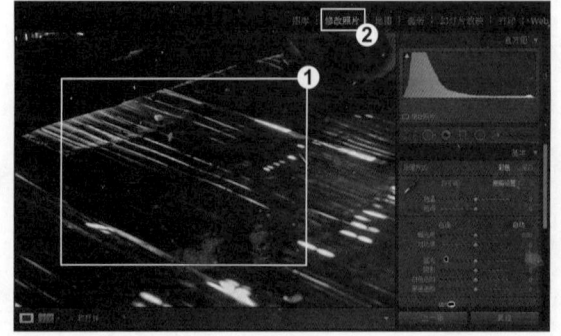

2.展开"细节"面板

❶ 单击"切换各种修改前和修改后视图"
按钮，切换为双栏对比模式，❷ 单击"细节"
后的三角形按钮，展开"细节"面板。

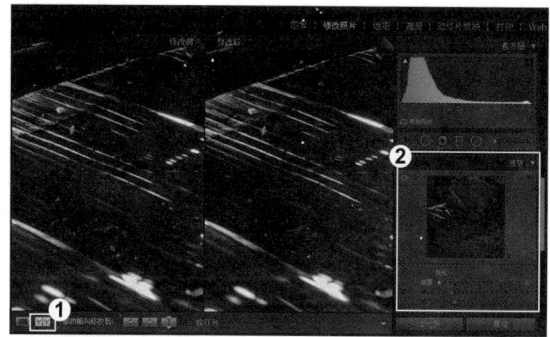

3.调整参数降低画面噪点

在展开的面板中调整"明亮度""细节""对比度""颜色""细节""平滑度"滑块，减少
图像噪点颗粒，使图像更加平滑。

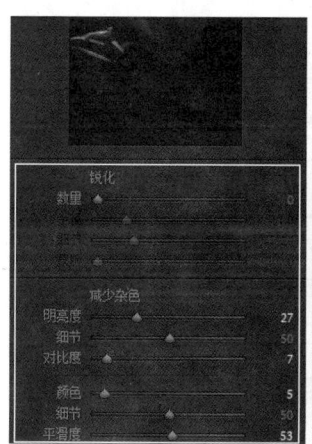

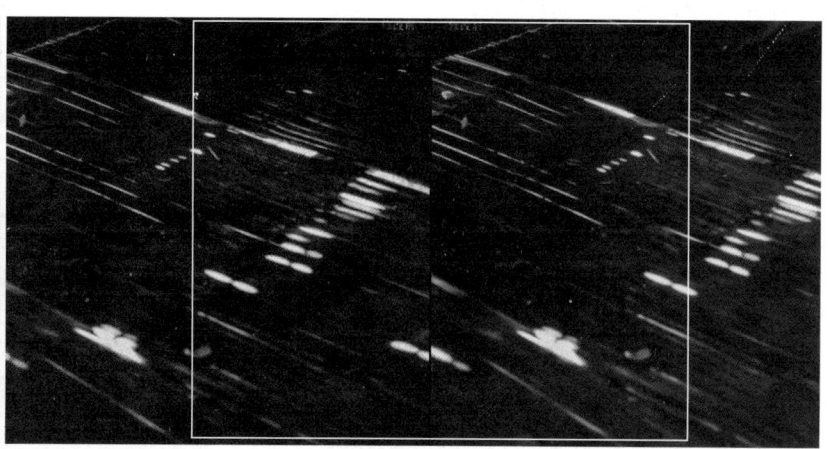

知识拓展

　　图像噪点（杂色）产生的主要原因有两点：一是使用高ISO（感光度）拍摄，ISO值越高噪点越明晰；二是
在较暗的光照条件下长时间曝光，照片中就会出现噪点。在以上两种情况下，感光元件尺寸越小的数码相机，
感光信号点相互干扰就越强烈，噪点自然就更明显。

★★★★★ 招式 078 锐化图像

Q 照片总是不够清晰，有什么办法可以让画面变清晰呢?

A 利用Lightroom 的锐化或清晰度功能都可以使画面变清晰。

1.拖曳"数量"滑块锐化图像

导入"第5章\素材\招式79"中的照片素材，❶进入"修改照片"模块，❷在右侧面板中展开"细节"面板，向右拖曳"数量"滑块，可以在图像上看到调整后的效果。

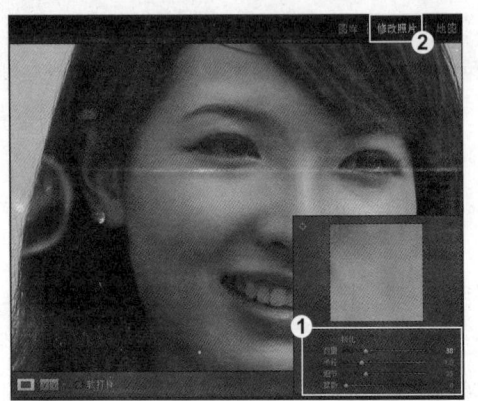

2.以"高反差保留"方式观察图像

按住 Alt 键的同时拖曳"半径"滑块，可以以"高反差保留"的方式观察"半径"参数对边缘宽度的影响。

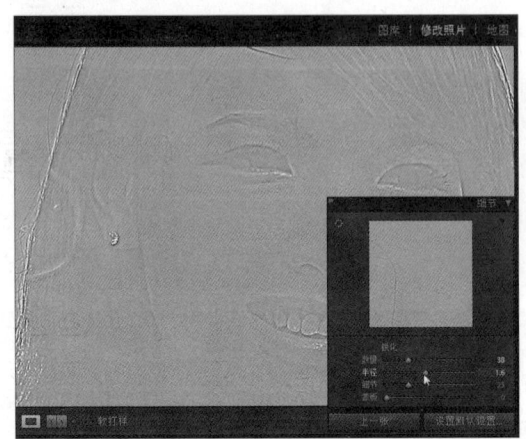

3.设置蒙版参数

❶ 当人物脸部锐化过度，导致人物失真时，可以按住 Alt 键的同时拖曳"蒙版"滑块（蒙版以黑白两色显示，其中黑色区域是被遮住的区域，白色区域是显示锐化效果的区域），❷ 通过蒙版的设置渐隐锐化设置，使人物形象更加自然。

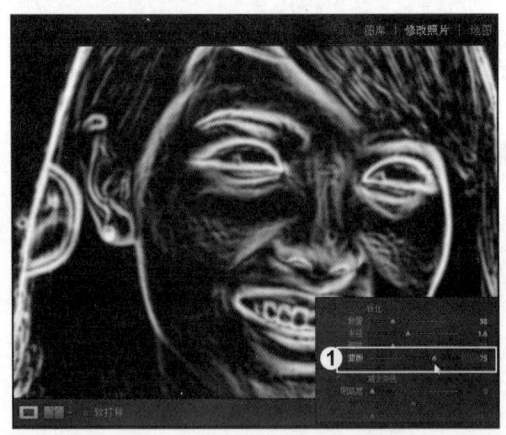 

知识拓展

锐化其实是通过加强像素之间的对比度，产生视觉效果。严格地讲，任何锐化对图像细节都会有或多或少的影响，"无损锐化"只是对图像的细节影响相对较小。随着锐化技术的发展，现在的高级锐化功能增加了很多可调控的选项，利用这些选项能得到更好的锐化效果，减少细节损失。作为一款为摄影师开发的专业软件，Lightroom 6.7的"锐化"面板中设计了4个调控滑块，分别是"数量""半径""细节"和"蒙版"，合理地利用这4个滑块，可以制作出最好的锐化效果。

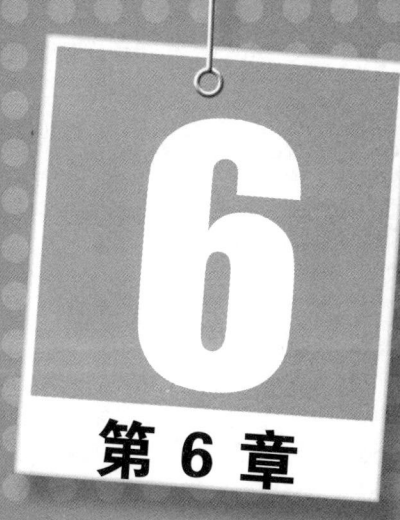

6 第 6 章

照片色调的修复技法

Lightroom中提供了大量的色彩和色调调整工具，其调整界面与Camera Raw有些相似，可以有针对性地调整颜色。通过本章的学习，可以快速掌握色调修复的常用技法，制作出完美的数码照片。

招式 079 使用直方图调整图像影调

Q 在Lightroom中，直方图除了可以查看照片基本信息外，还有什么作用呢？

A 在Lightroom中，直方图还可以用来调整照片影调。

1.观察直方图信息

❶ 在"图库"模块中选择一张照片，进入"修改照片"模块，找到右侧的"直方图"面板，❷ 将鼠标指针移至直方图面板上，当指针变为 ⟺ 形状时，可以看到在直方图上显示的"曝光度"等信息。

2.调整照片"曝光度""高光"

❶ 将鼠标指针移至直方图中间，当左下角显示为"曝光度"时，按住鼠标左键不放向右拖曳，提亮照片的"曝光度"。❷ 再次将鼠标指针在直方图上移动，当左下角显示为"高光"时，按住鼠标左键不放向右拖曳，拉高照片的"高光"。

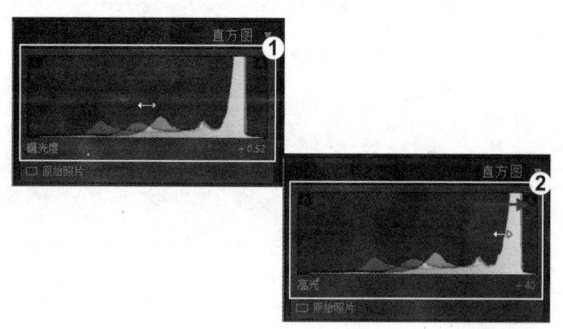

3.调整照片的"阴影""黑色色阶""白色色阶"

❶ 把鼠标指针移到直方图的左边，当左下角显示为"阴影"时，按住鼠标左键不放向右拖曳，拉高照片的"阴影"；❷ 移动鼠标指针放在直方图的最左边，当左下角显示为"黑色色阶"时，按住鼠标左键不放向右拖曳，提高照片的"黑色色阶"，❸ 移动鼠标指针放在直方图的最右边，按住鼠标左键不放向左拖曳，降低照片的"白色色阶"，完成照片色调的调整。

 **知识拓展**

　　在"修改照片"模块的"直方图"中，左、右上角各有一个小三角，分别是"显示/隐藏阴影剪切"和"显示/隐藏高光剪切"。❶单击"直方图"左上角的小三角，打开"显示阴影剪切"界面，这时可以发现在预览窗口中照片的左下方出现了一些蓝色色标，这表示此处太暗了，如果蓝色区域印刷出来将会是黑色，没有任何细节。❷单击"直方图"右上角的小三角，打开"显示高光剪切"界面，这时会发现预览窗口中出现了一些红色色块，表示此处太亮了，如果红色区域印刷出来将会是白色，没有任何细节。

招式 080　利用相机校准功能恢复照片色彩

Q 拍摄的照片有时会受到环境光的影响而偏色，后期可以调整吗？

A 当然可以，利用相机校准功能即可校正偏色，恢复照片色彩。

1.选择配置文件

　　导入"第 6 章\素材\招式 80"中的照片素材，❶再进入"修改照片"模块，单击"相机校准"，展开相机校准菜单，❷在菜单中选择"配置文件"，在打开的下拉列表中选择配置文件，

2.调整照片色彩

❶ 选择配置文件后，在"相机校准"菜单中对阴影进行设置，❷ 接着对红原色、绿原色和蓝原色进行设置，设置后可以看到照片的色彩变得更加饱满。

3.调整照片基本设置

❶ 展开"基本"面板，在面板中对曝光度、对比度、高光、阴影、白色色阶、黑色色阶进行设置，❷ 选择"裁剪叠加"按钮■，对照片进行二次构图。

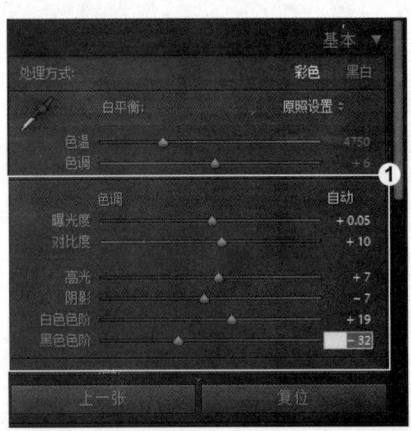

知识拓展

对照片进行处理的参数设置可以存储为"自定相机校准预设"，之后如果遇到相同的相机在相似的光照条件下拍摄的照片，就可以应用刚存储的预设，一步到位。单击"编辑照片"|"新建预设"命令或单击左侧"预设"右侧的"+"图标，在打开的"新建修改照片预设"对话框中，勾选对应设置，单击"创建"按钮将其保存为预设。创建的新预设在"预设"面板的"用户预设"中可以找到，只要单击该选项，就可以将其应用于所有选定的照片。

Q 在调整照片时想把照片整体调为暖色调，高光调成黄色，该怎么办？

A 可以利用Lightroom 中的分离色调来调整高光和阴影色调。

1.打开"分离色调"面板

❶ 继续调整上一张照片，在基本面板中将"鲜艳度"的滑块向右拖动，增加图片色彩，❷ 单击"分离色调"，展开"分离色调"面板。

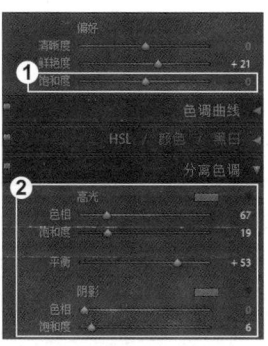

2.调整高光、阴影色调

❶ 调整高光色调，把"色相"滑块移至黄色区域，向右拖动"饱和度"滑块。❷ 调整阴影色调，把"色相"滑块移至橙色区域，向右拖动"饱和度"滑块。

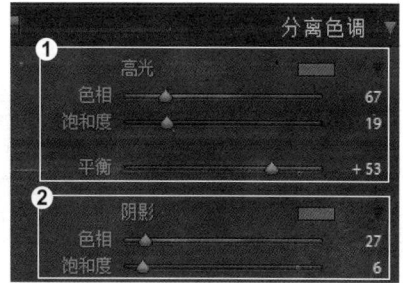

3.对比调整前后效果

❶ 向右拖动"平衡"选项的滑块，使色调偏向高光色调，❷ 选择"切换前后对比图"，对比调整前后的效果。

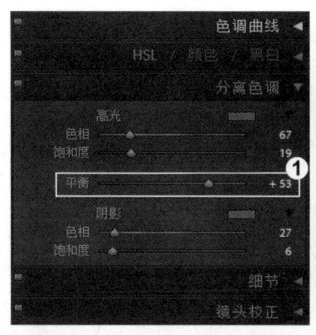

知识拓展

Lightroom中的色调分离和Camera Raw中的色调分离一样，可以为黑白照片或灰度图像着色。既可以为整个图像添加一种颜色，也可以对高光和阴影应用不同的颜色，创建色调分离的效果。

招式 082 修正曝光不足的照片

Q 拍照时因为前期的失误导致照片曝光不足,可以调回正确的曝光吗?

A 在Lightroom的基本面板中可以调节照片,找到正确曝光。

1.调整设置,提亮画面

导入"第6章\素材\招式82"中的照片素材,切换至"修改照片"模板。❶展开"基本"面板,在面板中向右拖动"曝光度""对比度"滑块;❷向左拖动"高光"滑块、向右拖动"阴影"滑块,对照片进行设置,提亮画面。

2.通过色调曲线工具调整画面

❶单击"色调曲线",展开"色调曲线"面板,❷单击"单击以编辑点曲线"图标,切换至点曲线,选择RGB通道,在点曲线上单击添加曲线点,再拖曳鼠标调整曲线。

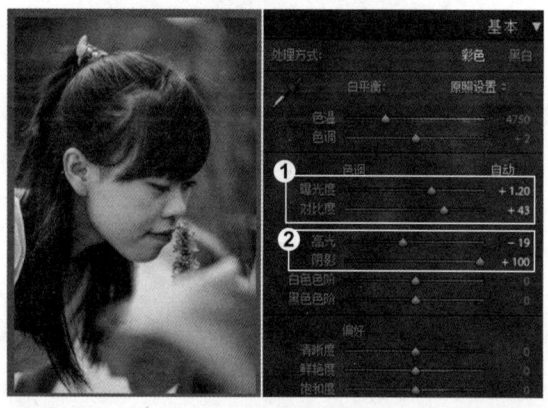

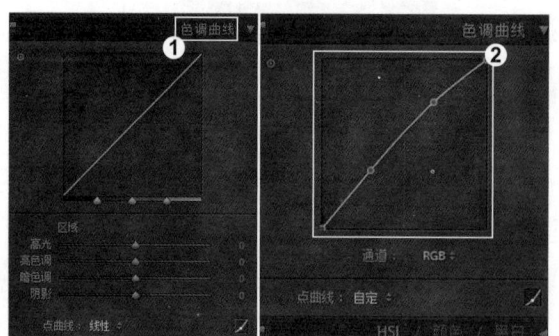

3.减少杂色,增强对比效果

❶单击"细节"面板,在"减少杂色"选项组下拖曳选项滑块,去除画面中的杂色,❷展开"HSL/颜色/黑白"面板,在面板中调整部分颜色的明亮度,增强对比效果。

知识拓展

Lightroom 6.7的曝光调节功能非常强大，包括1个"曝光度"调节滑块和4个相关的辅助调节滑块（"高光""阴影""白色色阶""黑色色阶"滑块）。如果照片整体偏暗或偏亮，则只需要单向调节"曝光度"滑块即可。将鼠标指针放到"曝光度"滑块上，当指针变为双向箭头时向左拖曳以减少曝光，向右拖曳以增加曝光。

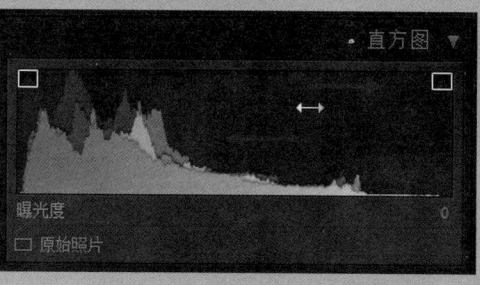

招式 083　修正曝光过度的照片

Q 在强烈的太阳光下拍摄照片，发现照片过曝了，有办法修复吗？

A 可以调整"曝光度""对比度"的参数修复过曝的照片，再调整照片的颜色，使照片更加自然。

1.调整设置，降低画面亮度

导入"第6章\素材\招式83"中的照片素材，切换至"修改照片"模式。❶展开"基本"面板，拖动"曝光度""对比度"滑块，调整图像的曝光度；❷拖动"高光""白色色阶""阴影""黑色色阶"滑块，让花朵层次更加丰富。

2.通过色调曲线工具调整画面

❶单击"色调曲线"，展开"色调曲线"面板，❷单击"单击以编辑点曲线"图标，切换至点曲线，选择RGB通道，在点曲线上单击添加曲线点，再拖曳鼠标调整曲线。

3.减少杂色，增强对比效果

❶ 展开"细节"面板，在"减少杂色"选项组下拖曳选项滑块，去除画面中的杂色，❷ 展开"HSL/ 颜色 / 黑白"面板，在面板中调整部分颜色的饱和度，增强色彩对比效果。

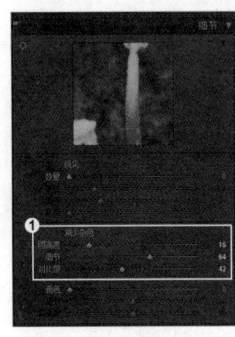

知识拓展

鼠标指针在"直方图"的不同区域，调节区域也会不同，通过"直方图"左下角的文字提示，可以判断当前所调整的区域。如左下角没有文字显示，在直方图上右击，在弹出的快捷菜单中可以选择"显示信息"命令，显示调整信息。

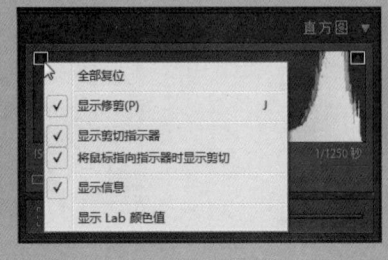

★★★★ 招式 **084** 快速纠正室内光线导致的偏色

Q 拍室内照片时总是会偏色，后期要怎么调整呢？

A 可以利用Lightroom中的色调曲线和色调分离功能来校正偏色。

1.校正白平衡

导入"第6章\素材\招式84"中的照片素材，切换至"修改照片"模板。❶ 展开"基本"面板，在面板中向右拖动"色温"滑块，调节照片的白平衡，校正偏色；❷ 依次调整"曝光度""对比度""高光""阴影"参数。

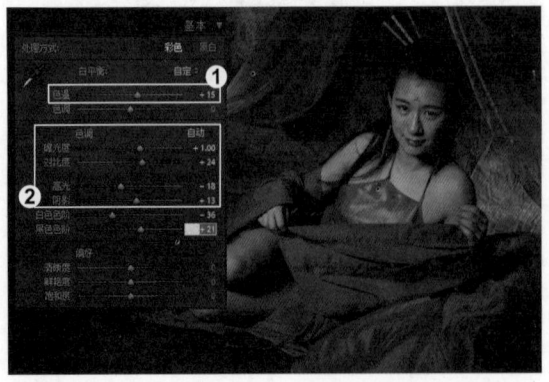

2.通过色调曲线工具调整画面

❶ 单击"色调曲线"，展开"色调曲线"面板，❷ 单击"单击以编辑点曲线"图标，切换至点曲线，选择 RGB 通道，在点曲线上单击添加曲线点，再拖曳鼠标调整曲线。

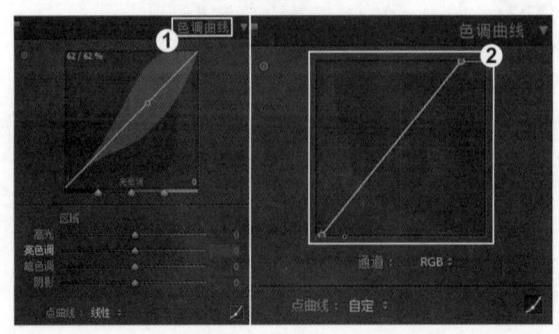

3.调整分离色调，完成照片修改

❶ 展开"分离色调"面板，在"高光"选项组下拖曳选项滑块，调整高光色调，❷ 在"阴影"选项组下拖曳选项滑块，调整阴影色调，向右拖曳"平衡"滑块，调整色调比例。

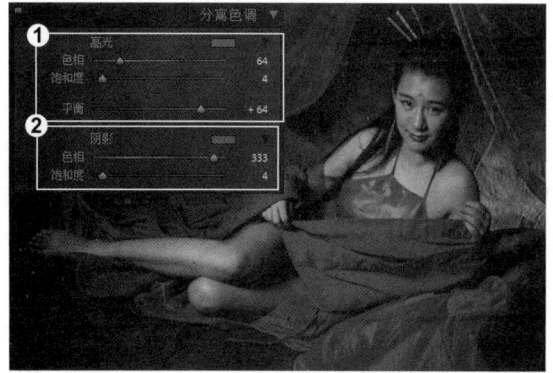

 ## 知识拓展

　　"色调曲线"是一种高级功能，用来调整色调。❶在"色调曲线"面板中，水平轴表示照片图像的原始色调值，从左至右表示从深色调到浅色调的变化。❷垂直轴表示更改后的色调值，从下至上表示从深色调到浅色调的变化（面板中不显示）。❸如果曲线上的某个点上移，表示色调变亮；下移，表示色调变暗；如果是45°的直线，表示色调等级没有任何变化，原始输入值与输出值完全相同。❹"通道"选项允许同时编辑R、B、G三个通道，也可以选择分别编辑红色、绿色和蓝色通道，分通道调节对于画面色偏的纠正非常有效。位置面板左上角的"目标调整"工具，可以放到画面上实时调色。

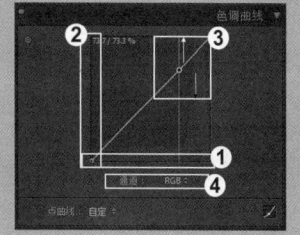

招式 085 利用渐变滤镜做出光照效果

Q 拍照的时候雾霾很重，可是又希望照片有一种阳光照射下来的感觉，要如何调整？

A 可以利用Lightroom中的渐变滤镜，通过设置滤镜大小及方向，调整图像的效果。

1.通过基本面板调整照片

　　导入"第6章\素材\招式85"中的照片素材，❶ 切换至"修改照片"模块，单击"基本"面板，❷ 依次调整"曝光度""对比度""高光""阴影"设置，❸ 向右拖动"鲜艳度"滑块，调整色彩鲜艳度。

2.制作太阳光辉

❶ 在右侧面板选择"渐变滤镜",向右拖动"色温"滑块,使滤镜颜色偏黄,❷ 从右上角斜向左拉一个渐变滤镜,拉动滤镜直径,调整滤镜的大小及方向,❸ 根据实际情况适当拖动"曝光度"滑块,调整滤镜的曝光度。

知识拓展

　　"渐变滤镜"面板中的"曝光度"滑块用来调整图像的整体亮度,滑块数值越高,产生的效果越明显。"对比度"滑块用于调整图像的对比度,主要影响中间色调。"高光"滑块用于恢复图像中过度曝光的高光区域细节。"阴影"滑块可以对曝光不足的阴影区域增加曝光,使其显示更丰富的细节。"清晰度"滑块通过有选择地增加图像局部的对比度来增加图像的深度和"凹凸感"。"饱和度"滑块用于调节颜色的鲜明度或纯度。

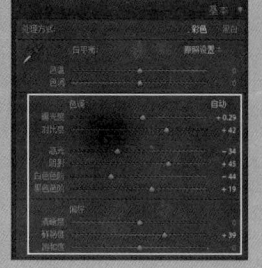

招式 086 利用调整画笔工具调整局部色调

Q 调整画笔工具可以调整画面的局部曝光、亮度及颜色饱和度,那么是否可以针对某些区域单独进行调整呢?

A 当然可以,可以用"调整画笔"工具将需要修饰的区域选取出来,再单独调整即可。

1.使用"调整画笔"工具涂抹颜色

导入"第6章\素材\招式86"中的照片素材,❶ 在网格视图中选择一张照片,切换至"修改照片"模块,在右侧面板选择 ▇▇▇▇ ("调整画笔"工具),❷ 在"调整画笔"面板下方设置画笔的"大小""密度",勾选"自动蒙版"复选框,❸ 使用"调整画笔"工具在白色雪地区域涂抹。

2.利用画笔继续涂抹

❶ 使用"调整画笔"工具反复在雪地区域涂抹，勾选图像显示区域下的"显示选定的蒙版叠加"复选框，查看涂抹的效果，❷ 在"调整画笔"选项中的画笔选项区域对画笔密度进行设置，并取消勾选"自动蒙版"复选框，❸ 继续使用调整画笔涂抹细节。

3.完成局部色调的调整

❶ 在"调整画笔"面板下方设置"色温""曝光度""高光""饱和度"，设置后在图像显示区域查看效果。❷ 再次单击"调整画笔"工具，完成局部色调整。

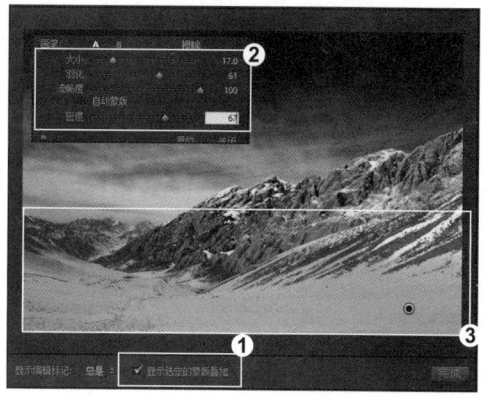

知识拓展

"调整画笔"工具的选项面板分为两大区域：效果调节区域和画笔选择区域。❶画笔选择区域分别设置了"A""B""擦除"3种画笔，每一种画笔都可以调节其半径大小、羽化和流畅度，❷而"密度"滑块则用来设置画笔的不透明度和流量。❸如果画笔指针显示为两个同心圆，表明对"调整画笔"设置了"羽化"值，内圆和外圆之间表示羽化区域；❹在"擦除"模式下喷涂时，显示在照片上的"调整画笔"工具的中心有一个减号图标。

招式 087 给天空增加层次

Q 拍照时为了突出海面的景色而忽略了天空，天空显得很没有层次，可以后期增强天空的层次吗？

A 当然可以，利用Lightroom通过后期处理就可以还原天空的颜色，增强画面的层次。

1.选择"渐变滤镜"

导入"第6章\素材\招式87"中的照片素材，❶进入"修改照片"模块，选择右侧的"渐变滤镜"，❷从图像上方向下方拖曳鼠标，当拖曳到合适位置时，释放鼠标，完成渐变调整。

3.调整照片颜色

❶单击"颜色"右侧的颜色选择框，在打开的颜色拾取器中选择蓝色，更改天空颜色。❷单击"HSL/颜色/黑白"，在面板中分别对"饱和度"和"明亮度"进行调整，提亮画面，增强饱和度。

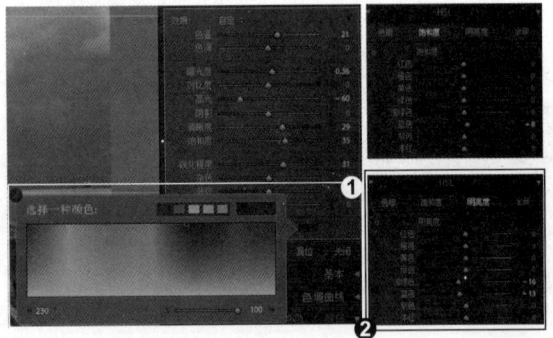

5.完成图片调整

单击"完成"按钮，即可为天空增加层次。

2.调整参数

❶在"渐变滤镜"面板中设置"曝光度""高光"，❷调整"清晰度""饱和度""锐化程度"，调整天空的明暗对比。

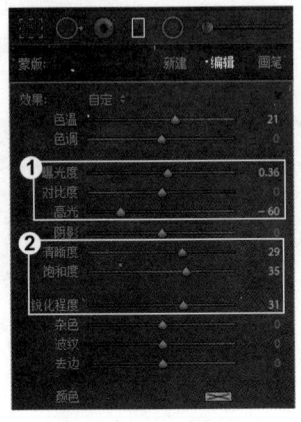

4.再次使用"渐变滤镜"调整天空

❶打开"基本"面板，设置"白色色阶""清晰度""鲜艳度"。❷选择"渐变滤镜"，单击"新建"按钮，在右侧的"渐变滤镜"面板中调整各参数，再使用此工具在图像上拖曳，添加渐变效果。

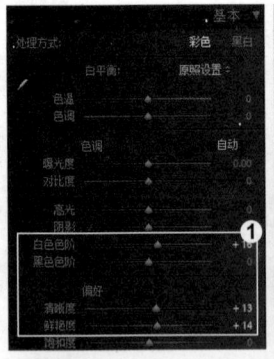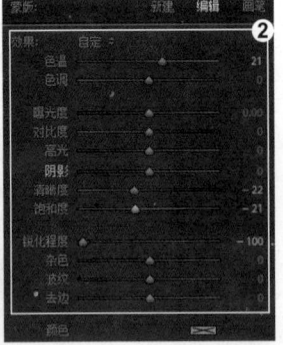

知识拓展

　　"渐变滤镜"面板中的"锐化程度"滑块可以增强像素边缘的清晰度，以突显照片细节。"颜色"滑块可以模拟在镜头前添加彩色渐变滤镜的效果，将色调应用到选中区域。"杂色"滑块可以去除因提亮而产生的明亮度噪点。"波纹"滑块对摩尔纹有一定的消减作用，主要作用是去除波纹伪影或颜色混叠。"去边"滑块用于消除边缘的颜色。

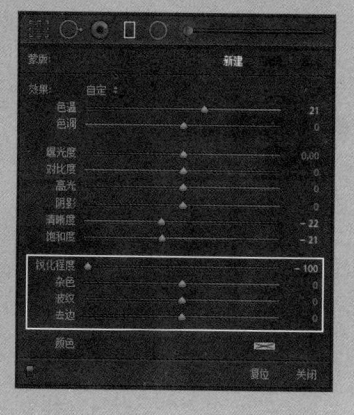

招式 088 为图像制作 HDR 效果

Q 在前面的招式技巧中已经学习过用HDR命令来制作HDR效果，那么能否用调整参数的方法来制作HDR效果呢？

A 当然可以，利用"高光"和"阴影"滑块可以有效地恢复亮部细节和暗部补光，实现HDR（高动态范围）效果。

1.调整高光参数

　　导入"第6章\素材\招式88"中的照片素材，❶切换至"修改照片"模块，展开"基本"面板，❷向左拖动"高光"滑块，凸显照片高光位置的层次。

2.调整阴影及色阶参数

　　❶ 向右拖动"阴影"滑块，把参数调到最高，这时已初具 HDR 效果，❷ 再向左拖动"白色色阶"滑块，向右拖动"黑色色阶"滑块，增强画面质感。

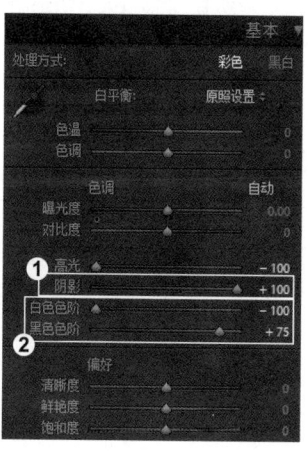

3.调整色调曲线

❶ 单击"色调曲线",展开色调曲线面板,单击"单击以编辑点曲线"图标📈,❷ 在曲线调整框中把暗部细节部分的曲线往下拉,得到最终效果。

知识拓展

在"色调曲线"面板中,单击左上角的"目标调整"工具⊙,❶将鼠标指针移至照片要调整的区域,单击并向上拖曳鼠标可以使此处变亮;❷向下拖曳可以使此处变暗。

招式 089 利用 HSL 命令调整颜色

 **Q** 在数码照片的后期处理中,常常需要单独调整某一种颜色或几种颜色来改变画面的色彩搭配,在Lightroom中该如何操作呢?

A 利用Lightroom中的"HSL/颜色/黑白"命令,可以有针对性地调整颜色,突显作者的创作意图。

1.裁剪照片,二次构图

导入"第6章\素材\招式89"中的照片素材,❶切换至"修改照片"模块,选择▦(裁剪叠加工具),❷在"长宽比"右侧选择"原始图像",然后在画面中裁剪图像,单击"完成"按钮裁剪图像。

2.调整参数

❶ 展开基本面板，向右拖动"曝光度"滑块，❷ 分别调整"对比度""高光""阴影""白色色阶""黑色色阶"，增加照片对比度。

3.调整照片色相

❶ 展开"HSL/颜色/黑白"面板，❷ 选择"色相"，分别向右拖动"橙色""黄色"色块，向左拖动"绿色""浅绿色"滑块，使照片整体色调偏向黄色。

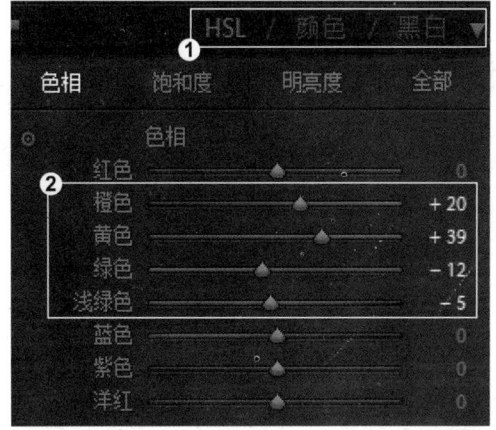

4.调整照片饱和度与明亮度

❶ 选择"饱和度"，向左拖动"橙色"滑块，降低橙色饱和度，❷ 选择"明亮度"，向右拖动"橙色"滑块，提高橙色亮度。

知识拓展

单击"HSL/颜色/黑白"面板左上角的"调整色相"工具，将鼠标指针移至照片中需要调整的区域，按住鼠标左键向上或向下拖曳，即可调整照片的色相。

招式 090 在颜色面板中调整色彩

Q 想在Lightroom中调节照片的颜色，使照片具有颜色渐变的感觉，要怎么调整呢？

A 在Lightroom 中的颜色调整面板中调整即可。

1.调整"曝光度"参数

　　导入"第6章\素材\招式90"中的照片素材，❶切换至"修改照片"模块，选择右侧的"渐变滤镜"，❷从图像上方到下方进行拖曳，绘制渐变范围，调整"曝光度"参数，提亮渐变范围。

2.调整"颜色"参数

　　单击"完成"按钮，提亮图像高光区域的色调。❶单击"HSL/颜色/黑白"选项上的"颜色"选项，展开面板。❷分别单击"红""黄""绿"色块，调整参数，增加鲜艳度。

知识拓展

　　在Lightroom 的"HSL/颜色/黑白"面板中包含HSL、"颜色"和"黑白"3个调节面板。同样是调节单个颜色，HSL和"颜色"面板的工作原理和调整后产生的结果都相同，但是设置方式有所不同。

招式 091 调整出画面的自然色调

Q 后期调整照片时想要调出自然色调，可以实现吗？

A 当然可以，使用Lightroom中的"HSL/颜色/黑白"命令，可以快速调整出自然色调。

1.自动调整照片色调并降低高光

导入"第6章\素材\招式91"中的照片素材，❶ 切换至"修改照片"模块，单击"色调选项"右侧的"自动"选项，自动调整照片色调，❷ 根据情况拖动"高光"滑块，降低高光。

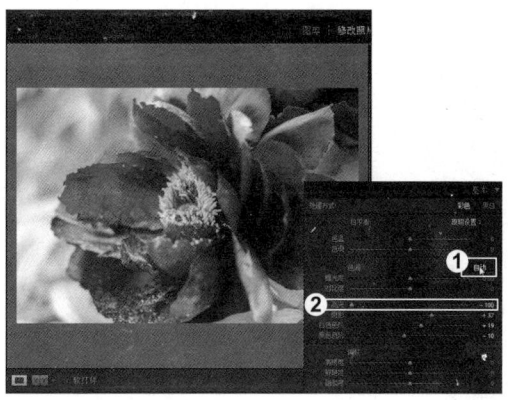

3.增加画面的色彩强度

❶ 在"基本"面板中调整"清晰度"和"鲜艳度"，增加画面的色彩强度，增强效果，❷ 单击工具栏中的 YY （切换各种修改前和修改后效果）按钮，对比调整前后的效果。

2.调整HSL选项参数

❶ 单击"HSL/ 颜色 / 黑白"选项上的 HSL 选项，展开面板，单击"全部"按钮。❷ 在弹出的面板中调整色相、饱和度、明度的参数，让画面呈现出自然色调。

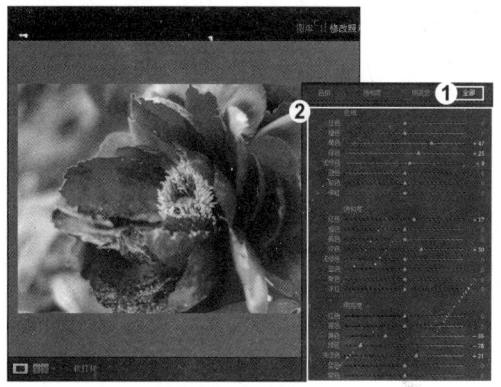

知识拓展

在"色调曲线"面板中的曲线上单击可以添加一个调节点，拖曳这个点可以调节画面色调。❶右击曲线上的某个点，在弹出的快捷菜单中选择"删除控制点"命令可以删除该点。❷要复位到最初始状态，可以在曲线图中的任意位置右击，在弹出的快捷菜单中选择"拼合曲线"命令，即可返回"线性"状态。

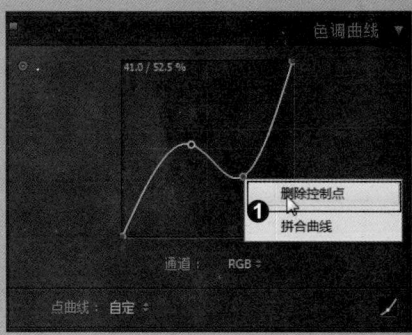

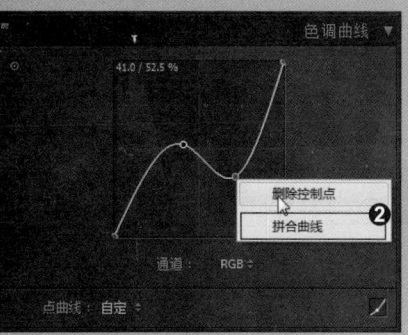

招式 **092** 利用镜头校正消除暗角

 Q 照片的暗角有什么方法可以消除吗？

A 在Lightroom 中校正照片暗角，只需拖曳"镜头校正"面板中的"数量"和"中点"滑块，就可以轻松解决。

1.打开"镜头校正"面板

导入"第6章\素材\招式92"中的照片素材，❶ 选择"修改照片"模块，进入"修改照片"界面。❸ 在右侧面板中单击"镜头校正"选项，展开下拉面板。

2.手动消除暗角

❶ 在"手动"选项中向右拖曳"数量"滑块，可以去除素材中的暗角，如果将"数量"设置为100 时，照片四周会出现曝光过度的情况。❷ 向左拖动"中点"滑块，暗角向外扩散，轻微调整消除暗角。

 知识拓展

"镜头校正"面板中的"中点"滑块是对"数量"调节的补充，用来控制暗角的范围，这一范围是以画面中心为圆心的区域。

招式 093 制作图像的收光效果

Q 拍摄的照片主体不突出，有什么办法可以将其突出吗？

A 有的，可以在Lightroom中的"效果"面板为照片制作收光效果来突出主体。

1.展开"效果"面板 - - - - - - - - - - - - - - - - - -

　　导入"第6章\素材\招式93"中的照片素材，❶ 进入"修改照片"模块，❷ 展开"效果"面板。

2.图像收光 -

　　❶ 选择"样式（混合样式）"为高光优先，❷ 在"裁剪后暗角"选项下拖动"数量""中点"滑块，收缩周围亮度，突出主体。

📖 知识拓展

　　在展开的"效果"面板中，"裁剪后暗角"区域内的5个调节滑块对照片暗角（不管是裁剪前或者裁剪后的照片暗角）的校正效果并不理想，但是制作收光效果（也有人将其称为"暗角艺术效果"）是它的长项。

招式 094 利用配置文件消除暗角

Q 在Lightroom中消除暗角只能手动调整吗？还有没有其他的方法可以消除呢？

A 在Lightroom中还可以使用配置文件进行校正，但前提条件是Lightroom的系统中存有同型号镜头的数据。

1.启用配置文件 ······

导入"第6章\素材\招式94"中的照片素材，❶ 切换至"修改照片"模块，展开"镜头校正"面板。❷ 选择"配置文件"选项，在弹出的面板中勾选"启用配置文件校正"复选框。

2.自动消除照片暗角 ······

❶ 手动指定镜头"制造商"为"Canon"，照片中的暗角即可消除，同时，镜头的变形也得以校正。❷ 若对效果不满意，可向右拖动"暗角"滑块，进一步提亮暗角区域，去除暗角。

3.调整照片饱和度和明亮度 ······

❶ 展开"HSL/ 颜色 / 黑白"面板，选择"饱和度"，拖动"黄色""绿色"的饱和度，提高风景的饱和度。❷ 选择"明亮度"，拖动"橙色、绿色"滑块，提高橙色、绿色明亮度，完成照片调整。

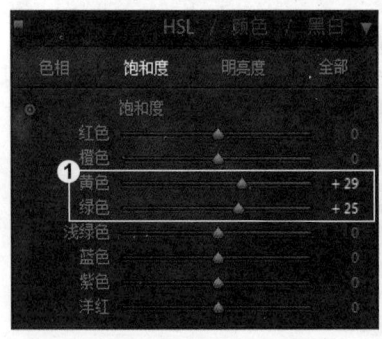
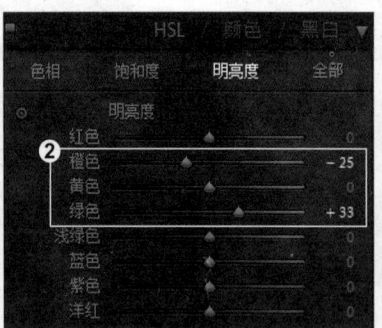

知识拓展

暗角作为一种镜头缺陷，最直观的表现就是图像的边缘比中心暗。在Lightroom中，消除照片中的暗角是轻而易举的事情，还可以利用软件的这一特殊功能实现收光效果。其实在传统的手工暗房年代，很多的优秀摄影作品也都做过这种收光处理。

7

第 7 章

特殊色调的处理技法

照片的色彩可以更好地烘托意境氛围，增加画面的美感。本章将综合应用Lightroom的各种颜色调整工具，学习颜色处理的技巧，渲染照片的氛围。

Lightroom 照片处理实战秘技 **250** 招

招式 **095** 制作色彩绚丽的夕阳美景

Q 拍摄了几张太阳即将落山的照片，可是总感觉氛围不太够，要怎么调整呢？

A 在Lightroom中可以用渐变滤镜将需要调整的区域选取出来，再单独调整该区域，即可制作出有意境的夕阳画面。

1.绘制渐变并调整效果

导入"第7章\素材\招式95"中的照片素材，❶进入"修改照片"模块，单击选择右侧面板中的"渐变滤镜"，在图像上方绘制渐变；❷在选项面板中设置"色温""曝光度"数值，营造夕阳西下效果。

2.新建一个渐变效果

❶单击"渐变滤镜"选项下方的"新建"按钮，❷使用"渐变滤镜"继续在图像的右上角拖曳鼠标，创建一个渐变效果，让夕阳效果更加浓郁。

3.为照片增加亮度和暖色效果

❶在"渐变滤镜"面板中设置"色温""曝光度"数值，提高渐变滤镜选取区域的亮度。❷继续设置"清晰度""饱和度"数值，为照片渲染暖色效果。

4.增强照片的亮度和饱和度

❶选择展开"基本"面板，在面板下调整"曝光度""对比度"数值，提高画面的亮度。❷再调整"清晰度""鲜艳度""饱和度"，提亮画面，增强色彩饱和度。

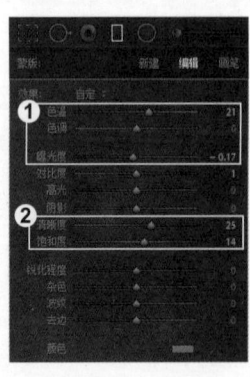

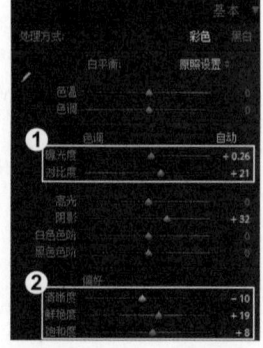

5.调整照片饱和度

❶ 调整天空颜色后，单击展开"HSL/颜色/黑白"面板，❷ 在面板中单击"饱和度"，分别对"橙色"和"黄色"进行设置，提高饱和度。

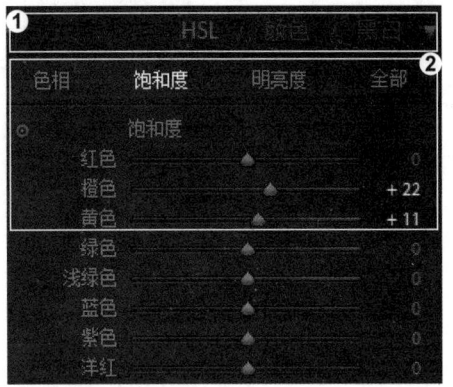

6.增强照片明亮度

❶ 在"HSL/颜色/黑白"面板中单击"明亮度"，❷ 根据画面效果适当调整部分颜色的明亮度，得到更加明亮出彩的画面效果。

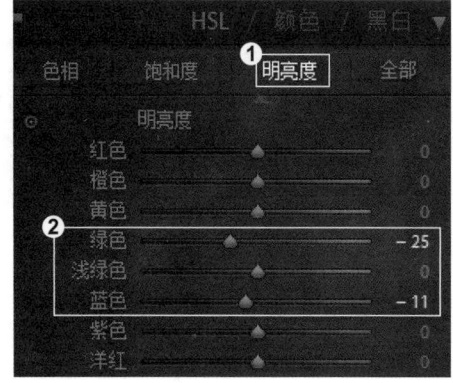

7.使用调整画笔细化

❶ 单击"调整画笔"，展开"调整画笔"面板，❷ 在画笔选项区域设置画笔的大小、流畅度、密度，再使用"调整画笔"工具涂抹对象。

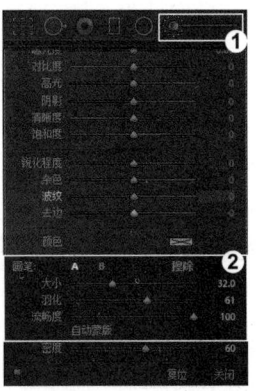

8.修饰蒙版区域的颜色

❶ 在"调整画笔"选项面板下调整"色温"，调节蒙版区域的色彩倾向，❷ 再调整"曝光度""对比度""清晰度""饱和度"，修饰蒙版区域的颜色。

知识拓展

　　"渐变滤镜"面板中提供了多种不同的预设效果，在编辑图像时可以直接在"效果"列表中选择需要应用的效果，即可轻松完成局部效果的转换。❶选择"渐变滤镜"工具，在图像上拖曳出渐变，❷单击"效果"右侧的倒三角按钮，打开"效果"下拉列表，在列表中选择一种效果，❸在图像显示区域就会根据选择的效果处理对象。

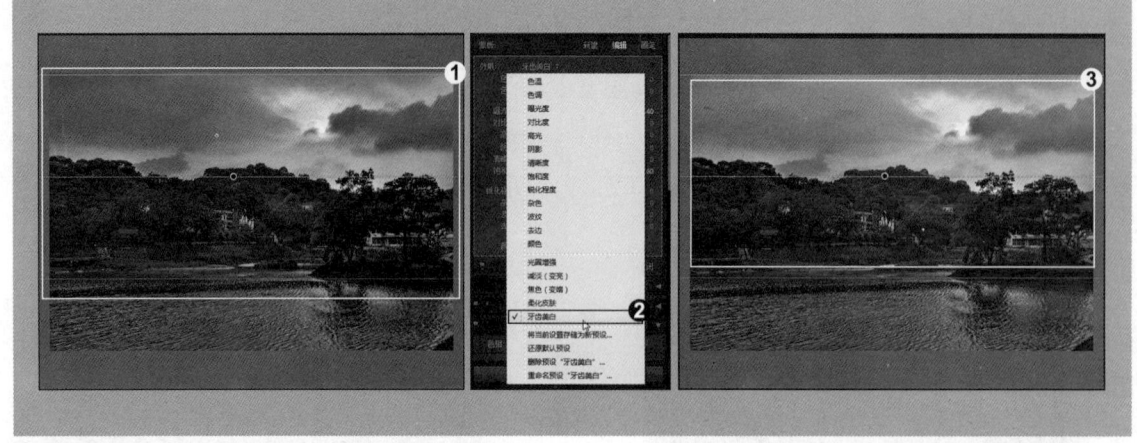

招式 096 打造具有感染力的特殊色调

Q 要怎么利用Lightroom调出比较吸引人、具有感染力的照片呢?

A 综合运用Lightroom的各种功能,就可以调整出富有感染力的照片。

1.调整照片对比度

导入"第7章\素材\招式96"中的照片素材,❶切换至"修改照片"模块,打开"基本"面板,设置"色温""色调",调整画面色彩倾向,❷继续调整"曝光度""对比度""高光""阴影""白色色阶"以及"黑色色阶",调整画面对比。

2.进一步调整图像对比度

❶继续在"基本"面板中调整"清晰度""鲜艳度"的值,营造出画面的荒凉感,❷打开"色调曲线"面板,单击"单击以编辑点曲线"图标,在曲线面板中拖曳点,调整曲线,进一步增强画面对比效果。

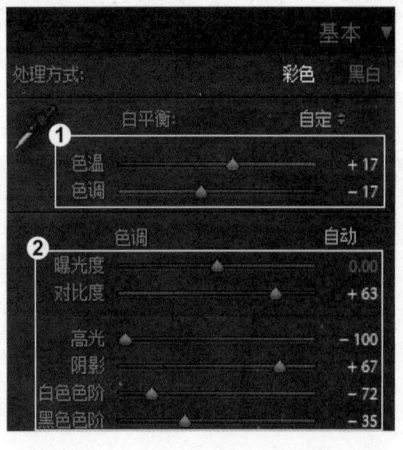

3. 对照进行进一步的调整

❶ 展开"HSL/ 颜色 / 黑白"面板，选择"饱和度"，调整"黄色""橙色"以及"绿色"的色彩饱和度，❷ 展开"效果"面板，调整"数量""中点""圆度""羽化"的参数，增加画面的特殊氛围。

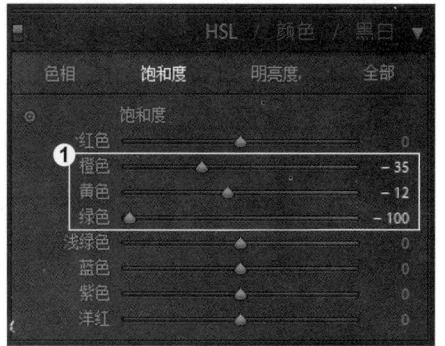

知识拓展

　　当对照片颜色判断不准确时，可以利用"目标调整"工具 在画面中直接拖曳来调整颜色。这里以"HSL/颜色/黑白"为例，选择"饱和度"选项，单击"目标调整"工具 ，将工具放在需要调整的区域，向下或向上拖曳鼠标，可查看颜色的变化情况。

★★★★★ 招式 **097** 快速改变画面的局部曝光

Q 拍摄的照片局部有些曝光不足，Lightroom可以改善吗？

A 当然可以，利用Lightroom的调整画笔工具可以实现画面的局部调整。

1.利用"调整画笔"工具调整

导入"第7章\素材\招式97"中的照片素材，❶ 切换至"修改照片"模块，在右侧面板中选择"调整画笔"工具 ，❷ 在画笔选项区域设置画笔大小、流畅度、密度，再使用"调整画笔"工具涂抹需要调整曝光的地方。

2.改变画面的局部曝光

❶ 在"调整画笔"选项面板下调整"色温"，调节蒙版区域的色彩倾向，❷ 再调整"曝光度""对比度""清晰度""饱和度"，修饰蒙版区域的颜色，改变画面的局部曝光。

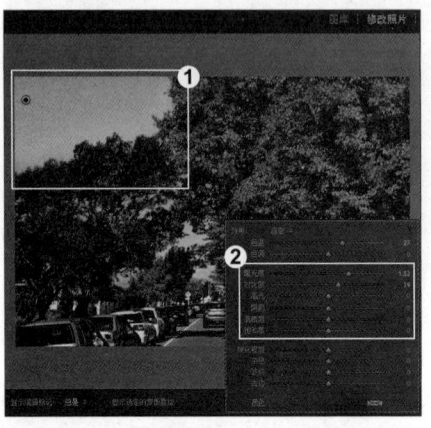

知识拓展

当"调整画笔"工具不能使用时，检查工具的状态是否开启。若没有开启，单击"禁用画笔调整"按钮 ，即可复位启动画笔工具。

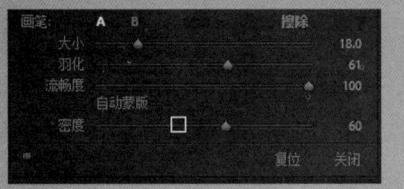

 招式 098 打造清新的 LOMO 风格照片

Q 对于LOMO风格的照片非常喜欢，但是具体要怎么调整呢？

A LOMO早期是一款相机的名称，而现在的LOMO风格各具特色，但总体来说图像偏向蓝青色调，并具有明显的暗角效果。

1.调整照片曝光度等数值

导入"第7章\素材\招式98"中的照片素材，❶ 切换至"修改照片"模块，展开"基本"面板，❷ 调整"曝光度""对比度""高光"等数值。

2.调整蓝色曲线

❶ 展开"色调曲线"面板，单击"单击以编辑点曲线"图标，❷ 在通道 RGB 菜单下选择"蓝色"，在色调曲线中拖曳蓝色曲线，使照片暗部具有蓝色效果。

3.调整红色曲线

❶ 在通道 RGB 菜单下选择"红色"，❷ 在色调曲线中拖曳红色曲线，使画面整体更偏向红色。

4.调整绿色曲线

❶ 在通道 RGB 菜单下选择"绿色"，❷ 在色调曲线中拖曳绿色曲线，使画面整体更偏向绿色。

5.对整体RGB通道进行调整

❶ 在通道 RGB 菜单下选择 RGB，❷ 在色调曲线中拖曳曲线，使画面整体提亮。

6. 调整画面颜色

❶ 展开"HSL/颜色/黑白"面板，选择"饱和度"，调整"绿色"饱和度，❷ 选择"明亮度"，调整颜色亮度。

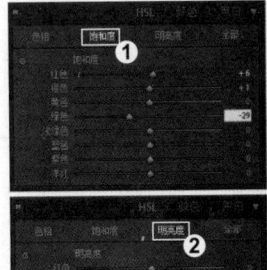

7. 为照片增加暗角

❶ 展开"效果"面板，❷ 在"裁剪后暗角"选项中拖动"数量"滑块，为照片增加暗角，完成照片调整。

知识拓展

在调整照片时，如果对修改的结果不满意，按Ctrl+Z快捷键可以向前还原操作步骤，单击右侧底端的"复位"按钮则返回最初始状态。

招式 **099** 制作夜景人像电影胶片效果

Q 在夜间拍摄的照片效果有点糟糕，有什么方法可以拯救它？

A 夜间拍摄的照片一般会出现暗部死黑或噪点多的问题，可以在Lightroom中将照片调出胶片质感。

1. 展开基本面板进行调整

导入"第7章\素材\招式99"中的照片素材，❶ 切换至"修改照片"模块，展开"基本"面板，调整"曝光度""色温"，❷ 调整"对比度""高光""阴影"，增加暗部细节。

2.调整画面颜色

❶ 调整"清晰度""饱和度",使画面颜色过渡自然,❷ 展开"HSL/ 颜色 / 黑白"面板,选择明亮度,调整"橙色",修正人物面部颜色。

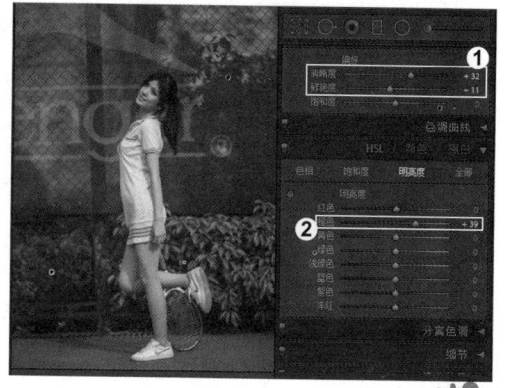

4.调整红色、绿色曲线

❶ 在通道 RGB 菜单下选择"红色",在色调曲线中拖曳红色曲线,❷ 在通道 RGB 菜单下选择"绿色",在色调曲线中拖曳绿色曲线,完成色调调整。

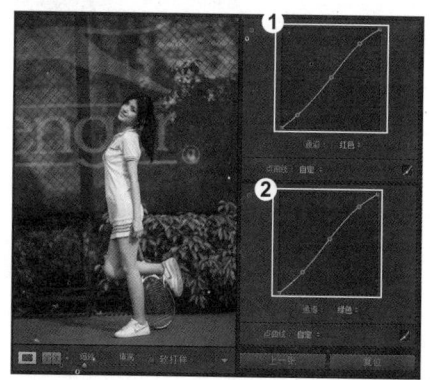

6.调整饱和度

❶ 选择"饱和度"选项,❷ 在展开的选项中调整图像中各种颜色的饱和度。

3.调整蓝色曲线

❶ 展开"色调曲线"面板,单击"单击以编辑点曲线"图标 ◢,❷ 在通道 RGB 菜单下选择"蓝色",在色调曲线中拖曳蓝色曲线,调整曲线的色调。

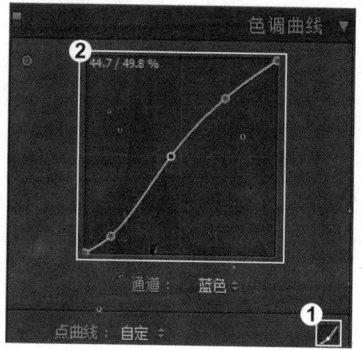

5.调整色相

❶ 展开"HSL/ 颜色 / 黑白"面板,选择"色相"选项,❷ 在展开的选项中调整图像中各种颜色的色相。

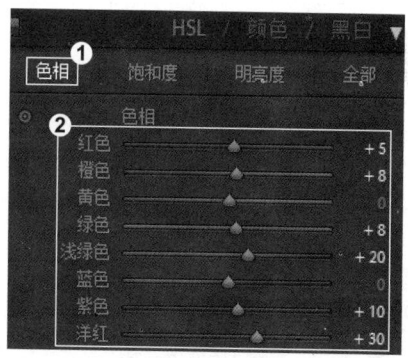

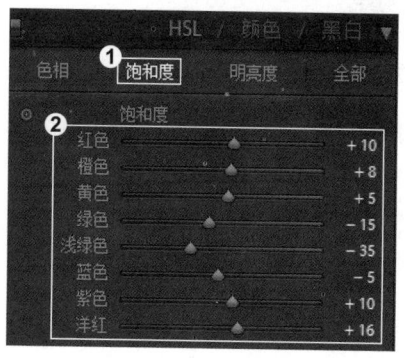

7.调整明亮度

❶ 在"HSL/颜色/黑白"面板中选择"明亮度"选项，❷ 在展开的选项中分别调整各种颜色的明亮度。

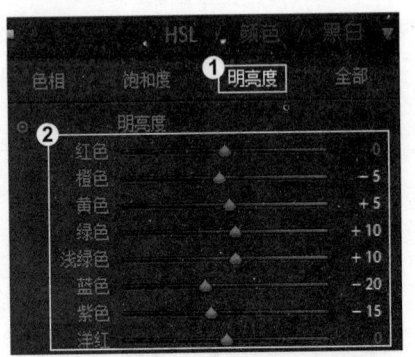

8.设置分离色调

❶ 展开"分离色调"面板，❷ 分别拖动"高光""阴影"下的"色相""饱和度"滑块进行调整，实现电影胶片效果。

 ## 知识拓展

在色彩调整过程中，常常需要单独调整某个颜色以突出主题，在Lightroom中，只需要切换至"HSL/颜色/黑白"面板，然后直接在面板中拖动需要调整的颜色滑块即可。

招式 100 制作唯美的外景风光大片

Q 一张成功的外景风光照片能够使人感受到它的磅礴大气，那么该如何利用Lightroom制作出唯美的外景风光照片呢？

A 可以利用Lightroom为风景照片调色，并使用"调整画笔"工具突出主体，使照片更出色。

1.调整照片的曝光、对比度等参数

导入"第7章\素材\招式100"中的照片素材，❶ 切换至"修改照片"模块，展开"基本"面板，设置"曝光度""对比度""高光"，❷ 设置"清晰度"。

2.增强画面细节

❶ 选择"调整画笔"工具 ，
❷ 在选项面板中设置画笔大小、羽化参数，在效果区域设置效果选项，使用画笔涂抹图中湖面部分，增强湖面细节。

3.调整HSL面板

❶ 单击"HSL/颜色/黑白"选项，在展开的面板中单击"色相"选项，调整颜色，❷ 再单击"饱和度"选项，调整绿色植物的饱和度。

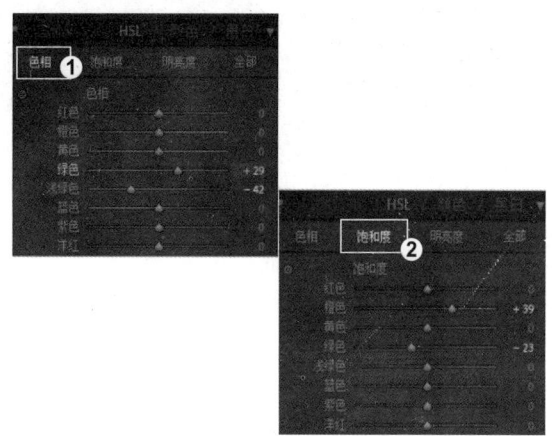

4.调整相机校准面板

❶ 单击"相机校准"选项，❷ 分别设置"红原色"和"绿原色"的"饱和度"和"色相"，让颜色更加自然。

5.调整画面锐度

展开"细节"面板，在"锐化"选项下分别设置"数量""半径""细节""蒙版"，调节画面锐度。

 ## 知识拓展

在"细节"面板中，❶单击左上角的"通过在照片上单击来调整细节缩放区域"按钮 ⬚，将指针放在图像显示区域，指针指向的位置在"细节"面板缩览图上显示。❷在画面上单击，可转换为放大工具。

★★★★★
招式 101 制作甜美的日系室内人像

Q 平时比较喜欢日系色调的照片，在Lightroom中要怎么制作呢？

A 日系色调的照片一般饱和度较低，整体偏亮，可以利用Lightroom调色制作。

1.调整画面的曝光度及颜色

导入"第 7 章 \ 素材 \ 招式 101"中的照片素材，❶ 切换至"修改照片"模块，展开"基本"面板，❷ 分别调整"色温""曝光度""对比度""高光""阴影""饱和度"。

2.调整画面色调

❶ 展开"色调曲线"面板，单击"单击以编辑点曲线"图标，❷ 在"通道"菜单中分别选择"蓝色""红色""绿色"，在曲线面板中拖曳各个颜色，以调整画面色调。

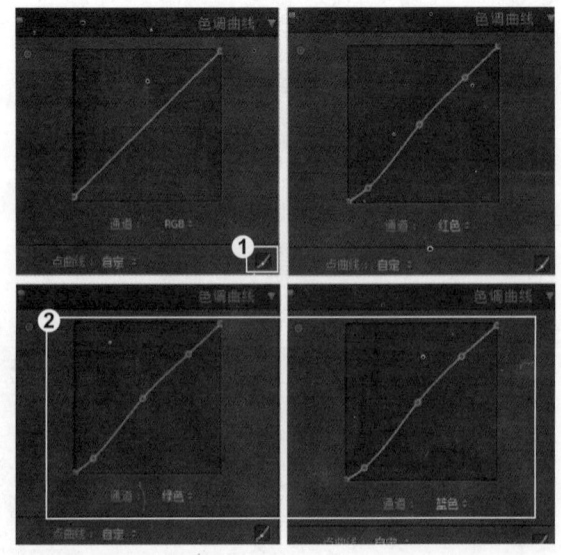

3.调整画面色相

❶ 展开"HSL/ 颜色 / 黑白"面板，❷ 选择"色相"选项，调整各种颜色。

4.调整"饱和度"与"明亮度"

❶ 选择"饱和度"选项，调整各种颜色，❷ 选择"明亮度"选项，调整各种颜色。

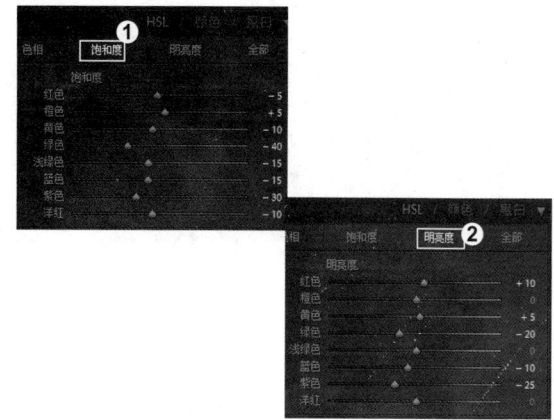

5.调整分离色调

❶ 展开"分离色调"面板，在"高光"选项下调整"色相"与"饱和度"；❷ 在"阴影"选项下调整"色相""饱和度"，向右拖动"平衡"滑块，调节色调偏向。

6.调整"细节"与"效果"面板

❶ 展开"细节"面板，在"锐化"选项下分别拖动"数量""半径""细节"滑块，❷ 展开"效果"面板，在"颗粒"选项下调整"数量""大小"及"粗糙度"。

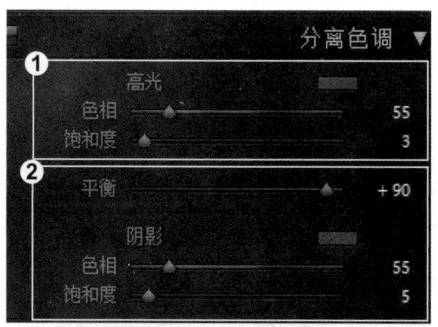

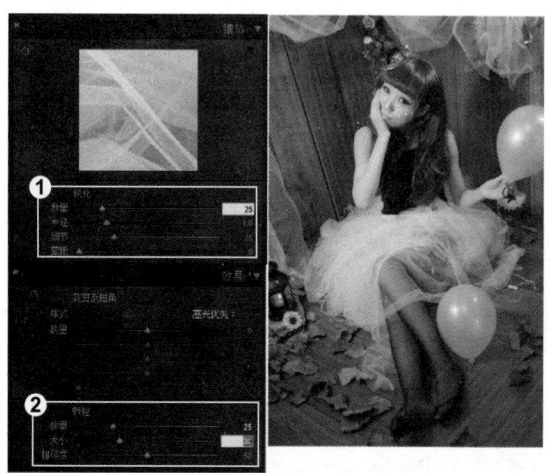

知识拓展

　　在"分离色调"面板中，❶单击"高光"选项右侧的灰色色块，可以打开"高光"拾色器，❷通过选择颜色可以更改高光的色调。

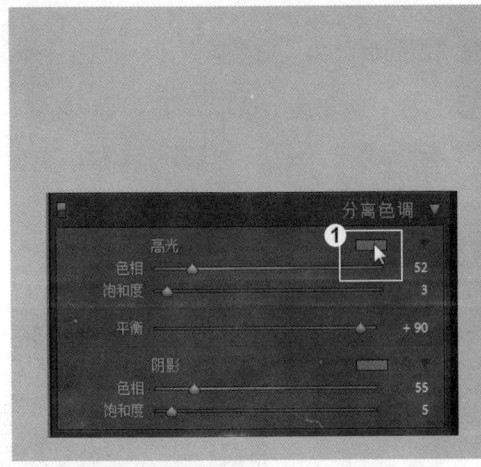

招式 102 制作儿童照片怀旧逆光效果

Q 为什么拍出来的逆光人物面部都黑黑的，有什么方法可以进行后期调整吗？

A 在Lightroom中可以通过增加曝光度来加强逆光的照射效果，再调整照片的颜色，让照片偏向怀旧色调。

1.调整基本面板参数

导入"第 7 章\素材\招式 102"中的照片素材，❶ 切换至"修改照片"模块，展开"基本"面板，❷ 分别调整"色温""曝光度""对比度""高光""阴影""饱和度"。

2.调整曲线凸显层次

❶ 展开"色调曲线"面板，向左拖动"高光"滑块，降低高光，❷ 分别拖动"亮色调"和"暗色调"滑块进行调整，凸显画面层次。

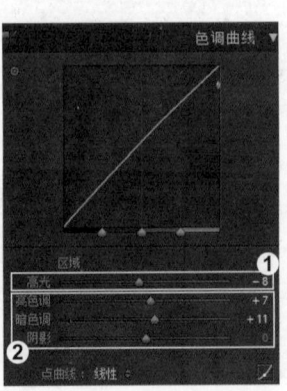

3.调整颜色

❶展开"HSL/颜色/黑白"面板，❷选择"明亮度"选项，调整"橙色"和"黄色"的明亮度，提亮肤色。

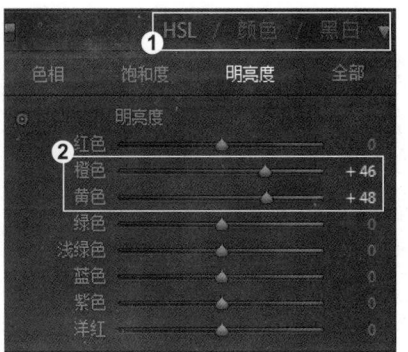

4.调整分离色调

❶展开"分离色调"面板，❷分别在"高光"和"阴影"下调整"色相"和"饱和度"，调整照片的颜色。

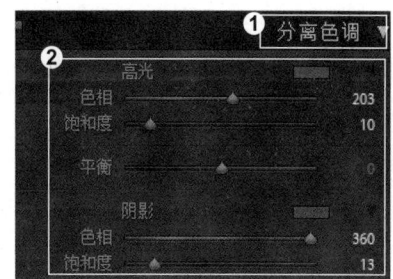

5.制作暗角效果

❶展开"效果"面板，❷在"裁剪后暗角"选项下分别调整"数量"和"中点"，营造氛围。

知识拓展

在"色调曲线"面板中，单击"单击以编辑点曲线"图标，"色调曲线"面板上就会出现"高光""亮色调""暗色调""阴影"4个滑块，可以分别调整对应的影调区域。

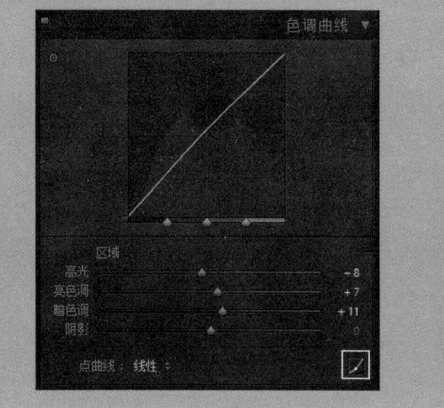

★★★★★ 招式 **103** 制作室内人像蓝色调

Q 蓝色调可以给人清爽、纯洁的视觉效果，那么该如何利用Lightroom将图片调整为蓝色调呢？

A 在Lightroom中可以通过色温的调整改变画面的色调，再局部调整颜色细节，制作蓝色调画面。

1.提亮画面颜色的饱和度

　　导入"第7章\素材\招式103"中的照片素材，❶切换至"修改照片"模块，展开"基本"面板，❷分别调整"色温""曝光度""对比度""高光""饱和度"，提高画面颜色的饱和度。

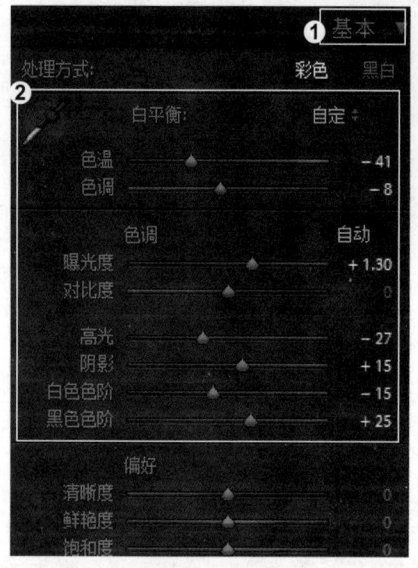

2.调整画面色调

　　❶展开"色调曲线"面板，单击"单击以编辑点曲线"图标，❷在"通道"菜单下分别选择"蓝色""红色""绿色"，在曲线面板中拖曳各个颜色，以调整画面色调。

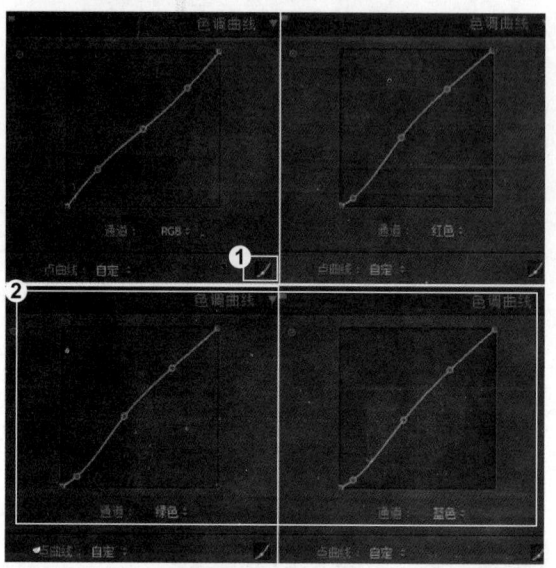

3.提亮浅绿色和蓝色的明亮度

　　❶展开"HSL/颜色/黑白"面板，选择"全部"选项，❷调整"色相""饱和度""明亮度"，提亮浅绿色和蓝色的明亮度。

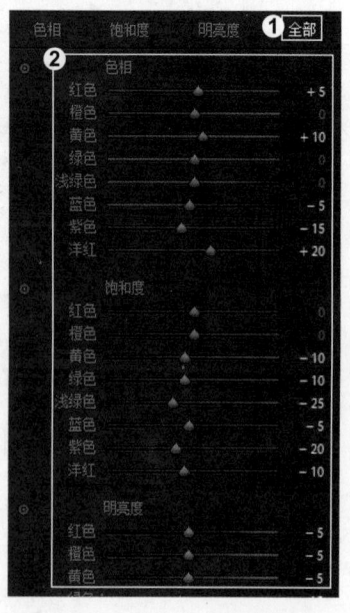

4.调整"细节"面板参数

　　❶展开"细节"面板，❷在"锐化"选项下对"数量""半径"以及"细节"进行调整，锐化图像。

知识拓展

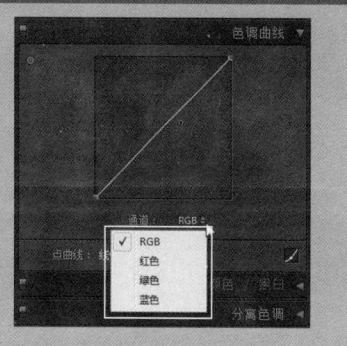

　　色调曲线是根据直方图设计出来的，它可以针对图像模式选择不同的颜色通道进行图像影调的调整。单击"色调曲线"面板下方的"单击以编辑点曲线"图标 ✐，切换至曲线编辑面板，在通道菜单中选择要处理的颜色，再拖曳曲线即可。

招式 104 制作暖色艺术的婚纱照片

Q 暖色调可以给人舒服、温暖的视觉效果，那么该如何利用Lightroom将图片调整为暖色调呢？

A 在Lightroom中可以通过基本参数的调整改变画面的色调，再局部调整颜色细节，制作暖色调画面。

1.调整"基本"面板参数

　　导入"第 7 章 \ 素材 \ 招式 104"中的照片素材，❶ 切换至"修改照片"模块，展开"基本"面板，❷ 分别调整"色温""曝光度""对比度""高光""阴影""白色色阶"。

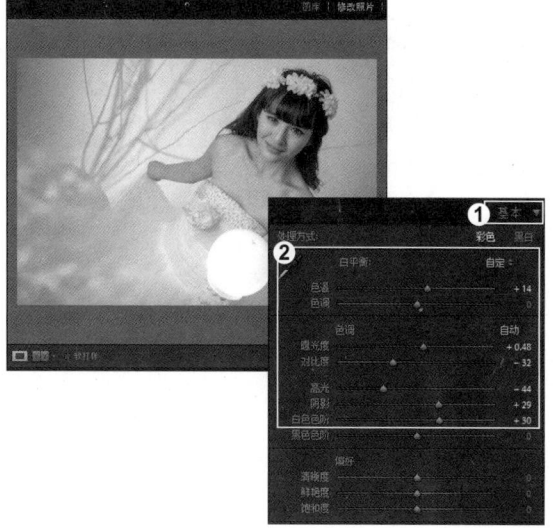

2."色调曲线"调整画面色调

　　❶ 展开"色调曲线"面板，单击"单击以编辑点曲线"图标，❷ 在"通道"菜单下分别选择"蓝色""红色""绿色"，在曲线面板中拖曳曲线，以调整画面色调。

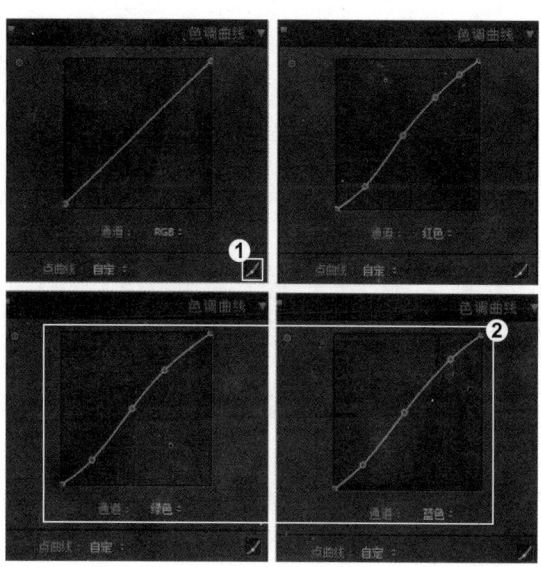

3.调整单个颜色的色调

❶ 展开 "HSL/ 颜色 / 黑白" 面板，选择 "全部" 选项，❷ 在 "色相" "饱和度" "明亮度" 下调整单个颜色的数值。

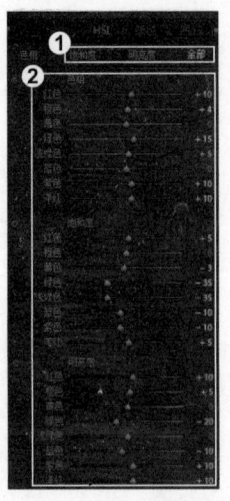

4.调整 "细节" 面板参数

❶ 展开 "细节" 面板，❷ 在 "锐化" 选项下对 "数量" "半径" 以及 "细节" 进行设置，锐化图像。

 知识拓展

在 "色调分离" 面板下，位于 "高光拾色器" 右侧的5个小色块是一些常用的色调颜色，最右边较大的色块是当前画面的高光颜色。

"高光拾色器" 面板的中部是基于色相和饱和度设计的拾色区域，它在拾色器中面积最大。拾色器区域底端有两个空心方框，可以移动该空心方框选取颜色，也可以使用吸管工具单击吸取高光颜色。

★★★★★ 招式 **105** 改善曝光增强静物的质感

Q 静物拍摄要怎么修图才可以提升质感呢？

A 拍摄前先观察被摄物的质感，后期通过调整曝光度提升质感。

1.调整曝光度

　　导入"第 7 章 \ 素材 \ 招式 105"中的照片素材，❶ 切换至"修改照片"模块，展开"基本"面板，❷ 调整"曝光度"，使画面曝光准确。

2.平衡亮度和对比效果

　　❶ 调整"高光""阴影"，改善画面阴影较重的感觉，❷ 调整"黑色色阶"，调整画面对比效果。

知识拓展

　　在"色调曲线"面板中，从"点曲线"下拉菜单中选择一种效果（预设了3种调节效果，其中"线性"是复原效果），画面色调层次和曲线形状将发生相应的变化，但这种变化不会反映在区域滑块中。

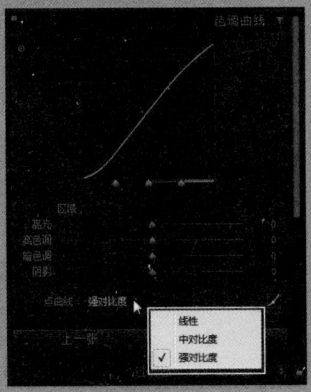

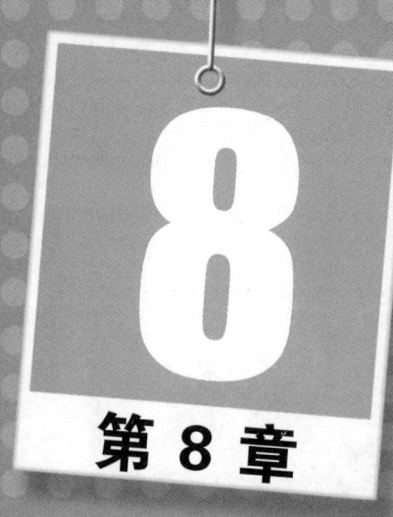

8

第 8 章

黑白照片的转换

在数码时代，黑白影像由色光直接生成的现象并不存在，它们都是通过彩色影调转换而来。无论是在相机上进行设置还是在图像处理软件中转换，首先都得知道什么样的题材适合黑白摄影，哪些彩色原片适合转换为黑白效果。本章将学习怎样将彩色照片转换为黑白，以及在黑白影调的基础上制作双重色调效果的照片，通过本章的学习，可以在Lightroom中制作出具有震撼力的黑白影调。

★★★★★
招式 **106** 转换为黑白影像的四大技巧

Q 想在Lightroom中将彩色照片转换为黑白照片，有没有快速的操作方法呢？

A Lightroom提供了4种转换为黑白照片的命令，但执行这些命令后就不能对转换的黑白照片进行调整。

1.在快速修改照片模块转换

选择"第8章\素材\招式106"中的照片素材，❶ 在"图库"模块下，选择"快速修改照片"，❷ 在"存储的预设"菜单下，处理方式选择"黑白"。

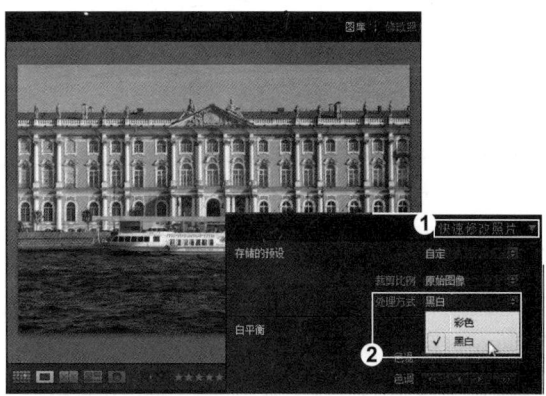

2.利用预设转换黑白图形

❶ 选择"修改照片"模块，在左侧"预设"中选择"Lightroom视频预设"，❷ 在"视频预设"下选择"视频黑白（古典）"，完成照片转换。

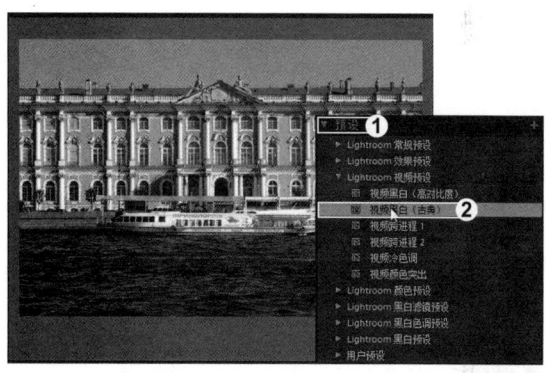

3.在基本面板中转换

❶ 选择"修改照片"模块，展开"基本"面板，❷ 在"处理方式"后面的菜单中选择"黑白"，即可将选择的照片自动转换为黑白效果。

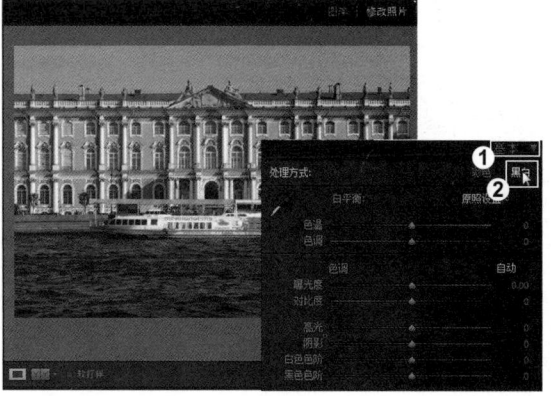

4.利用菜单转换

❶ 在"图库"模式下，展开"快速修改照片"面板，❷ 单击"默认设置"后面的三角形图标，在弹出的菜单中最后三个选项都可以将彩色照片转换为黑白效果。

知识拓展

在Lightroom CC之前的版本中的"图库""幻灯片放映"和"打印"模式下，将鼠标指针放在需要转换为黑白效果的图片上并右击，在弹出的快捷菜单中有一个"修改照片设置"命令，可以通过命令将彩色照片转换为黑白效果。

招式 107 调整不同区域的明暗度

Q 可以用最快速的方法将彩色照片转换为黑白效果，但这种方法制作出来的黑白效果过于死板，想调整不同区域的明暗度，该怎么操作呢？

A 在Lightroom中可以利用"HSL/颜色/黑白"面板，将彩色照片转换为黑白效果，并且可以针对各个颜色调整照片的明暗度。

1.转换为黑白照片

导入"第8章\素材\招式107"中的照片素材，❶切换至"修改照片"模块，❷在"HSL/颜色/黑白"面板上单击"黑白"选项，此时彩色转换为黑白照片。

2.调整照片

❶在展开的"黑白混合"区域中排列着8个颜色的调节滑块，每一个滑块分别指向彩色原片对应的颜色范围，❷调节各个颜色滑块，会对画面的黑白影调产生不同的影响。

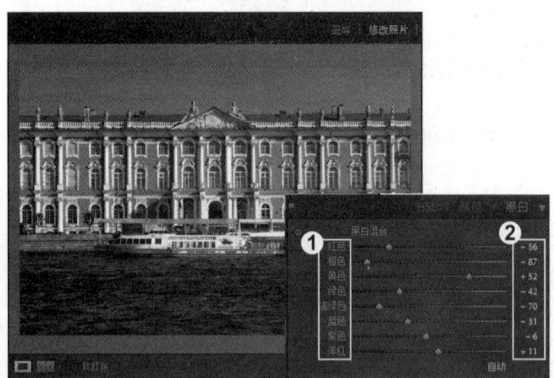

知识拓展

在"黑白"面板中通过拖动8个颜色滑块调节彩色照片转换为黑白效果后，但并不满意调整结果，想返回最初黑白效果状态，可单击"黑白"面板右下角的"自动"按钮，自动恢复到初始状态。

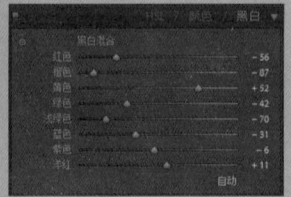

招式 108 打造超强的黑白视觉效果

Q 黑白照片可以带给人强烈的视觉冲击力，在后期处理后如何打造超强的黑白视觉效果呢？

A 在后期制作中将照片转换为黑白效果后，通过局部颜色明暗的修饰，增加画面的层次，来突出黑白照片的视觉效果。

1.调整HSL下的饱和度

导入"第 8 章\素材\招式 108"中的照片素材，❶ 切换至"修改照片"模块，在"HSL/颜色/黑白"中选择 HSL；❷ 在展开的面板中选择"饱和度"，将"饱和度"区域中的 8 个颜色滑块向左拖至 −100。

2.调整图像的明暗程度

❶ 单击"饱和度"右侧的"明亮度"，❷ 在展开的面板中拖曳需要调节颜色的滑块，可单独调节某种或某几种颜色的明暗调。

3.调整曲线

❶ 展开"色调曲线"面板，❷ 在面板中拖曳滑块，加强黑白效果的明暗程度。

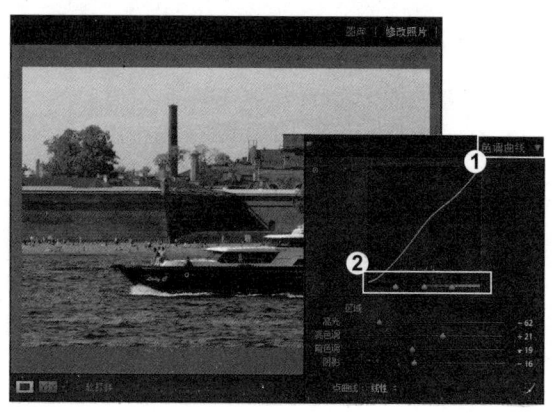

知识拓展

单击"明亮度"调块区域左上角的"目标调整工具"，将其放在需要调节的图像处上下拖曳，其作用相当于拖曳滑块调节明暗效果。

招式 **109** 制作怀旧颗粒照片

 老照片上的颗粒感给人一种怀旧、复古的感觉，后期可以做出来吗？

当然可以，在Lightroom中利用效果面板中的"数量"就可以做出颗粒感。

1.转换为黑白效果

导入"第8章\素材\招式109"照片素材。切换至"修改照片"模块，在"HSL/颜色/黑白"面板中单击"黑白"选项，将彩色照片转换为黑白图像。

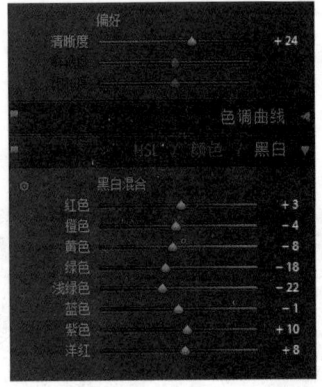

2.调整画面的明暗及对比

❶ 选择展开"色调曲线"面板，单击"单击以编辑点曲线"图标，❷ 在曲线面板上分别拖曳两个端点，调整画面整体的明暗及对比效果。

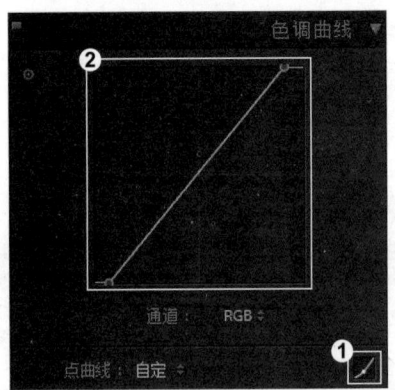

3.增加颗粒质感

 ❶ 切换至"效果"模块，在"颗粒"选项下分别调整"数量""大小"；❷ 为画面增加颗粒感，完成画面调整。

知识拓展

除了可以在"效果"选项中拖动"数量"滑块，为黑白照片添加颗粒外，还可以切换到"修改照片"模块，在左侧的"预设"面板中选择"Lightroom效果预设"选项，根据照片的情况添加不同的颗粒效果。

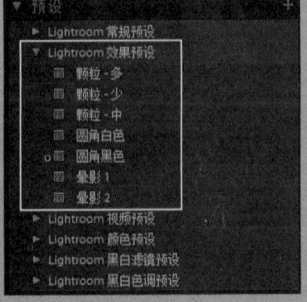

招式 110　制作高对比度的黑白照片

Q 怎样才可以制作出一张高对比度的黑白照片呢？

A 在Lightroom 中可以利用调节对比度或者黑白关系来调整照片的对比度。

1.转换为黑白图像

　　导入"第 8 章 \ 素材 \ 招式 110"中的照片素材，❶ 切换至"修改照片"模块，在右侧"预设"面板中选择"Lightroom 视频预设"；❷ 在展开的选项中选择"视频黑白（高对比度）"。

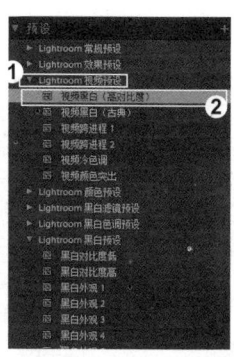

2.调整暗部细节

　　❶根据画面需要，展开"基本"面板，调整"对比度"❷调整之后画面暗部细节较少，选择调整"阴影"，拉高阴影，恢复画面暗部细节，完成照片调整。

知识拓展

　　左侧的"预设"面板中提供了多种效果预设方案，如果在使用预设时不确定风格，可以将鼠标指针指向预设，导航器窗口中自动显示调整后的图像效果。

 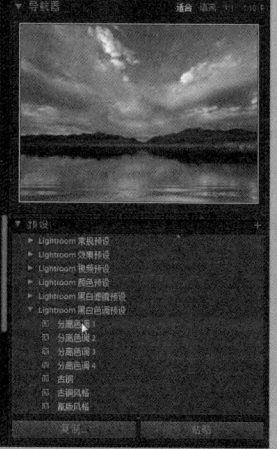

招式 111 打造魅力中性色

Q 中性色是许多摄影者都喜欢的一种色调，在人像方面应用更是广泛，该如何打造具有魅力的中性色呢？

A 在后期处理过程中，可以降低照片的色彩饱和度，快速展现出中性色调，再通过"HSL/颜色/黑白"调整特定的饱和度和明亮度，突出主体人物。

1.增强明暗对比效果

导入"第8章\素材\招式111"中的照片素材，❶切换至"修改照片"模块，展开"基本"面板，在面板中设置"鲜艳度""饱和度"参数，降低色彩饱和度，❷继续对高光、阴影、白色色阶和黑色色阶进行调整，增强明暗对比效果。

2.进一步降低画面的饱和度

❶展开"HSL/颜色/黑白"面板，单击"明亮度"标签，在展开的选项下对颜色明亮度进行调整，增加明暗对比；❷单击"饱和度"标签，在展开的选项下分别对红色、橙色和黄色的饱和度进行调整，进一步降低画面的饱和度。

3.为图像添加晕影效果

❶展开"镜头校正"面板，设置"旋转"为+1.0、"比例"为105，适当缩放图像，❷在"镜头暗角"选项组下设置"数量"为−94、"中点"为22，为图像添加晕影效果。

知识拓展

在Lightroom中，对照片进行后期处理后，单击左侧面板上的"复制"按钮，在弹出的对话框中根据需要勾选所要复制的内容。选中一张未处理的照片，单击"粘贴"按钮即可将复制的内容应用到未处理照片上。

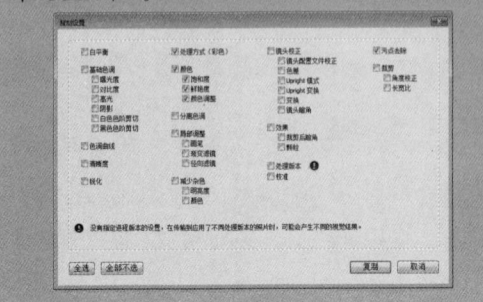

同步和转入 Photoshop

第 9 章

Lightroom和Photoshop作为图像处理软件，二者不仅在功能上大致相似，更可以相互转化使用。通过两款软件的相互使用，不仅可以快速制作出具有美感的后期效果，而且可以提升图像后期的质感。本章主要学习Lightroom的同步和转入Photoshop的使用技巧，通过本章的学习，可以让后期处理更加智能。

★★★★★ 招式 **112** 复制设置并对照片进行粘贴

Q 在Lightroom中修饰完一张照片后，我想将这张照片的色调复制到另一张照片上，该怎么办呢？

A 可以将该照片的色调复制，直接粘贴到另一张照片中即可。

1.选择已修饰的照片

❶ 在"图库"模块下，选择一张修改过的照片；❷ 切换至"修改照片"模块。

2.粘贴照片复制图像效果

❶ 在"修改照片"模块下的右侧面板中单击"复制"按钮，❷ 在弹出的对话框中选择需要复制的项目，单击"复制"按钮。

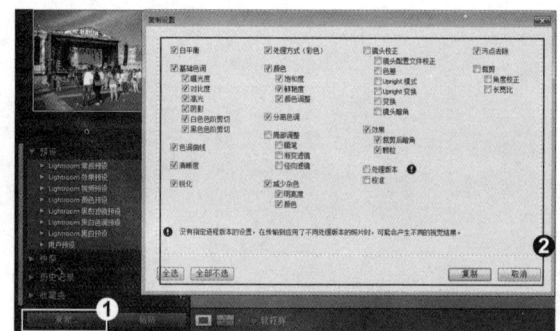

3.在基本面板中转换

❶ 在"胶片窗格"下选择一张需要更改的照片，❷ 在右侧面板中单击"粘贴"按钮，照片处理过程即可复制在选中的照片上。

知识拓展

在"复制设置"对话框中可根据调整的内容进行设置，无论是同步去除污点还是同步修复色调，都可以用该对话框完成。

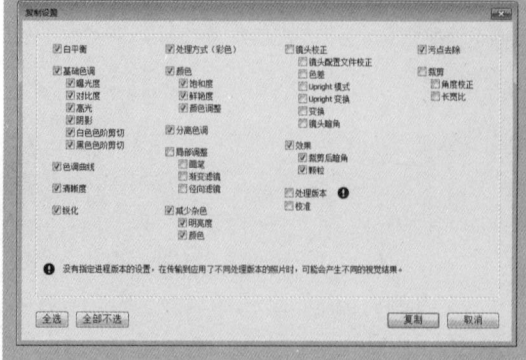

招式 113 利用"同步"功能调整多张照片

 **Q** 在Lightroom中可以将已修改照片的设置应用到多个照片中吗?

A 当然可以,调整照片后可以利用Lightroom的同步功能将多张照片进行同步。

1.选择已修饰的照片

❶ 在"图库模块"下,选择一张修改过的照片,❷ 切换至"修改照片"模块。

2.选择需要同步的照片

❶ 按住 Ctrl 键,在界面下方的胶片显示窗格中单击需要同步的照片,❷ 在右侧面板中单击"同步"按钮。

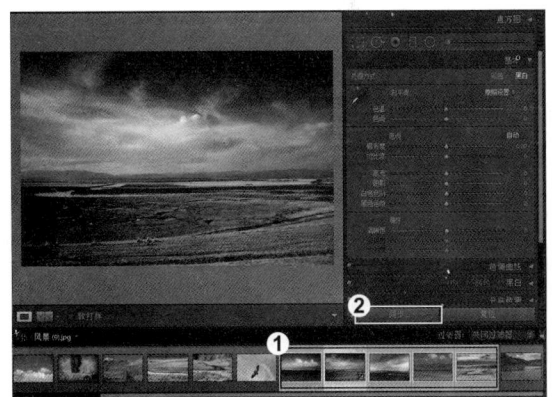

3.设置同步

❶ 在打开的"同步设置"对话框中选择需要同步的设置,❷ 单击"同步"按钮。

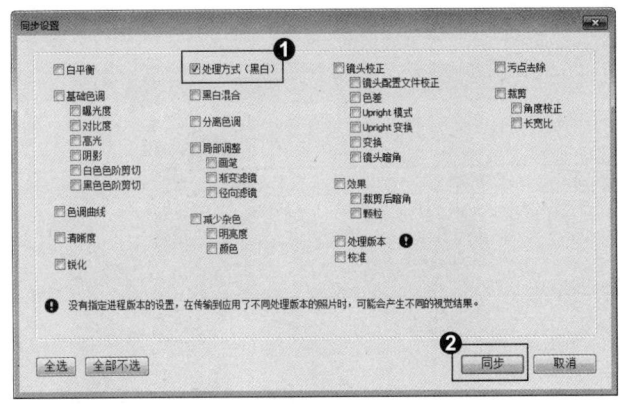

知识拓展

　　Lightroom中的同步设置类似于Photoshop中的"动作"命令，其操作比"动作"更加便捷。Photoshop的"动作"需要将所操作的步骤记录下来，然后根据创建的记录进行批处理；而Lightroom中的"同步"则直接将调整参数应用到选择的照片上，更方便更快捷。

招式 114 在 Photoshop CC 2017 中进行编辑

Q 在Lightroom中调整过的照片，又想在Photoshop中进行精修，要怎么做呢？

A 一般情况下，在Lightroom中完成照片的调色后，可导入Photoshop中进行编辑。

1.设置后期处理选项

　　❶ 在导入的素材中选择一张人物素材，单击"文件"|"导出"命令或按 Ctrl+Shift+E 快捷键，打开"导出一个文件"对话框，❷ 拖动对话框右侧的滑块，❸ 单击"后期处理"前的三角形图标，展开面板。

2.设置导出选项

　　❶ 单击"导出后"下拉按钮，在其下拉列表中选择"在 Adobe Photoshop CC 2017 中打开"选项，❷ 单击"导出"按钮，即可在 Photoshop CC 2017 中打开该照片。

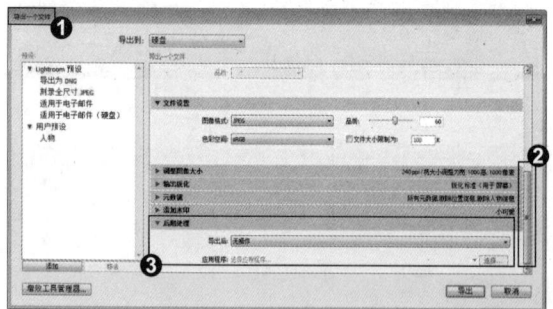

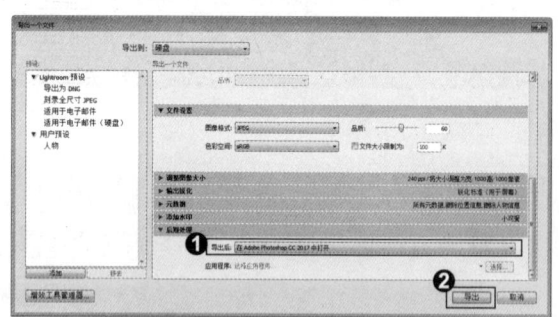

3.液化照片

　　在菜单栏中单击"滤镜"|"液化"命令，在弹出的界面中对人物进行液化处理，达到美化照片的目的。

 知识拓展

　　一般情况下，在做转换操作前都会有一些准备工作，Lightroom 也不例外，在转换之前，需要在"首选项"对话框中对"外部编辑"参数进行一些设置。单击"编辑"|"首选项"命令，打开"首选项"对话框，单击"外部编辑"标签，展开"外部编辑"选项卡，设置导入 Photoshop中照片的"文件格式""色彩空间"等选项。

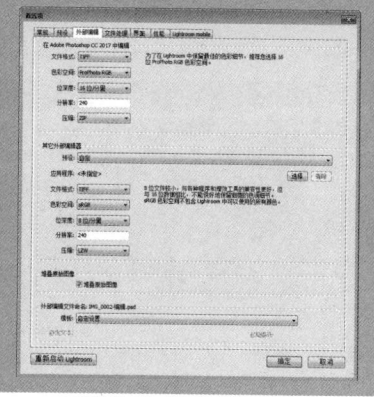

招式 115 在其他应用程序中进行编辑

 **Q** 在Lightroom中修改好的照片只可以在Photoshop中编辑吗？可以在其他应用程序中编辑吗？

A 当然可以，在其他应用程序中编辑照片前，需要指定打开文件的应用程序才能使用该程序。

1.设置首选项

　　❶ 在导入的素材中选择一张素材。单击"编辑"|"首选项"命令，打开"首选项"对话框，单击"外部编辑"标签，切换至"外部编辑"选项卡，❷ 在"其他外部编辑器"面板中指定使用的应用程序，单击"确定"按钮。

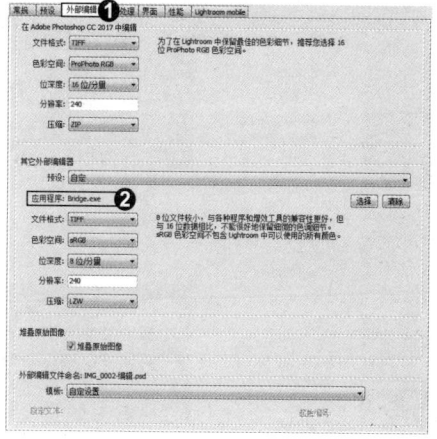

2.在其他程序中编辑

　　❶ 单击"文件"|"导出"命令，打开"导出一个文件"对话框，❷ 单击"后期处理"前的三角形图标，展开"后期处理"面板，单击"导出后"下拉按钮，在其下拉列表中选择"在Bridge.exe 中打开"选项。

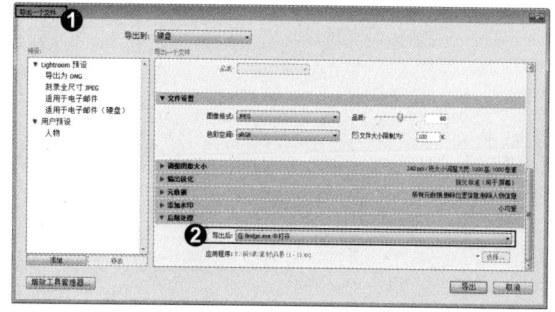

3.在Bridge中打开照片

单击"导出"按钮,即可在 Bridge 中打开照片。

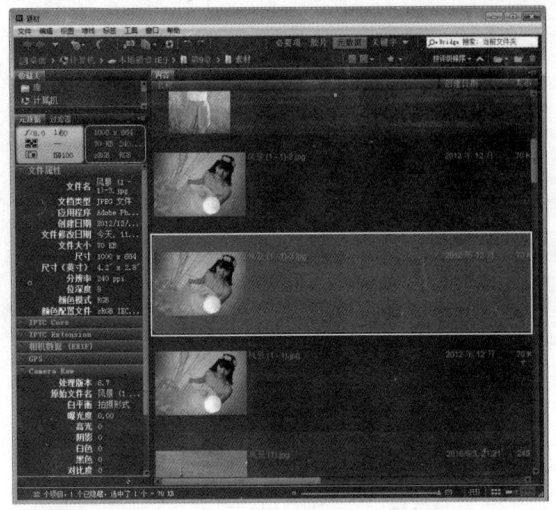

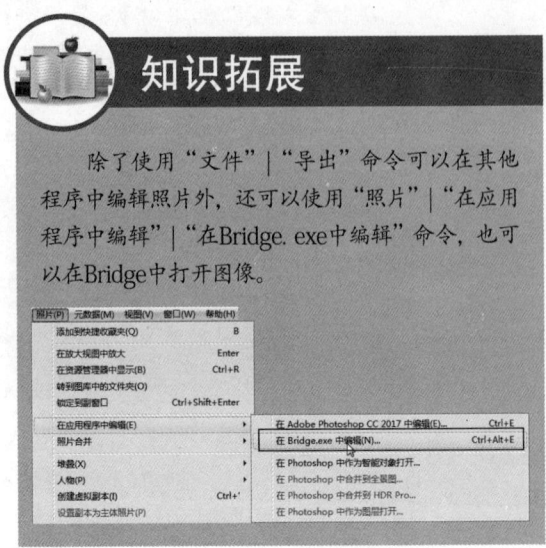

知识拓展

除了使用"文件"|"导出"命令可以在其他程序中编辑照片外,还可以使用"照片"|"在应用程序中编辑"|"在Bridge.exe中编辑"命令,也可以在Bridge中打开图像。

招式 116 在 Photoshop 中以智能对象进行编辑

Q 在Lightroom中可以将转换到Photoshop的照片以智能对象进行编辑吗?

A 在Lightroom中可以利用菜单命令将照片转换到Photoshop中,并且以智能对象的方法进行编辑。

1.选择照片以智能对象打开

❶ 在"图库"模块中选择一张照片,在照片上右击,❷ 在打开的快捷菜单中选择"在应用程序中编辑"命令,再选择"在Photoshop 中作为智能对象打开"命令。

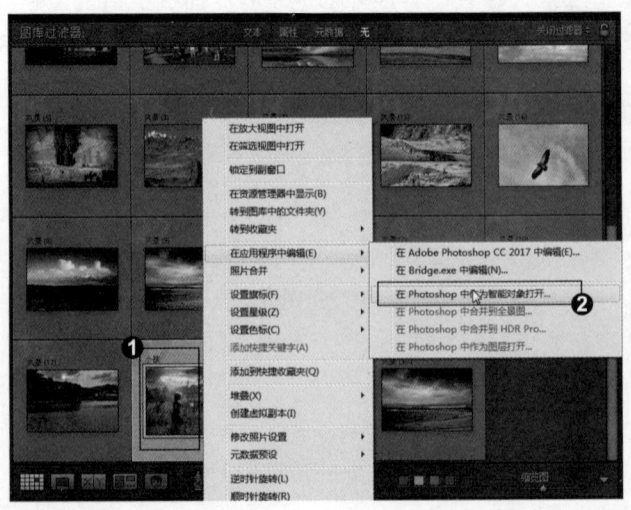

2.在Photoshop中打开智能对象

❶ 在 Photoshop 中将导入的照片以智能对象的方式打开，在"图层"面板下显示对应的图层，❷ 双击"图层"面板的智能对象图层，在 Camera Raw 中打开图像。

3.在Photoshop中编辑对象

在 Camera Raw 窗口右侧 "基本"面板下设置各项参数，完成照片调整。

知识拓展

在Photoshop中双击智能图标，打开的是Camera Raw 9.7插件，而单击"滤镜"|"Camera Raw滤镜"命令，打开的则是滤镜命令，二者操作上有些区别。

Camera Raw 9.7插件

Camera Raw滤镜

★★★★★
招式 **117** 向 Lightroom 工作流添加 Photoshop 自动处理

Q 在Lightroom中可以导入Photoshop的处理动作吗？

A 当然可以，需要在Photoshop中保存动作，再添加到Lightroom中即可。

1.创建新动作

❶ 在 Photoshop 中打开"招式117"照片素材，单击"窗口"|"动作"命令，❷ 打开"动作"面板，在面板下单击"创建新动作"按钮 。

2.记录动作

❶ 打开"新建动作"对话框，在对话框中输入动作名称，❷ 单击"记录"按钮，开始记录动作，在"图层"面板中复制"背景"图层，得到"背景拷贝"图层。

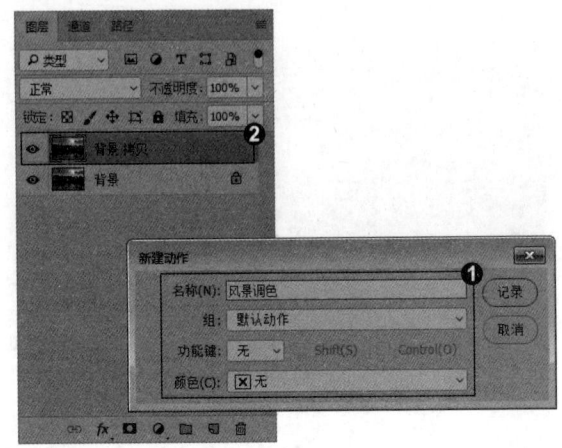

3.调整照片对比度

❶ 单击"图层"|"图像"|"阴影/高光"命令，在弹出的对话框中设置参数，调整图像的阴影影调。❷ 按 Ctrl+Alt+2 快捷键载入风景图片中的高光区域。单击图层面板底部的"创建新的填充或调整图层"按钮 ，创建"曲线"调整图层，调整 RGB 通道参数，加强图像的明暗对比度。

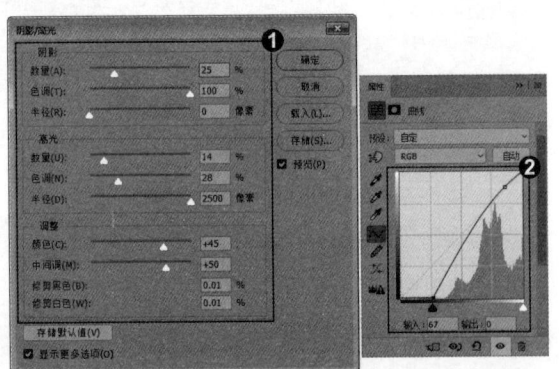

4.创建快捷批处理

❶ 单击"文件"|"存储为"命令，存储图层。返回"动作"面板，单击面板底部的"停止记录"按钮，停止动作的记录。❷ 单击"文件"|"自动"|"创建快捷批处理"命令，打开"创建快捷批处理"对话框，选择存储的位置并指定新建动作为播放的动作。单击"确定"按钮创建快捷批处理。

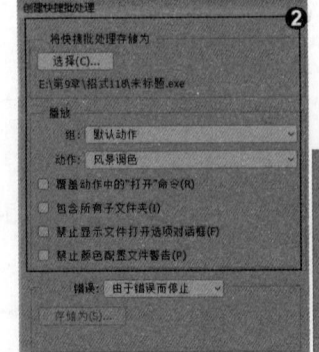
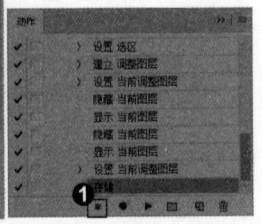

5.设置导出选项

❶ 在 Lightroom 中单击"文件"|"导出"命令，打开"导出"对话框，在对话框中的"后期处理"中单击"导出后"下拉按钮，❷ 在展开的列表中选择"现在转到 Export Actions 文件夹"选项。

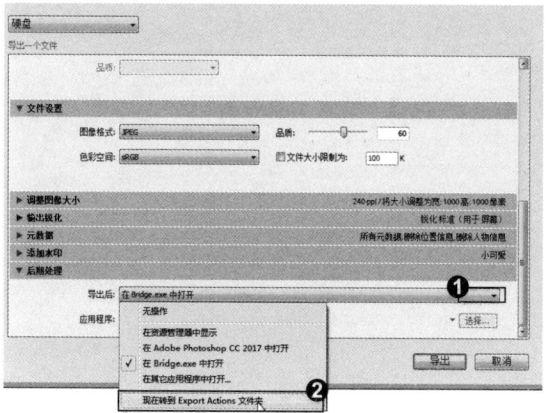

6.粘贴创建批处理

❶ 转到 Export Actions 文件夹，双击将其打开，❷ 找到前面创建的快捷批处理图标，将其复制到 Export Actions 下，关闭文件夹，再关闭"导出"对话框。

7.设置后期处理选项

❶ 在 Lightroom 图库中选择一张风景图片，单击"文件"|"导出"命令，打开对话框，在对话框中指定导出文件的名称和位置。❷ 在对话框下面的"后期处理"中单击"导出后"下拉按钮，在展开的列表中选择"未标题"选项。

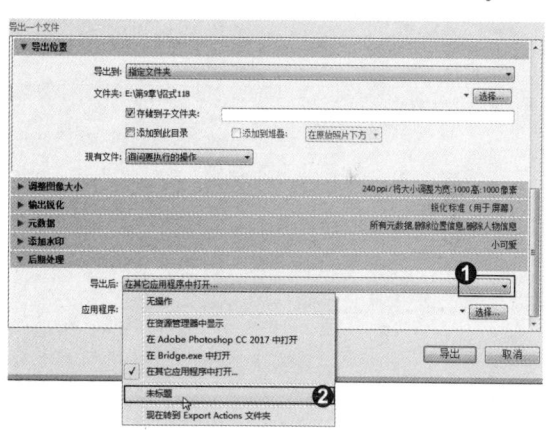

8.批处理图像

单击"导出"按钮，导出文件，导出后重新将导出前和导出后的文件打开。单击"筛选视图"按钮，以筛选视图模式查看图形对比效果。

Lightroom 照片处理实战秘技 *250* 招

知识拓展

　　使用批处理时，要求所处理的图像必须保存于同一个文件夹或者全部打开，执行的动作也需先载入动作面板。单击"文件"|"自动"|"批处理"命令，可以打开"批处理"对话框。

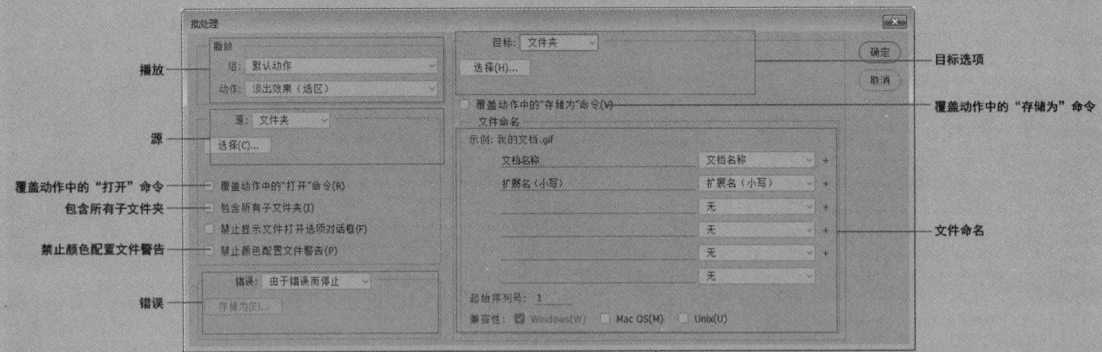

- 　播放：指定应用于批处理的组和动作。如果未显示需要的动作，确定该组是否载入到动作面板。
- 　"源"用于选择处理图像的来源，从"源"下拉列表中可以选择需要处理的文件。单击"选择"按钮以查找选择文件夹；"导入"处理来自数码相机、扫描仪或PDF文档的图像；"打开的文件"处理所有打开的文件；Bridge处理Adobe Bridge中选定的文件。
- 　覆盖动作中的"打开"命令：当执行批处理的动作命令中包含"打开"命令时，忽略"打开"命令。
- 　包含所有子文件夹：对于文件夹中的所有图像及子文件夹中的所有图像进行批处理。
- 　禁止颜色配置文件警告：忽略颜色配置文件的警告。
- 　错误：设置执行批处理发生错误时所显示的错误提示信息。
- 　"目标"选项组于设置执行动作后文件的保存位置和方式。共三个选项：①无，不保存文件也不关闭已经打开的文件；②保存并关闭；③文件夹，将处理后的文件保存至一个指定的文件夹中。
- 　覆盖动作中的"存储为"命令：勾选该复选框，文件仅通过该动作中的"存储为"步骤存储到目标文件夹中。如果没有"存储"或"存储为"步骤，则将不存储任何文件。
- 　文件命名：选取将包含在最终文件名中的特定选项。

招式 118 用 Photoshop 中的滤镜命令修饰人物身形

Q 在Lightroom中没有修饰人物身形的滤镜，该怎么修饰人像呢？

A Lightroom中不具备滤镜命令，我们通过Photoshop中的滤镜命令来修饰人物身形。

1.导出文件到Photoshop

❶ 在导入的素材中选择一张人物素材，单击"文件" | "导出"命令，打开"导出一个文件"对话框，❷ 在展开的"导出后"列表中选择"在 Adobe Photoshop CC 2017 中打开"，再单击"导出"按钮。

2.液化人物

❶ 在 Photoshop CC 2017 中打开照片，单击"图层" | "复制图层"命令，得到"背景拷贝"图层。❷ 单击"滤镜" | "液化"命令，打开"液化"对话框，单击"向前变形"工具，在人物手臂和腰身上涂抹，修复人物身形。

知识拓展

"液化"滤镜是修饰图像和创建艺术效果的强大工具，它使用方法简单，但功能非常强大，能创建推拉、扭曲、旋转、收缩等变形效果，可以用来修改图像的任意区域。单击"滤镜" | "液化"命令，或按Ctrl+Shift+X快捷键可以打开"液化"对话框，对话框中包含了该滤镜的工具、参数控制选项和图像预览与操作窗口。

工具

图像预览与操作窗口

参数控制选项

招式 119 在 Photoshop 中打造宽阔壮丽的全景图

Q 在Lightroom中合并全景图要求比较多，有没有快速的方法合并全景图呢？

A 可以利用Photoshop中的Photomerge命令来轻松合并全景图像。

1.打开Photomerge对话框

❶ 启动 Photoshop 后，单击"文件"|
"自动"|Photomerge 命令，弹出 Photomerge
对话框，❷ 单击"浏览"按钮。

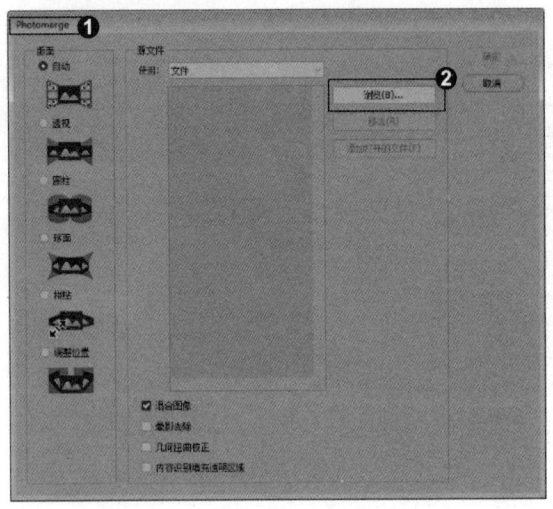

2.选择照片

在弹出的对话框中选择"招式119"照片素材，
将选择以"全选"方式打开，此时在 Photomerge
对话框中会根据顺序对照片进行排序。

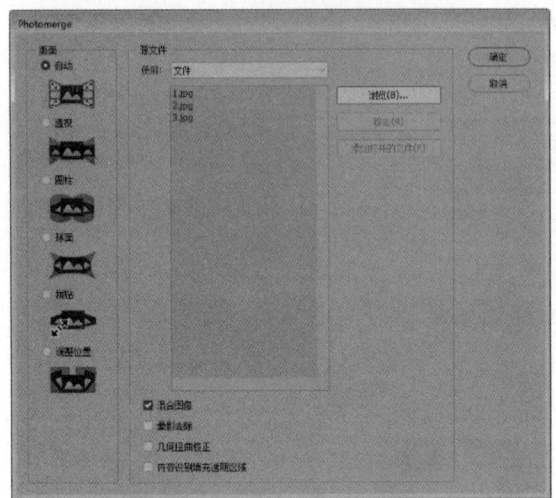

3.裁剪合并图像

❶ 单击"确定"按钮，会在 Photoshop 中自动生成全景图。❷ 选择工具箱中的 �（裁剪工具），
拖动定界框裁剪多余的图像。

知识拓展

除了可以直接在Photoshop中合并HDR Pro图像外，还可以在
Lightroom中全选要合并的图像并右击，在弹出的快捷菜单中选择
"在应用程序中打开"|"在Photoshop中合并到HDR Pro"命令，
即可在Photoshop中合并图像，值得注意的是，使用该命名合并
HDR Pro图像，图像的大小要一致，否则该命令无法使用。

| 在 Adobe Photoshop CC 2017 中编辑(E)... |
| 在 Bridge.exe 中编辑(N)... |
| 在 Photoshop 中作为智能对象打开... |
| 在 Photoshop 中合并到全景图... |
| 在 Photoshop 中合并到 HDR Pro... |
| 在 Photoshop 中作为图层打开... |

招式 120 批量更改照片中的影调和色调

Q 在Lightroom中可以通过复制或是同步来对照片的影调和色调进行修改，那么，在Photoshop中可同时修改吗？

A 在Photoshop中可以将调整照片影调和色调的操作步骤建立为动作，再批处理照片即可。

1.创建动作

❶ 在 Photoshop 中打开照片，选择"窗口"|"动作"命令，❷ 打开"动作"面板，在面板下单击"创建新动作"按钮。

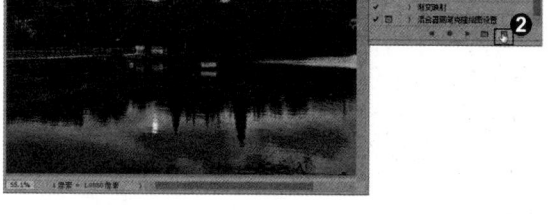

2.记录动作

打开"新建动作"对话框，在对话框中输入动作名称，单击"记录"按钮，开始记录动作。

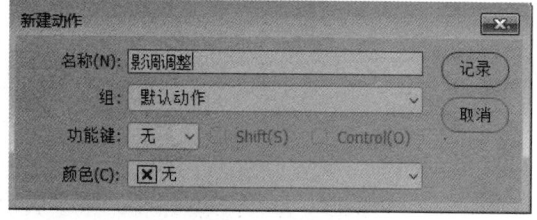

3.调整照片的亮度和对比度

❶ 单击图层面板底部的"创建新的填充或调整图层"按钮，创建"亮度/对比度"调整图层，❷ 在打开的面板中分别调整亮度和对比度。

4.调整色彩平衡

❶ 单击图层面板底部的"创建新的填充或调整图层"按钮，创建"色彩平衡"调整图层，❷ 在打开的面板中分别调整青色和洋红。

5.批量调整照片

单击"文件"|"存储为"命令，存储图像。❶返回"动作"面板，单击"停止记录"按钮，停止记录动作。❷在Photoshop中打开其他需要统一色调的照片，在"动作"面板中选择刚才建立的动作，并单击"播放选定的动作"按钮▶，分别对照片进行调色。

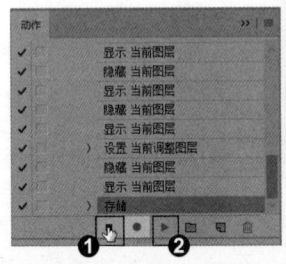

知识拓展

在"动作"面板中，❶将动作或命令拖移至同一动作或另一动作中的新位置，可重新排列动作和命令。❷按住Alt键移动动作和命令，或者将动作和命令拖至创建新动作按钮上，可以将其复制。❸将动作或命令拖至"动作"面板中的删除按钮上，可将其删除，单击面板菜单中的"清除全部动作"命令，可删除所有动作。❹要将面板恢复为默认的动作，可单击面板菜单中的"复位动作"命令。

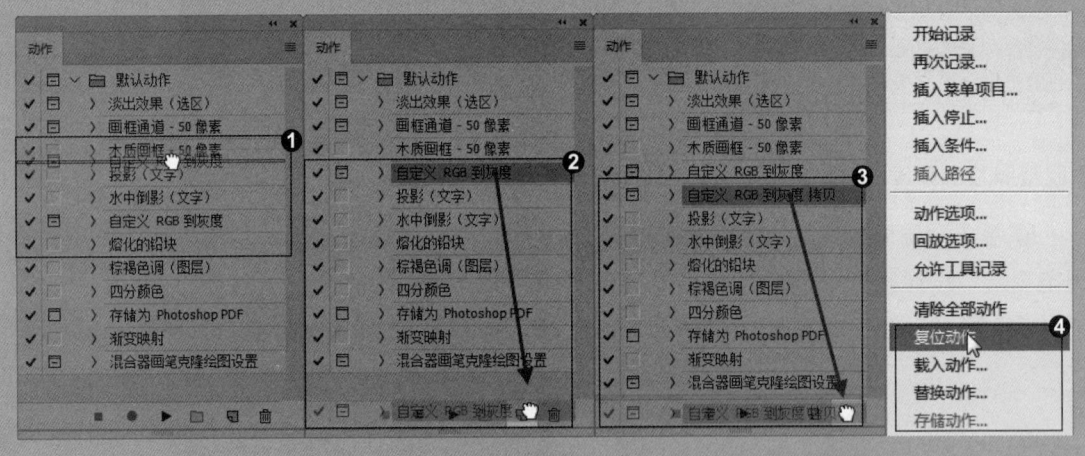

招式 121 在 Photoshop 中创建 HDR 图像

Q Lightroom中合并的HDR图像不能调整参数设置，该怎么办呢？

A 可以在Lightroom中选择"在Photoshop中合并到HDR Pro"命令，在Photoshop中合并HDR图像。

1.选择合并HDR

❶ 在 Lightroom 中导入 3 张照片，在"图库"模块中全选图像片并右击，在打开的快捷菜单中选择"在应用程序中编辑"命令，选择"在 Photoshop 中合并到 HDR Pro"选项，❷ 系统会自动切换至 Photoshop 的创建 HDR Pro 命令，弹出"手动设置曝光值"对话框，选择第 2 张图像，单击"确定"按钮。

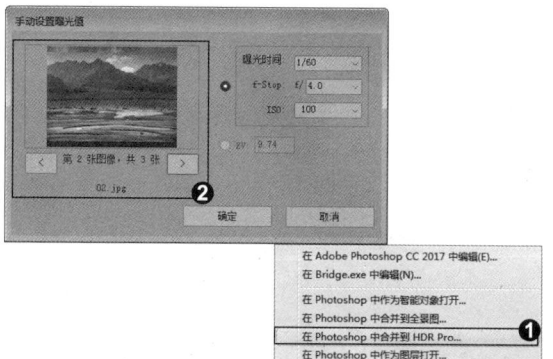

2.调整画面细节

❶ 在打开的"合并到 HDR"对话框中对边缘光（半径、强度）、色调（灰度系数、曝光度）和细节进行设置，❷ 单击"色调和曲线"下的"曲线"，在曲线面板上拖曳曲线，单击"确定"按钮。

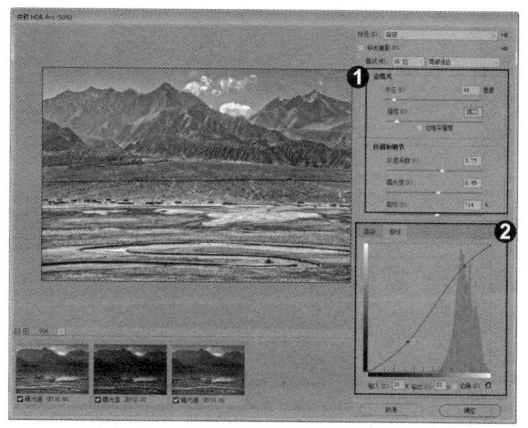

3.调整整体亮度

❶ 单击"确定"按钮，在 Photoshop 中打开图像。单击图层面板底部的"创建新的填充或调整图层"按钮，创建"曲线"调整图层。❷ 在弹出的曲线面板中拖曳曲线，调整画面亮度。单击"文件"|"存储为"命令，完成照片调整。

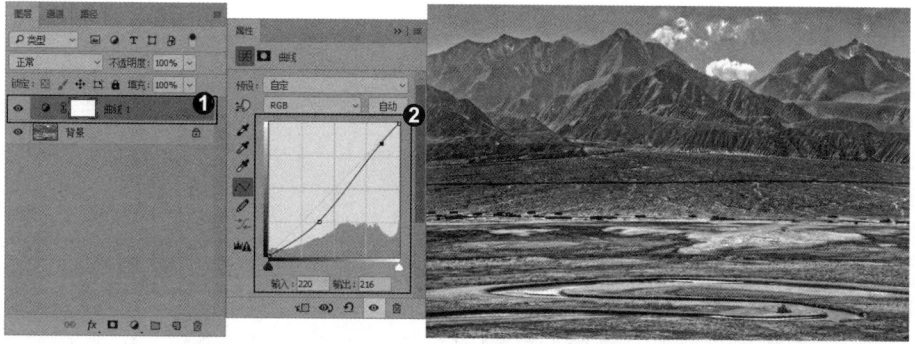

知识拓展

如果要通过Photoshop合成HDR照片，至少要拍摄3张不同曝光度的照片（每张照片的曝光度相差一挡或两挡）；然后要通过改变快门速度（而非光圈大小）进行包围式曝光，以避免照片的景深发生改变，并且最好使用三脚架。

招式 122 在 Photoshop 中作为图层打开文件

Q Lightroom中的文件可以在Photoshop中作为普通图层打开吗？

A 当然可以，只需要选择不同的选项即可在Photoshop中以图层方式打开。

1.设置应用程序

❶ 在 Lightroom 的"图库"面板中选择两张照片并右击，❷ 在弹出的快捷菜单中选择"在应用程序中编辑"|"在 Adobe Photoshop CC 2017 中编辑"命令。

2.在Photoshop中打开图像

图像在 Photoshop 中以普通图层显示打开，可以对图像进行图像处理的操作（注意，在文档打开的过程中，文档会根据图像大小自动生成图层）。

知识拓展

选中单张图片并右击，在弹出的快捷菜单中选择"在应用程序中编辑"|"在Adobe Photoshop CC 2017 中编辑"命令，一样可以在Photoshop中以普通图层打开。不同的是，使用该选项打开的普通图层会在 Lightroom中创建副本。

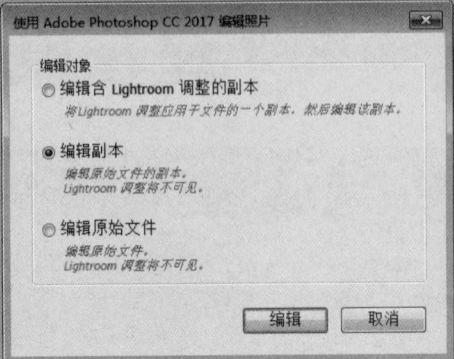

10

第 10 章

将照片导出到磁盘或 CD

本章内容主要是将解Lightroom如何利用"导出"命令来保存修改后的照片。如果要将照片另存为JPEG、TIFF、DNG等格式的文件，只需单击"导出"命令，选择对应的项目即可，还可以为导出的照片添加版权水印。通过学习Lightroom的导出功能，可以发现更多更好玩的功能，让Lightroom变得更加方便实用。

招式 **123** 打开导出对话框

Q 在Lightroom中修饰完照片后，按Ctrl+S快捷键不能保存照片，该怎么办呢？

A 在Lightroom中不能像Photoshop一样按Ctrl+S快捷键来保存图片，需要将图片导出才能保存修改结果。

1.选择照片

选择已经修改完成的照片。在"图库"模块的"网格视图"中，或者在"修改照片"模块的胶片显示窗格中，按住Ctrl键选择多张照片，或按Ctrl+A快捷键选择窗口中的所有照片。

2.打开导出对话框

单击"文件"|"导出"命令，或在"图库"模块中单击左侧面板底部的"导出"按钮，打开"导出"对话框。

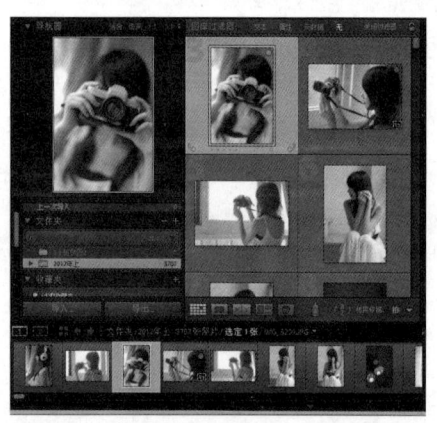

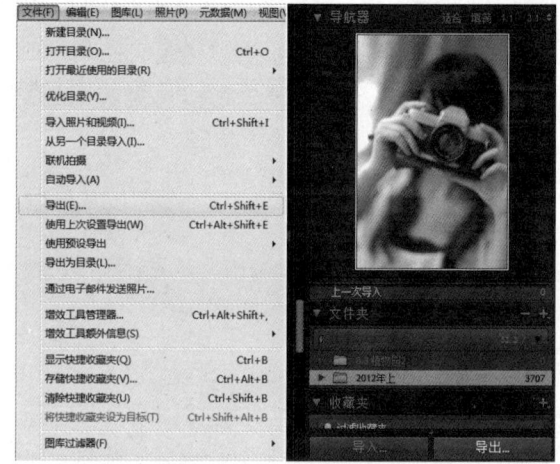

知识拓展

在照片显示区域，按住Ctrl键单击照片可以选择不相邻的照片；按住Shift键单击照片可以连续选择照片。

招式 **124** 确定存放导出照片的位置

Q 在导出照片时，照片会根据打开的路径自动保存吗？

A 导出照片时，需要选择一个要存放导出照片的文件夹，即可将照片导出到指定位置。

1.打开导出对话框

单击"文件"|"导出"命令，❶在"导出一个文件"对话框顶部有"导出到"选项，❷在其下拉列表中选择"硬盘"或者"CD / DVD"，选择"硬盘"选项，将导出的照片将存储在硬盘上。

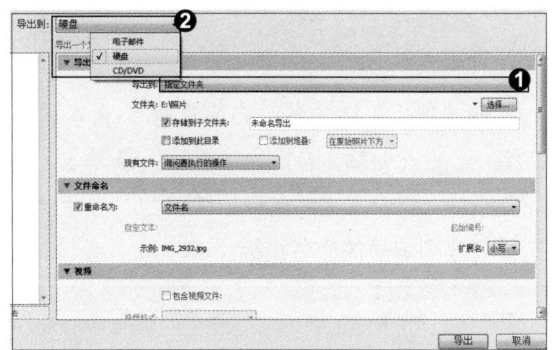

2.选择导出照片的位置

❶ 单击"导出位置"的"导出到"选项，在其下拉列表中选择"指定文件夹"。❷ 单击"文件夹"选项右侧的"选择"按钮，❸ 在弹出的对话框中选择一个将要存放导出照片的文件夹。

知识拓展

当存储卡插入计算机后，Lightroom软件通常会自动识别存储卡并将它作为默认的导入源。

招式 125　重命名导出的文件

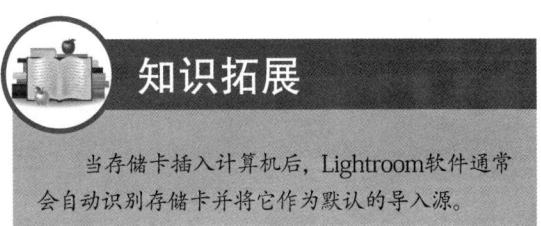

Q Lightroom提供了两种重命名的方法，分别是什么呢？

A Lightroom提供了两类命名的模板，一类是"文件名+序列编号"，另一类是"自定名称+序列编号"。

1.选择文件命名格式

❶ 单击"文件"|"导出"命令，❷ 在"导出一个文件"对话框中的"文件命名"区域中，在下拉列表中选择"文件名 + 序列编号"或"自定名称 + 序列编号"。

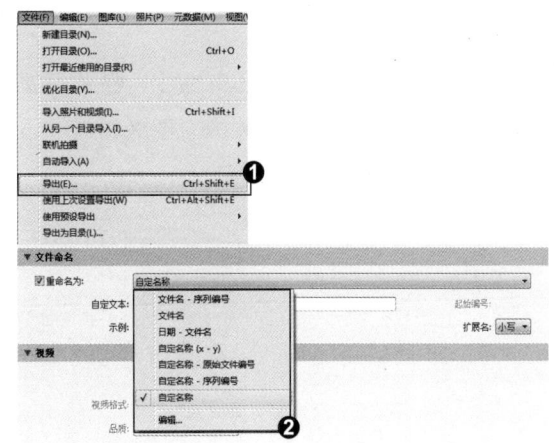

2. 文件重命名

❶ "模板"下方的"自定文本"文本框将被激活,在此处输入自定义的名称。❷ 单击"编辑"命令,打开"文件名模板编辑器"对话框,选择有序列编号的命名模板。

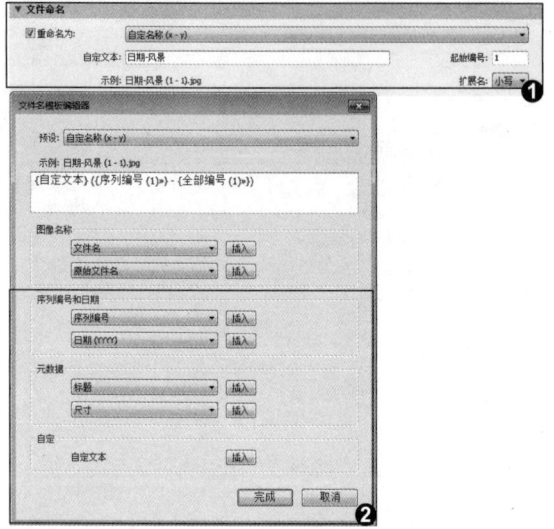

知识拓展

❶ 在打开的"文件名模板编辑器"中,选择带有序列编号的命名模板后,❷ 双击模板上的数字,则会弹出不同样式的编写模板,从而可以快速选择模板。

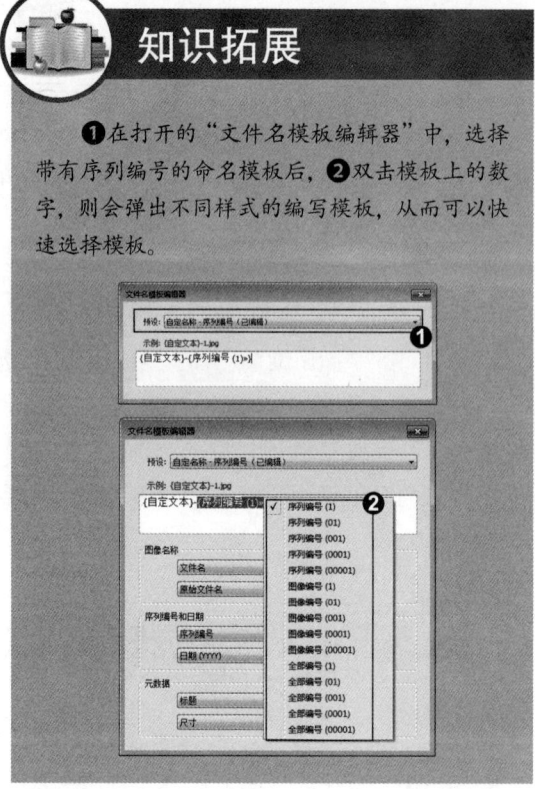

招式 126 调整导出照片的大小

Q 如果照片的大小超出了使用范围,怎么调整?

A 可以设置照片的大小和分辨率,根据自己的需要,调大图像或调小图像。

1.更改图像格式

❶ 单击"文件"|"导出"命令,❷ 在"文件设置"区域中将导出文件的"图像格式"设置为 JPEG、PSD 或 TIFF 格式。

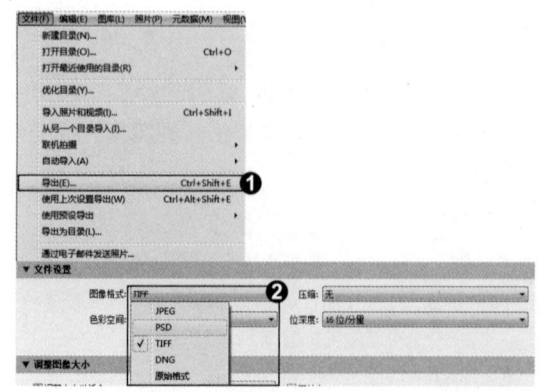

2. 调整图片大小

❶ 勾选"调整大小以适合"复选框，❷ 在"调整图像大小"区域中，设定导出照片的尺寸和分辨率。

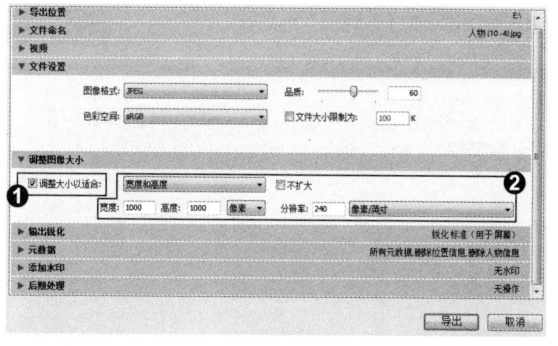

知识拓展

DNG格式是"原始格式"，是不能进行图像大小和分辨率调整的，所以只能将照片导出为JPEG、PSD与TIFF格式时，"调整图像大小"区域中的各个选项才能显示出来。

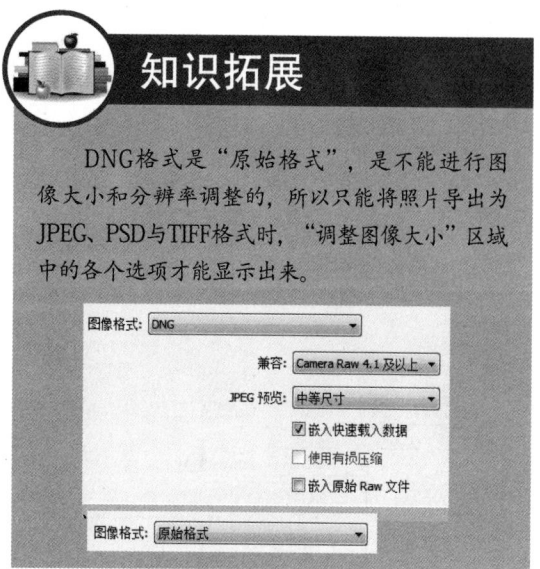

 招式 **127** 设置导出照片的格式

Q 在"文件设置"区域中，导出照片有哪些文件格式可以选择？

A 一共有4种，分别是JPEG、TIFF、PSD与DNG文件格式。

1.设置JPEG文件格式

❶ 单击"文件"|"导出"命令，选择"文件设置"区域中的"图像格式"，在其下拉列表中选择 JPEG 选项。❷ 拖曳"品质"滑块，设定文件的品质。❸ 在"色彩空间"下拉列表中，选择 sRGB、Prophoto RGB 或 Adobe RGB 选项。❹ 勾选"文件大小限制为"复选框后，设置右侧文本框中限制大小的数值。

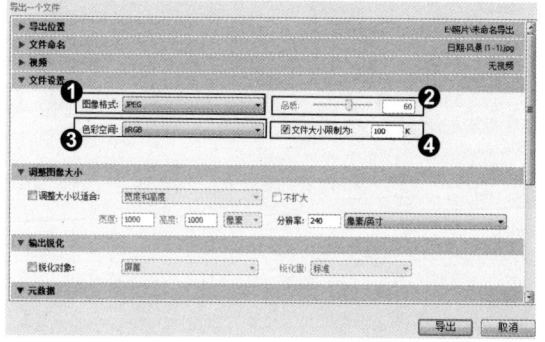

2.设置TIFF和PSD文件格式

❶ 选择"文件设置"区域中的"图像格式"，在其下拉列表中选择 JPEG 或 TIFF 选项。❷ 选择 TIFF 格式，将会出现一个"压缩"选项，在"压缩"下拉列表中选择"无"。❸ "色彩空间"的选项和"JPEG 文件格式"相同。❹ 在"位深度"下拉列表中设置为 16 位 / 分量的位深度，保存图像。

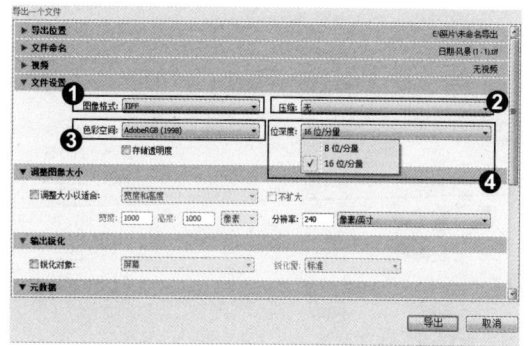

Lightroom 照片处理实战秘技 *250* 招

3. 设置DNG文件格式1

❶ 选择"文件设置"区域中的"图像格式"，在其下拉列表中选择 DNG 选项。❷ 在"兼容"下拉列表中选择"Camera Raw 4.1 及以上"。❸ 在"JPEG 预览"下拉列表中，若选择"无"选项，导出时将不创建 JPEG 预览。

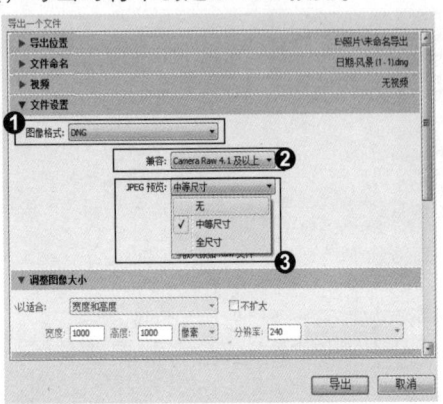

4. 设置DNG文件格式2

勾选"嵌入快速载入数据"复选框，勾选"使用有损压缩"复选框，勾选"嵌入原始 Raw 文件"复选框，将 Raw 文件的副本嵌入到 DNG 文件中。

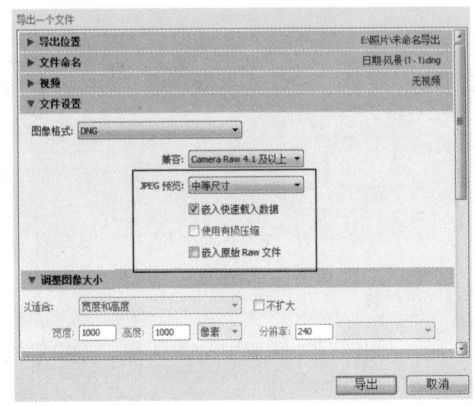

专家提示

DNG（Digital Negative）是Adobe公司推出的一种数字底片格式，它具有更好的软件兼容性，解决了不同型号相机的原始数据文件之间缺乏开放式标准的问题。

知识拓展

"位深度"又称为"颜色深度"（Color Depth），常用的位深度有1位、8位和16位3种。一个1位位深度的图像包含21种颜色，一个8位位深度的图像包含28种颜色，一个16位位深度的图像包含216颜色。显然，16位位深度的图像所具有的色彩更加丰富，我们所熟悉的具有16位位深度的图像有反转片和电影胶片。

招式 **128** 设置导出照片的锐化值

Q 如果照片在修饰时使用了"锐化"功能，那么在导出照片时，还能再次添加锐化效果吗？

A 可以再次锐化，只不过在使用时要小心，以免导致照片因锐化过度而失真。

1.设置锐化对象

❶ 单击"文件"|"导出"命令。❷ 在"导出一个文件"对话框中的"输出锐化"区域中，勾选"锐化对象"复选框。

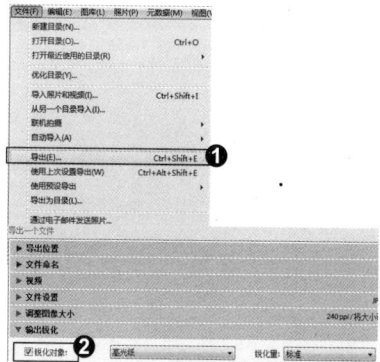

2. 设置锐化值

❶ 选择针对"屏幕""亚光纸"或"高光纸"印刷而锐化。❷ 在"锐化量"下拉列表中选择"标准"的锐化量，即可在导出照片时锐化照片。

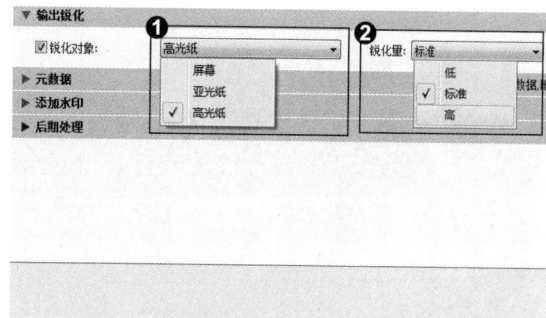

知识拓展

在"输出锐化"区域中可以根据照片的最终用途（纸面打印或屏幕显示）来选择"低""标准"和"高"3种不同的锐化量。屏幕显示选择"标准"锐化量即可，而纸面打印需要选择"高"锐化量才能使效果明显。

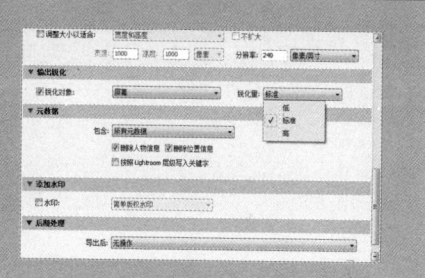

招式 129 管理导出照片的元数据

 **Q** 在导出照片时，想把照片的元数据一起导出，该如何去管理这些元数据呢？

A 在"包含"下拉列表中有4种管理元数据的选项，可以根据需求进行选择。

1.选择包含所有元数据

❶ 单击"文件"|"导出"命令，❷ 在"导出一个文件"对话框中有"元数据"选项，单击"包含"右侧的小三角，在弹出的下拉菜单中选择"所有元数据"选项。

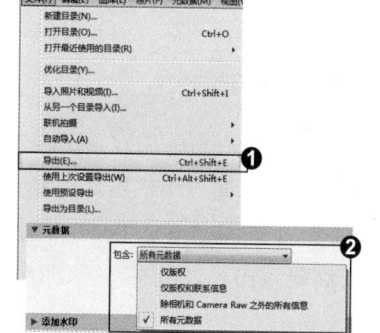

2.设置元数据

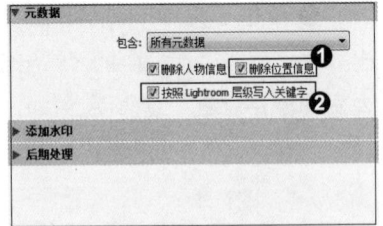

❶ 勾选"删除位置信息"复选框,将从导出的照片中删除 GPS 定位数据。❷ 勾选"按照 Lightroom 层级写入关键字"复选框,导出图片文件后,可显示这些元数据。

专家提示

当导出的照片为DNG格式时,对话框中的"删除位置信息"选项显示为灰色,不能使用。

知识拓展

"导出一个文件"对话框中"包括"下拉菜单的选项说明:

"仅版权":在导出照片中包含IPTC版权元数据。"仅版权和联系信息":在导出的照片中只包含IPTC联系信息和版权元数据。"除相机和Camera Raw之外的所有信息":在导出的照片中包括曝光度、焦距、光圈等EXIF相机元数据以外的所有元数据。"所有元数据":包含所有元数据。如果导出的是DNG文件,前面的这些选项都不会出现。

招式 **130** 添加版权水印

Q 照片制作好后,怕被别人盗用,想为照片添加水印,在Lightroom中该如何操作?

A 打开Lightroom,选择一张图片,在"文件"菜单中设置水印,可以添加文字和图片。

1.水印类型的激活与选择

❶ 单击"文件"|"导出"命令,在"添加水印"区域,勾选"水印"复选框。❷ 勾选"简单版权水印"复选框,系统将把 IPTC 元数据的"版权"栏中输入的版权文字添加到每张照片的左上角。❸ 选择"编辑水印",打开"水印编辑器"对话框,用于自定水印的编辑。

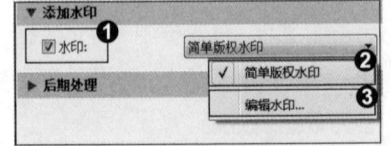

2. 添加"文本"水印

❶ 在右侧的"水印样式"选项组中，选择"文本"水印，❷ 在图像预览区下方的文本框内输入水印文字。❸ 在窗口右侧的面板中设置水印文字的字体、样式、对齐、颜色、阴影及水印效果。

3. 添加"图形"水印

❶ 在"水印样式"选项组，选择"图形"水印，系统会引导查找将要用作水印的图像或图形。❷ 选择添加"图形"水印后，"水印编辑器"中的"文本选项"不再可用，但可以设置"水印效果"中的各个选项。

4. 预览并存储水印效果

❶ 如果选择了多张照片，想要预览每一张选定照片的水印效果，可单击"左"或"右"箭头按钮查看。❷ 将当前的版权水印储存为预设，单击"存储"按钮，在弹出的"新建预设"对话框中输入预设名称，单击"创建"按钮即可。

知识拓展

如果需要再次用到此预设时，只需要从导出对话框的"水印"下拉菜单中选择此项预设即可。也可以在"水印编辑器"左上角的"自定"下拉菜单选择此项预设。

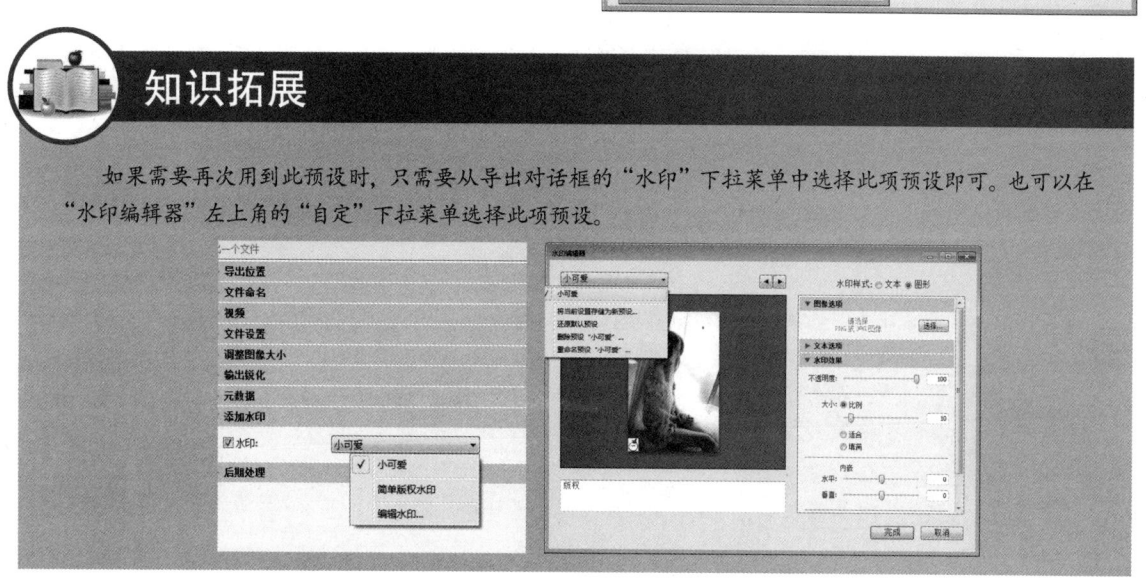

招式 131 利用增效工具导出照片

Q 在Lightroom中，如何添加其他软件生产商提供的增效工具（插件）？

A 单击Lightroom增效工具管理器中的 "添加" 按钮，在可供选择的文件夹中选择一个格式为Lightroom plugin的文件。

1.打开增效工具管理器对话框

❶ 单击"文件" | "导出" 命令。在"导出一个文件"对话框中，单击左下角的"增效工具管理器"按钮，将会弹出"Lightroom 增效工具管理器" 对话框。❷ 单击"Lightroom 增效工具管理器"对话框中的"添加"按钮，会弹出一个可供选择的文件夹。

2.导出照片

❶ 在文件夹中找到已下载的增效工具插件后，单击"选择文件夹"按钮，就会把这个插件添加到"Lightroom 增效工具管理器"中，同时关闭此文件夹。❷ 单击"完成"按钮，完成操作。回到"导出一个文件"对话框，在"导出到"下拉菜单中选择刚刚安装的增效插件即可。

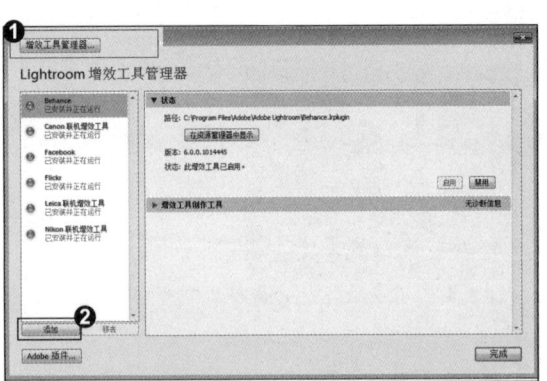

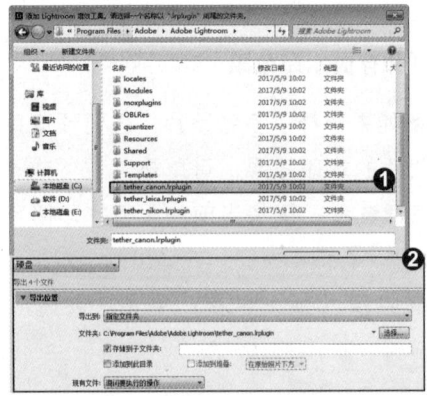

知识拓展

导出位置、文件命名、视频、文字设置、调整图像大小、输出锐化、元数据、添加水印都属于通用的导出选项，完成这些设置之后，可以为导出的照片选择后期处理操作，只有选择将照片导出到硬盘时才会出现这样的操作（导出到CD/DVD时没有此项）。选择"无操作"选项表示照片被导出且不再执行任何其他操作；选择"在资源管理器中显示"选项表示在资源管理器窗口中将会显示导出

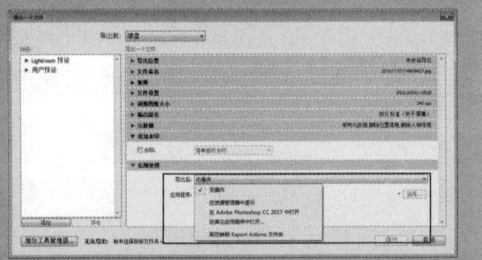

的照片，可以很清楚地知道照片导出到哪里；选择"在Adobe Photoshop CC 2017中打开"选项可以指定Photoshop的版本；选择"在其他应用程序中打开"选项，表示可以在"首选项"的"其他外部编辑器"中设定的应用程序中打开这些照片，值得注意的是，如果选择了此项，其下方的"选择"按钮将会被激活，可以单击这一按钮以选择应用程度。

招式 132　使用上次的设置导出照片

Q 上次导出照片的设置很麻烦，但效果让人很满意，如何将上次使用的导出设置沿用到当前照片上？

A 其实很简单，选择"使用上次设置导出"命令即可完成，就可以导出同样效果的照片。

1.选中照片

首先，需要将导出的照片选中。

2.导出照片

单击"文件"|"使用上次设置导出"命令，可以导出同样效果的照片。

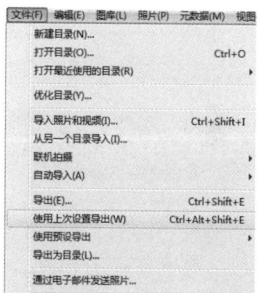

知识拓展

在"导出一个文件"对话框中选择"现在转到Export Actions文件夹"选项，将会打开Lightroom中的Export Actions（导出操作）文件夹，可在其中保存任何可执行应用程序或可执行应用程序的快捷方式及别名。例如，在Export Actions文件夹中存放了一个应用程序"HprSnap6"的快捷方式后，在"导出后"下拉菜单中将会出现这个应用程序的名称，此外，我们也可以将Photoshop Droplet或脚本文件添加到Export Actions文件夹中。

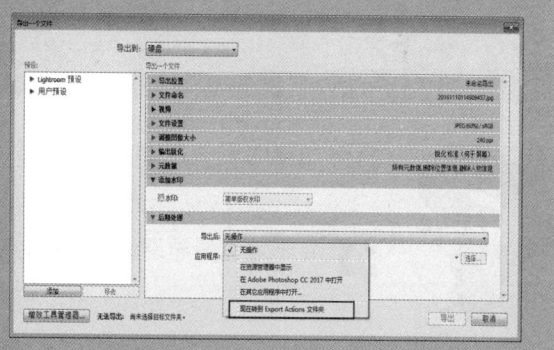

招式 133　使用系统预设导出照片

Q 每一次导出都要重复设置选项，会特别的烦琐，有什么更加轻松、快捷的方法来导出照片？

A Lightroom预置了多种导出设置可供导出照片时选择使用，还可以将常用的参数存储为预设，在导出照片时，只需单击相应的预设名称就可以了。

1. 选择导出为DNG

❶ 单击"文件"|"导出"命令。在"预设"区域中展开"Lightroom 预设"。❷ 选择"导出为 DNG"文件格式选项，系统会自动将导出的照片转换为 DNG 格式。

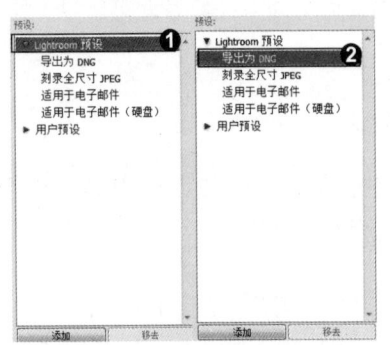

2. 选择刻录全尺寸JPEG与适用于电子邮件

❶ 选择"刻录全尺寸 JPEG"，系统会将导出的照片存储为具有最高品质的 JPEG 格式文件，默认分辨率是 240 像素 / 英寸。❷ 选择"适用于电子邮件"选项，可以以两种方式来转换格式。

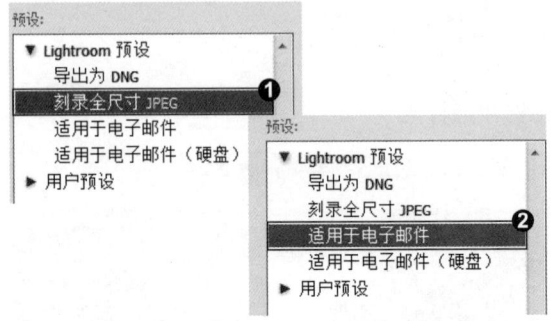

知识拓展

选择"导出为DNG"文件格式时，只有"导出位置""文件设置""文件命名""后期处理"选项可用。如果在"导出位置"中不做更改（默认情况下），照片将会自动导出到一个名为"DNG文件"的子文件夹中。

"适用于电子邮件"分为两种选项：一种是直接通过电子邮件发送，系统默认使用Outlook传送邮件；另一种是将照片导出为限制大小的JPEG格式文件（默认分辨率是72像素/英寸），然后手动将其附加到邮件中。

招式 134 使用自定预设导出照片

Q 怎样创建个性化的导出预设？

A 将个性化的导出设置保存为预设，然后用刚刚创建的预设导出照片。

1. 将个性化的导出设置保存为预设

❶ 单击"文件"|"导出"命令。在弹出的"导出一个文件"对话框中，按照自己的需求，设置相应的参数。❷ 单击对话框左下角的"添加"按钮，❸ 打开"新建预设"对话框，在"预设名称"文本框中输入名称，并在"文件夹"下拉菜单中选择"用户预设"。单击"创建"按钮，完成预设的创建。

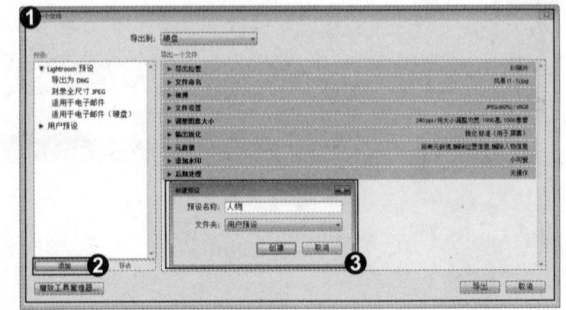

2. 使用自定预设导出照片

❶ 选中要导出的照片后，单击"文件"|"导出"命令，打开"导出一个文件"对话框。在"预设"区域中，单击"用户预设"左侧的小三角，展开"用户预设"选项。❷ 单击刚才创建的"人物"预设，单击"导出"按钮后，照片就会按此预设的参数设置被导出。

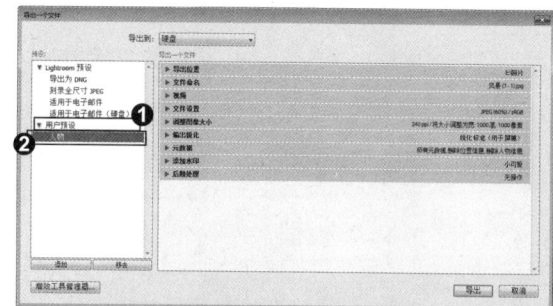

知识拓展

在Lightroom中，除了能将照片导出到硬盘、光盘及外部编辑器外，还能通过"图库"模块中的"发布服务"直接将调整好的照片从Lightroom导出到Behance、Facebook、Flichr这些专业图片服务网站的个人相册中。通过对"硬盘"发布设置可以将照片导出到一些共享文件夹。

第 11 章

幻灯片让作品更有魅力

本章内容主要是将解Lightroom如何利用"幻灯片放映"功能来给照片添加更多乐趣和魅力。在幻灯片中可以添加"器材""曝光度"等元数据文字,还能将制作好的幻灯片导出为动态播放的PDF文件、视频文件等。通过学习Lightroom的幻灯片放映功能,发现更多有意思的功能,让学习Lightroom变得更加乐趣无穷。

招式 135 幻灯片制作的基本流程

Q 幻灯片可以将作品的细节更好地进行展示,那么幻灯片制作的流程复杂吗?

A 幻灯片的制作流程可以根据展示的内容来设定,不同设置内容幻灯片所展示的内容也不一样。

1.在图库中选择照片

❶ 单击界面顶部的"图库"选项,进入"图库"模块。❷ 单击 "网格视图"按钮或在"胶片显示窗格"中按住 Ctrl 键,选择用于制作幻灯片的照片。

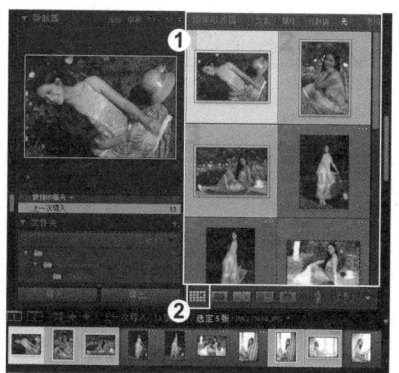

3.选择收藏夹

❶ 创建完收藏夹后,单击"幻灯片放映"选项,转到"幻灯片放映"模块。❷ 在"收藏夹"面板中,选择刚才创建的"人物"收藏夹。

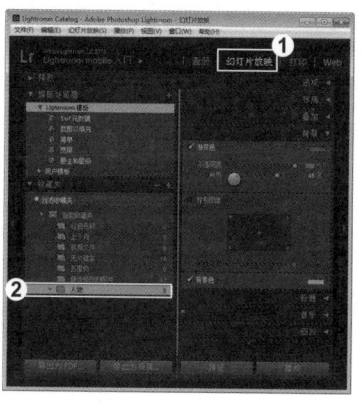

2.创建收藏夹

❶ 单击"收藏夹"右侧的加号图标(+),在弹出的菜单中选择"创建收藏夹"命令。❷ 在弹出的"创建收藏夹"对话框的"名称"文本框中输入相应的名称。

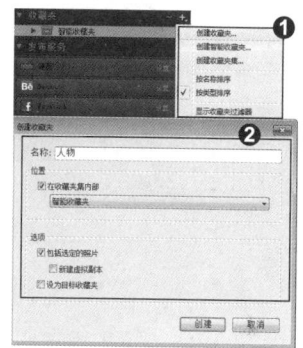

4.选择幻灯片放映模板

❶ 单击"幻灯片放映"左侧模板下方的"模板浏览器"前的小三角,展开"模板浏览器"面板。❷ 在展开的"模板浏览器"面板中,单击"Lightroom 模板"前的小三角,在展开的选项中单击"题注与星级"模板。

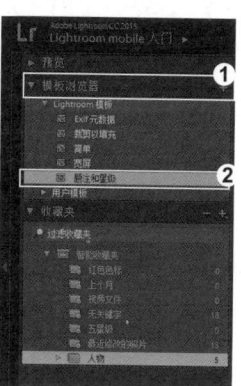

5.设置个性化幻灯片

可以利用界面右侧面板中的布局、叠加、背景等7种面板，调整幻灯片的播放效果。

6.预览或播放幻灯片

❶ 单击右侧面板中的"预览"按钮，在"幻灯片的编辑窗口"中显示幻灯片放映，❷ 单击"播放"按钮，在显示器上以全屏的演示的方式播放幻灯片。

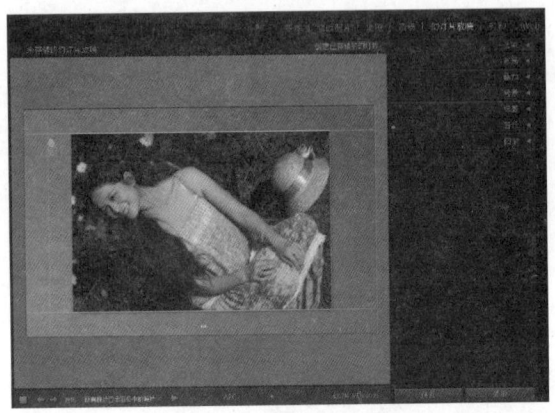

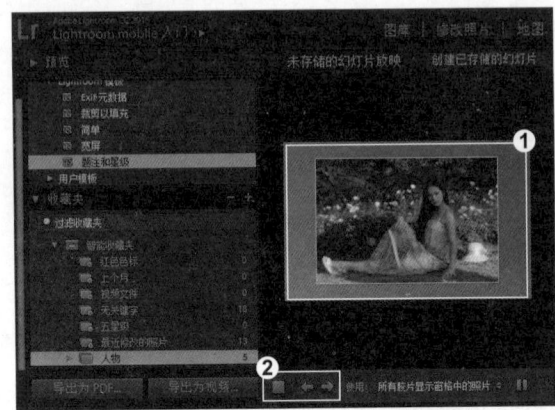

知识拓展

在"幻灯片放映"模块中，要指定演示的幻灯片的照片和文本布局。

❶"幻灯片编辑器"视图：用于显示和编辑幻灯片画面。

❷模板浏览器：模板浏览器中存放了多种放映幻灯片的模板，单击"EXIF元数据"等任一模板，就可以将其样式直接套用到新的幻灯片上。

❸预览窗口：模板浏览器中不同的模板样式在此窗口中都可以预览。

❹用于设置布局和回放选项的面板：界面右侧的7种面板都可以设置幻灯片的版面布局、背景颜色和播放时间等效果。

❺幻灯片的导出按钮：幻灯片制作完成后，单击该按钮可以导出为动态PDF和视频文件。

招式 136 幻灯片版面的调整

Q 在制作幻灯片时，为了更好地展示幻灯片的特殊效果，如何调整幻灯片版面？

A 在"模板浏览器"面板中选择一个需要的幻灯片放映模板，然后在"布局"面板上调整幻灯片的布局。

1.展开布局面板

❶ 单击界面顶部的"幻灯片放映"选项，进入"幻灯片"模块。❷ 在"幻灯片放映"模块的"模板浏览器"面板中任意选择幻灯片放映模板。❸ 单击"布局"右侧的小三角，展开"布局"面板。

2.同时调整所有边距

❶ 勾选"显示参考线"复选框，以显示边距参考线。❷ 单击"链接全部"前的小方框（小方框变为白色），拖曳任一边距滑块可同时调整所有边距并保持其相对比例不变。

3.单独调整某一边距

再次单击"链接全部"前的小方框，可单独调整某一边距，改变画面布局。

知识拓展

单击"幻灯片放映"选项，切换到"幻灯片放映"模块，在"收藏夹"面板中选择"人物"收藏夹，在胶片显示窗格中可以拖动照片设置排列顺序。

招式 **137** 给照片添加边框

Q 想为照片添加一个边框，丰富幻灯片的效果，该如何操作？

A 在"选项"面板上，勾选"绘制边框"复选框，还可以调整边框的颜色与宽度等选项。

1.进入幻灯片放映模块

❶ 在 Lightroom 中导入"招式 137"照片素材，单击"幻灯片放映"选项，切换至"幻灯片放映"模块。❷ 在右侧面板中展开"选项"面板，并勾选"绘制边框"复选框。

2.调整边框颜色和宽度

❶ 单击"绘制边框"的颜色框，打开"绘制边框颜色器"，在拾色区域中选择边框的颜色。❷ 拖曳"宽度"滑块以调整边框的宽度，还可以在其右侧直接输入调整的数值。

知识拓展

将鼠标指针放置在宽度文本框中，当光标变为形状时，左右拖动可以调整边框的宽度。

招式 **138** 幻灯片背景颜色的调整

Q 在调整背景颜色的时候，需要注意些什么？

A 如果在色彩搭配方面没有太多经验，那么要尽量选择和照片主色调一致的"背景颜色"，这样可以保证幻灯片画面协调。

1.展开背景面板

❶ 在 Lightroom 中导入"招式 138"照片素材，单击"幻灯片放映"选项，切换至"幻灯片放映"模块。❷ 单击"背景"右侧的小三角，展开"背景"面板。

2.设置幻灯片背景

❶ 在"背景"面板中勾选"背景色"复选框。
❷ 单击"背景色"后面的白色色块，打开"背景色"拾色器，在拾色器中选择合适的颜色。

知识拓展

在"背景"面板中除了可以为幻灯片添加单一颜色的背景，还可以添加渐变的背景颜色，既可以添加单一的渐变背景，也可以和"背景图像""背景色"结合使用。

招式 139 将图像设置为幻灯片背景

Q 在添加幻灯片背景时，使用单一的颜色作为背景特别单调，可以用好看的图像作为背景吗？

A 当然可以，勾选"背景图像"复选框，选择合适的图像拖入图像框内即可。

1.选择幻灯片模板

❶ 在 Lightroom 中导入"招式 139"照片素材，单击"幻灯片放映"选项，切换至"幻灯片放映"模块。❷ 单击左侧"模板浏览器"面板，选择合适的模板。

2.设置幻灯片背景

❶ 单击"背景"右侧的小三角，展开"背景"面板，在"背景"面板中勾选"背景图像"复选框。❷ 将图像从"胶片显示窗格"中直接拖曳到图像框中（图像框中有文字提示，很直观）即可。

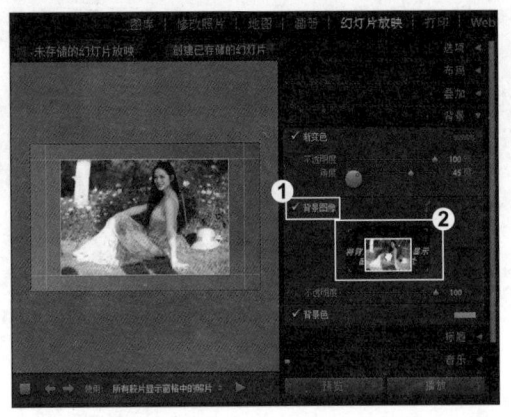

3.为图像背景添加投影效果

❶ 降低图像背景的不透明度，使效果更加协调。❷ 单击"选项"右侧的小三角，展开"选项"面板，勾选"投影"复选框，设置各项参数，为图像背景添加投影效果。

知识拓展

在"投影"选项中，"不透明"用来设置阴影的亮度或暗度；"位移"用来设置阴影到图像的距离；"半径"用来设置阴影边缘的硬度或软度；"角度"用来设置阴影的方向，转到旋钮或移动滑块可调整阴影的角度。

招式 140 为幻灯片添加身份标识

Q 想在照片上添加文字版权信息，该如何操作呢？

A 可以在幻灯片模块中勾选"身份标识"复选框，为照片添加文字版权信息。

1.打开身份标识编辑器

❶ 单击界面顶部的"幻灯片放映"选项，进入"幻灯片"模块。单击"叠加"右侧的小三角，展开"叠加"面板，勾选"身份标识"复选框。❷ 单击以选择要修改"身份标识"文字。单击"身份标识"下方的文本框。❸ 在弹出的菜单中选择"编辑"命令。

2.编辑文字

❶ 在弹出的"身份标识编辑器"对话框中输入文字"2017.5.11"，并选择合适的字体。❷ 单击对话框右侧的颜色框，打开"颜色"对话框，为"身份标识"选择颜色。❸ 单击"确定"按钮，关闭"颜色"对话框，在"身份标识编辑器"对话框中，单击"确定"按钮完成编辑。

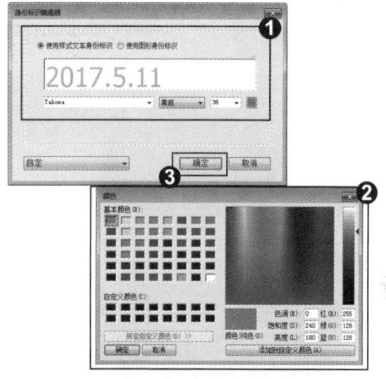

3.设置文字的大小和位置

❶ 将"身份标识"编辑区的"不透明度"设为"80%"，文字大小"比例"设为"20%"。❷ 在被激活的"自定文本"文本框中输入要添加的文字，完成后按 Enter 键，文字便被添加到幻灯片中。

 ## 知识拓展

除了可以为幻灯片添加文字的身份标识外，还可以添加图形身份标识。在"身份标识编辑器"对话框中，选中"使用图形身份标识"单选按钮，将编辑好的图形拖曳到空白位置，单击"确定"按钮即可为幻灯片添加图形身份标识。

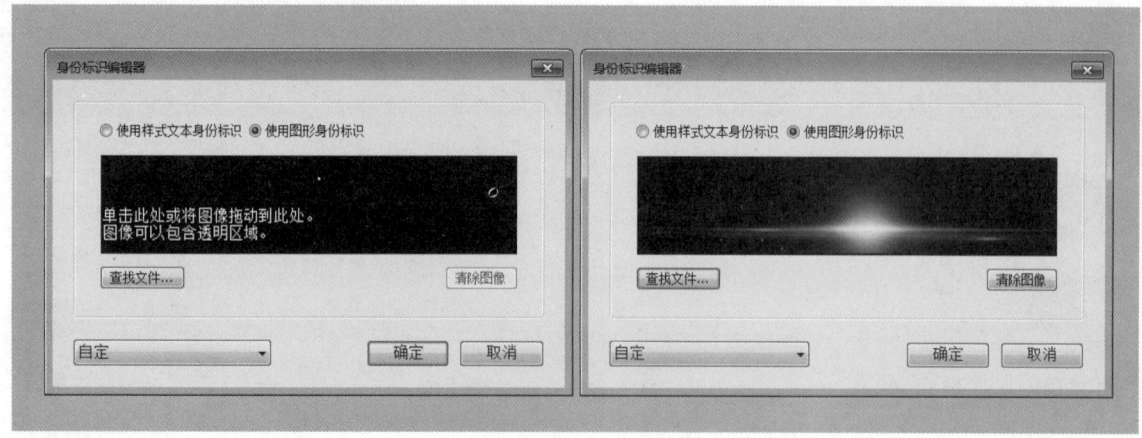

招式 141 添加其他文字到幻灯片中

Q 如何将"日期""序列"或"题注"添加到幻灯片中?

A 在"自定文本"的菜单中选择"日期""序列"或"题注"等选项,可以在幻灯片中添加相关的文字内容。

1.添加文字并设置属性

❶ 单击"幻灯片编辑窗口"下方工具栏上的 ABC 按钮,❷ 在被激活的"自定文本"文本框中输入要添加的文字,完成后按 Enter 键,文字便被添加到幻灯片中。❸ 勾选"叠加文本"复选框,激活其下选项,设置"不透明度""字体"等。

2.设置文字大小、内容并添加相关内容

❶ 单击要修改的文字,将鼠标指针放到编辑框的一个角点上,沿着对角线拖曳改变文字大小。❷ 在文字上单击,按住鼠标左键移动文字的摆放位置。❸ 单击"自定文本"右侧的双三角按钮,在弹出的菜单中选择"序列""日期"或"题注"等选项,在幻灯片中添加各种相关的文字内容。

知识拓展

　　从Lightroom 5开始，新增了"吸附定位"工具，即文本框旁边的灰色小方块，移动文字时该小方块可自动寻找画面的角点和重点，准确定位文字。在运用"吸附定位"功能时，吸附点设置在幻灯片外框上，那么文本将始终和幻灯片外框的距离保持一致，而不会与图像边缘的距离一致。如果吸附点设置在图像边缘，那么文本将始终和图像边缘距离保持一致，而不会与幻灯片外框的距离一致。二者在预览时没有区别，但在幻灯片播放时区别特别明显。

招式 142 将版面设置保存为模板

Q 对于当前设置好的幻灯片版面布局设计，如何将其保存到用户模板中？

A 单击"模板浏览器"右侧的"+"号图标，新建一个模板并且存储到用户模板中，方便以后随时套用。

1.打开"新建模板"对话框

❶ 单击"模板浏览器"右侧的"+"号图标。
❷ 在弹出的"新建模板"对话框中输入模板的名称，并存放在"用户模板"文件夹中。

2.保存模板

❶ 单击"创建"按钮，保存模板。❷ 下次套用时只需展开"用户模板"单击模板名称即可。

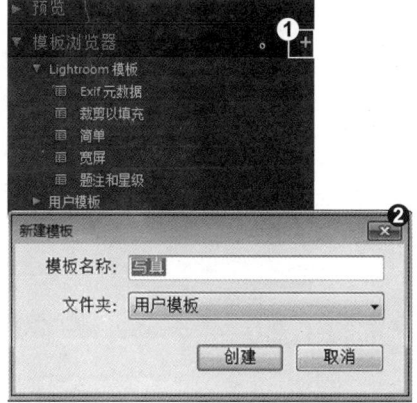

知识拓展

单击右侧面板中的"预览"按钮,在"幻灯片编辑窗口"中显示幻灯片放映;单击"播放"按钮,在显示器上以全屏演示的方式播放幻灯片。

招式 143 幻灯片换片和持续时间的设置

Q 幻灯片放映模式有几种?分别是哪几种?哪种可以设置幻灯片的换片和持续时间呢?

A 幻灯片放映模式有两种,分别是自动与手动,自动模式可以设置幻灯片的换片和持续时间。

1. 打开回放面板

❶ 单击界面顶部的"幻灯片"选项,进入"幻灯片"模块。单击"回放"右侧的小三角,展开"回放"面板,❷ 选择"幻灯片放映模式"为"自动"。

2.设置持续时间

❶ 将"幻灯片放映模式"的"幻灯片长度"设置为"4.0 秒",❷ "交叉淡化"时间设置为"2.5 秒"。

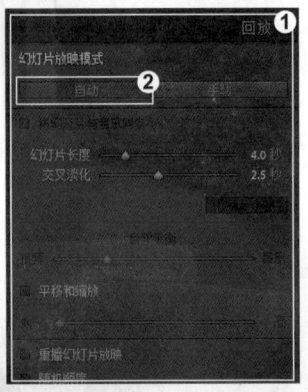

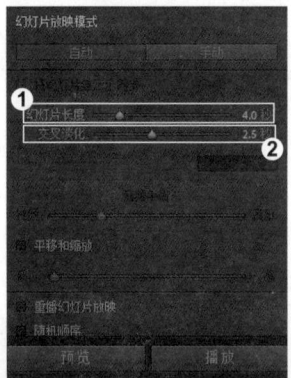

知识拓展

还可以在"幻灯片放映"模块的胶片显示窗格中选择用于幻灯片放映的照片。通过选择工具栏上的"使用:所有胶片显示窗格中的照片""使用:选定的照片""使用:留用的照片"3个选项实现。

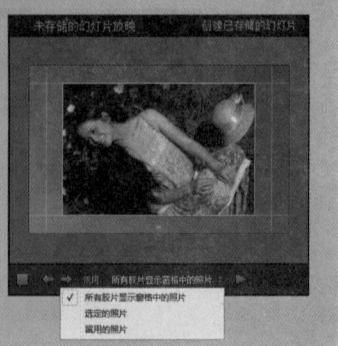

招式 144 为幻灯片添加片头和片尾

Q 为了让幻灯片的结构更加完整，如何给幻灯片添加片头标题和片尾说明？

A 在"标题"面板上勾选"介绍屏幕"与"结束屏幕"复选框，即可为幻灯片添加片头标题与片尾说明。

1. 设置介绍屏幕的背景颜色

❶ 单击"标题"面板右侧的小三角，展开"标题"面板，勾选"介绍屏幕"复选框。❷ 单击"介绍屏幕"右侧的条形色板，在弹出的拾色器中为介绍屏幕选定一种颜色。

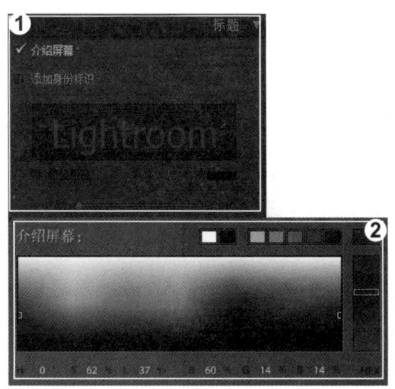

2.添加介绍屏幕文字

❶ 勾选"添加身份标识"复选框，单击"身份标识"区域中的文本框，在弹出的菜单中选择"编辑"命令。❷ 在弹出的"身份标识编辑器"对话框中输入文字，设置"字体"与"字号"。

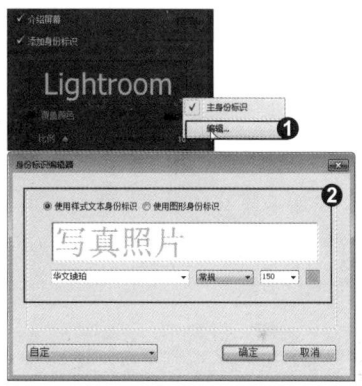

3.设置覆盖颜色和文字大小

❶ 勾选"覆盖颜色"复选框，❷ 在弹出的颜色拾色器的对话框中设置颜色为白色，将文字大小"比例"设置为"80%"。

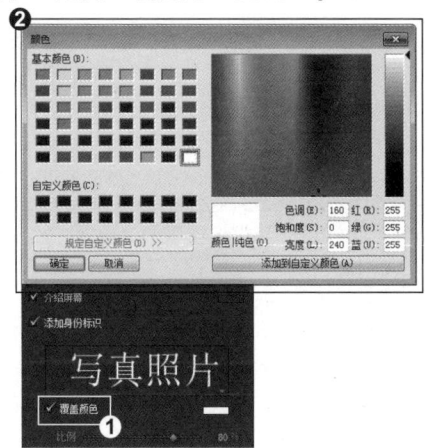

4.添加结束屏幕的文字

❶ 勾选"结束屏幕"复选框后，❷ 按照前面添加片头文字的方法添加片尾文字。

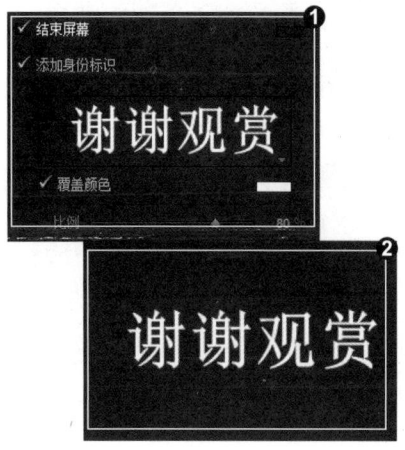

 **知识拓展**

如果在色彩搭配方面没有太多经验，那么要尽量选择和照片主色调一致的"背景颜色"，这样可以保证幻灯片的协调。另外，黑色、白色和灰色都是常用的背景色，需要强调的是，背景是为了衬托凸显照片的，颜色一定不能太鲜艳、抢眼。

 招式 **145** 在幻灯片中添加背景音乐

Q 想在幻灯片中添加优美动听的音乐，有什么办法可以实现吗？

A 在"音乐"面板上添加一个音乐文件即可为幻灯片添加音乐。

1. 展开"音乐"面板

❶ 单击界面顶部的"幻灯片"选项，进入"幻灯片"模块。展开"音乐"面板，并单击"启用音频"按钮，❷ 单击"音乐"面板右侧的"+"（加号）按钮。

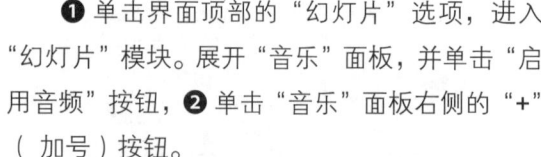

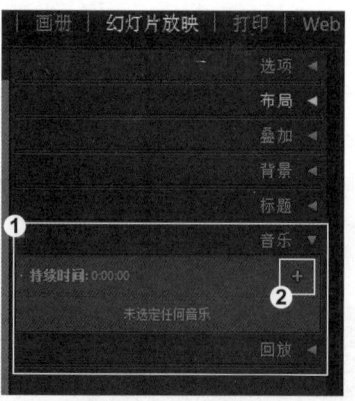

2. 添加音乐文件

❶ 在弹出的"选择要播放的音乐文件"对话框中选择一个音乐文件，❷ 单击"选择"按钮，完成添加音乐。设置完成后，当再次播放幻灯片时就可以听到刚刚加入的悦耳动听的音乐了。

 **知识拓展**

Lightroom 6.7中，右侧有一个音乐面板，可以直接在该面板中添加音乐，而在Lightroom5中需要展开"回放"面板，勾选"音频"选项，单击"选择音乐"按钮，在打开的对话框中选择音乐，单击"打开"按钮可以导入音乐。音乐导入后，"音频"下方将出现歌曲的名称和播放时间，如果想要幻灯片放映的持续时间长短和歌曲的播放时间长短一致，可以单击"按音乐调整"按钮。

招式 146　在收藏夹中存储幻灯片

Q 在Lightroom中可以将自己设置的幻灯片进行存储吗?

A 将当前幻灯片存储到收藏夹中,这样不仅可以将设计模板进行存储还可以将幻灯片中的所有元素都进行存储。

1. 创建已存储的幻灯片

单击 Lightroom 中幻灯片编辑窗口右上角的"创建已存储的幻灯片"按钮。

2.给幻灯片命名

在打开的"创建幻灯片放映"对话框中,为存储的幻灯片命名并选择存储位置。

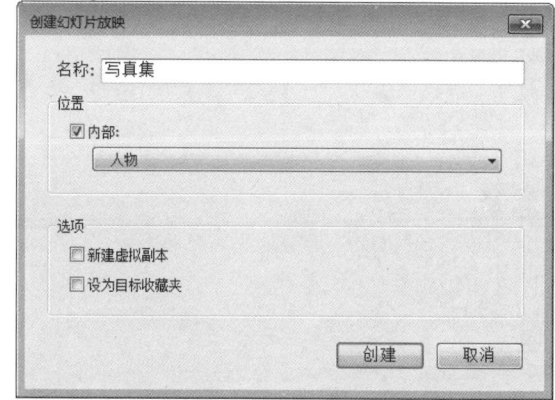

知识拓展

存储完成后展开"收藏夹"面板,在指定的存储位置可以看到刚才的幻灯片,在它的前面会有一个特殊的徽标,这表示它是一个存储的幻灯片文件。只要双击收藏夹中的这个幻灯片文件,就可以立即转到"幻灯片放映"模块,并放映此幻灯片。

招式 147 将幻灯片导出为 PDF 文件

Q PDF格式是一种什么样的格式？有什么特点？

A PDF是一种电子文件格式。PDF文件格式可以将文字、字型、格式、颜色及独立于设备和分辨率的图形图像等封装在一个文件中。该格式文件还可以包括超文本链接、声音和动态影像等电子信息，支持特长文件，集成度和安全可靠性都较高。

1. 导出为PDF文件

❶ 完成幻灯片的制作后，单击界面顶部的"幻灯片放映"选项，进入"幻灯片放映"模块。
❷ 单击"预览"面板下方的"导出为PDF"按钮。

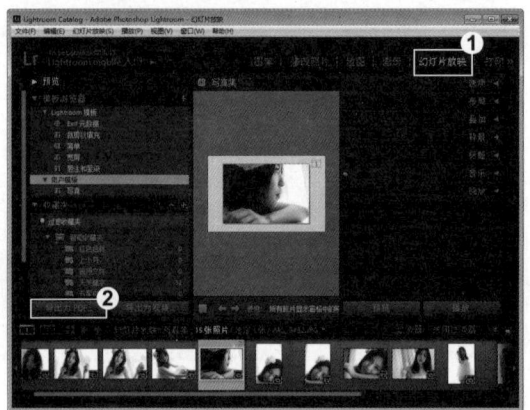

2.设置PDF格式

❶ 在弹出的"将幻灯片放映导出为 PDF 格式"对话框中将"品质"设置为"90%"，"通用尺寸"设置为"屏幕"，并勾选"自动显示全屏模式"复选框。
❷ 在"文件名"下拉列表框中为导出的幻灯片命名。

知识拓展

　　PDF全称Portable Document Format，译为"便携文档格式"，是一种电子文档格式。其特点是文件格式与操作系统平台无关，也就是说，PDF文件在Windows、UNIX和苹果公司的Mac OS操作系统中都是通用的。

招式 148 将幻灯片导出为 MP4 视频文件

Q 将幻灯片导出为PDF文件后，发现背景音乐无法播放，该怎么处理这个问题呢？

A 将制作好的幻灯片导出为MP4格式的视频文件，就可以在任何支持MP4格式的设备上观看幻灯片。

1. 导出为MP4视频文件

❶ 单击界面顶部的"幻灯片"选项，进入
"幻灯片"模块。单击"预览"面板下方的"导
出为视频"按钮。❷ 在弹出的"将幻灯片放映
导出为视频"对话框中，输入文件名。

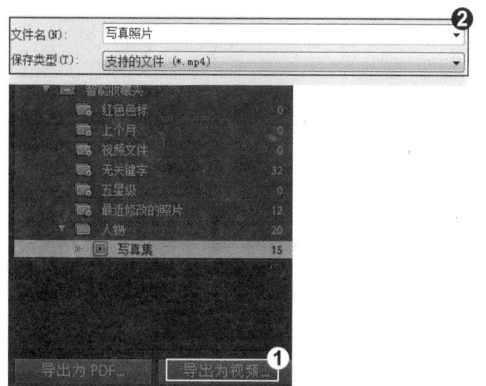

2.设置保存参数

❶ 在"视频预设"选项中选择导出视频的
预设尺寸。❷ 在"保存在"下拉列表中选择视
频的保存位置。❸ 单击"保存"按钮，系统便
自动开始转换导出。

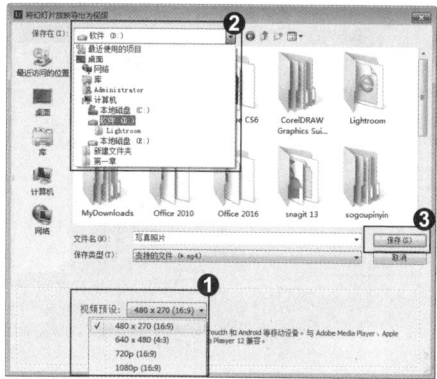

知识拓展

在导出幻灯片时，Lightroom图标右侧会出现导出进度条，如果同时有多个进度条并列，表示正在
同时执行多个导出任务。如果要放弃导出，单击进度条右侧的小叉图标，导出任务结束。

招式 149 将幻灯片导出为 JPEG 文件

Q 幻灯片除了可以导出为PDF格式和MP4视频格式外，还可以导出其他的格式吗？

A 还可以将幻灯片导出为静态JPEG格式图片，便于打印和传输幻灯片。

1. 导出为JPEG文件

❶ 在菜单栏中单击"幻灯片放映"|"导
出为 JPEG 幻灯片放映"命令。❷ 在弹出
的"幻灯片放映导出为 JPEG 格式"对话
框中将"品质"设置为"100%"，宽度设
置为"1440"，"高度"设置为"900"，
"通用尺寸"设置为"屏幕"。

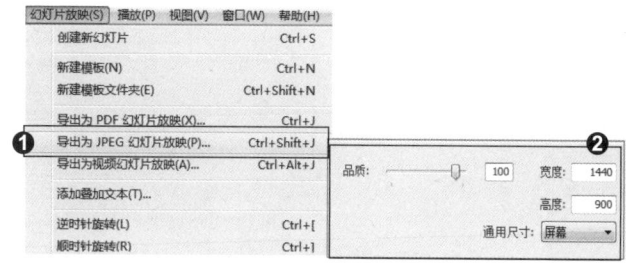

2.设置保存参数

❶ 在"文件名"下拉列表框中为导出的幻灯片输入名称。❷ 在"保存在"下拉列表中选择幻灯片的保存位置。❸ 单击"保存"按钮后，系统将幻灯片转换导出。

知识拓展

除了执行命令将幻灯片导出为PDF格式、JPEG格式和MP4格式外，还可以按Ctrl+J快捷键将幻灯片导出为PDF格式；按Ctrl+Shift+J快捷键将幻灯片导出为JPEG格式；按Ctrl+Alt+J快捷键将幻灯片导出为MP4格式。

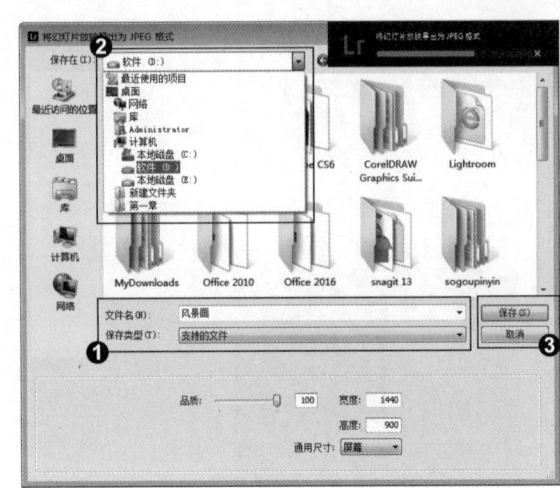

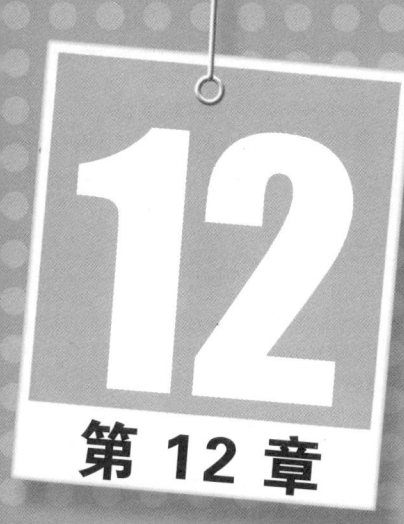

12

第 12 章

画册与 Web 画廊的独特呈现

画册与Web画廊模板在Lightroom中有着举足轻重的位置。画册模板可以将照片设定为不同模式的画册，并打印出来，而Web画廊模板可以指定网站的布局，建立属于自己的网络画廊，通过本章的学习，可以快速掌握画册及Web画廊的建立与发布，让学习Lightroom变得生动有趣。

招式 150 认识"画册"模板

Q "画册"模板的主要功能是什么？它又是由哪几个区域组成的呢？

A "画册"模板的功能是把照片进行排版并制作成画册。"画册"模板由预览窗口、收藏夹编辑窗口、画册设置面板、清除画册与创建已存储的画册组成。

1.预览窗口与收藏夹

❶单击界面顶部的"画册"选项，进入"画册"模板。在"预览"窗口中可以查看图片。❷收藏夹是显示目录中的收藏夹。

2.编辑窗口与画册设置面板

❶编辑窗口用于画册的显示和编辑。❷可以在画册设置面板上设置画册照片的版式布局等选项。

3.清除画册与创建已存储的画册

❶单击"清除画册"按钮，可以清除画册中的图片。❷单击"创建已存储的画册"按钮，可以将当前的画册存入收藏夹中。

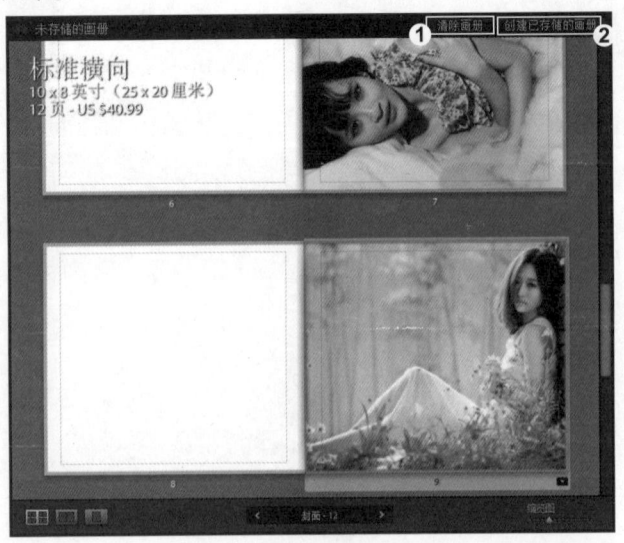

 知识拓展

　　如果更换画册中的照片，❶可以将照片选中，从胶片显示窗格中拖曳到"画册"面板上，❷即可将显示的照片更换掉。

招式 151　不同视图模式的预览

Q 在画册中该怎样进行视图模式转换呢？分别有哪几种视图模式？

A 可以单击图标转换视图模式。分别有多页视图、跨页视图与单页视图三种视图模式。

1.多页视图(换图)

❶ 选择画册工具栏中的  ▦（多页视图），❷ 可以查看 Lightroom 已经导入的所有照片的缩览图。

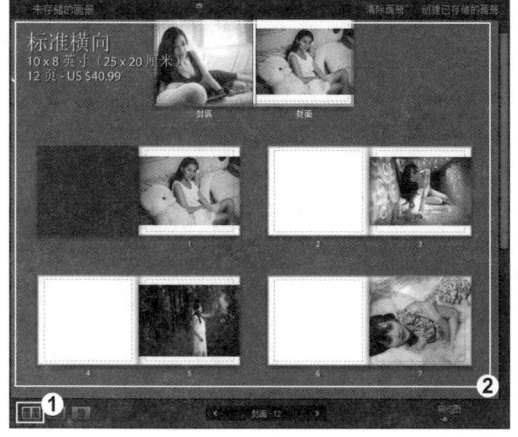

2.跨页视图

❶ 选择画册工具栏中的 ▦（跨页视图），❷ 可以在视图窗口中查看多张照片的效果。

3.单页视图

❶ 选择画册工具栏中的 （单页视图），
❷ 可以在视图窗口中查看单张照片的效果。

知识拓展

"画册"模板中，❶ 在"预览"面板上选择"适合"选项，会以适合的比例显示图像；❷ 选择1:1选项，会以1:1比例显示图像；❸ 选择4:1选项，则以4:1的比例显示图像。

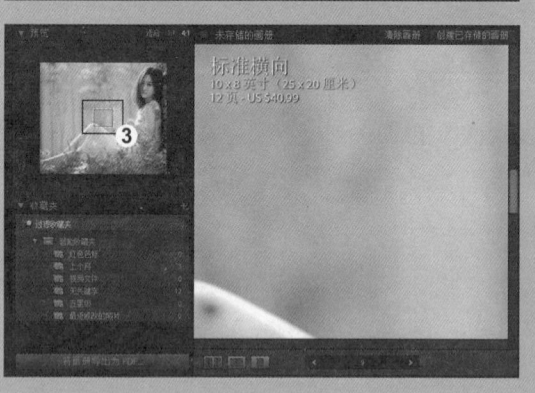

招式 152 画册首选项设置

Q 想要制作一个自定义画册，应如何操作？

A 选择"画册首选项"命令，然后设置相应的参数即可自定义画册。

1.打开画册首选项对话框

❶ 单击右侧面板的"画册"|"画册首选项"命令，❷ 在弹出的对话框中勾选"开始新画册时自动填充"复选框。

2.编辑首选项

❶ 在"布局选项"选项组中设置"默认照片缩放"为"缩放以填充"，❷ 在"文本选项"选项组中设置"文本框填充为"为"填充文本"。

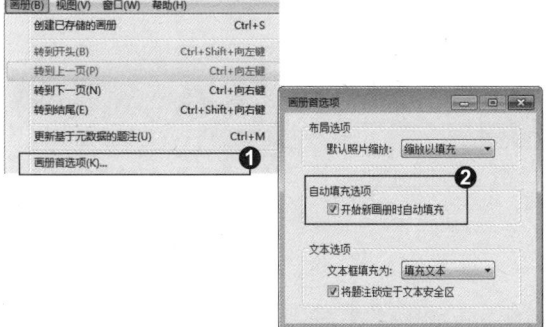

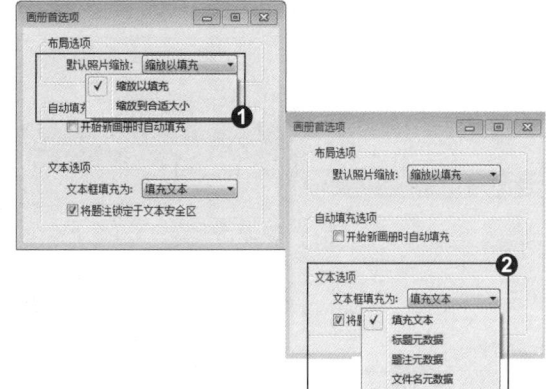

知识拓展

在"画册"模板中，❶画册主面板的画册上显示感叹号时，则代表该画册的分辨率与系统设置的分辨率不相符合，❷单击选中该画册，此时画册上出现缩放滑块，拖曳滑块可以取消感叹号。❸在画册主面板的工具栏上拖动"缩览图"滑块，缩小的是画册的大小而不是图像的大小。

 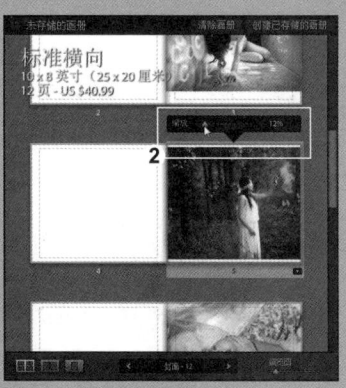 

招式 153　画册基础设置

Q 在制作画册时，如何设置画册的大小和纸张类型？

A 在"画册设置"中设置画册的大小和纸张类型即可。

1.展开画册设置面板 ------------------

❶ 展开"画册设置"面板，选择"大小"为"标准横向"，❷ 在"画册设置"面板上，选择"封面"类型为精装版图片封面。

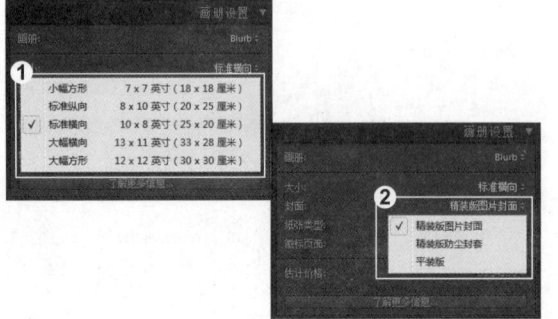

2.设置画册 --------------------------------

❶ 展开"画册设置"面板，选择"纸张类型"为"高级光泽纸"，❷ 在"画册设置"面板上，选择"徽标页面"为"开启（折扣价）"。

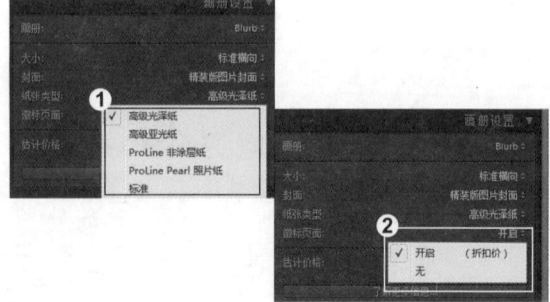

知识拓展

　　展开"画册设置"面板，单击"画册"后边Blurb上下三角形可以打开菜单。选择Blurb选项，可以将画册发送到Blurb中（Blurb为国外的一个网站，目前中国不支持该网站，一般情况下不使用该类型）；选择PDF选项，可以将画册导出为PDF格式；选择JPEG选项，则将画册导出为JPEG格式。

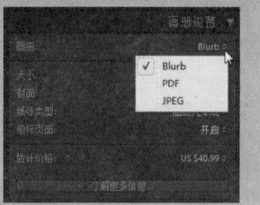

招式 154 自动布局与页面的调整

Q 画册的页面不整齐，除了手动调整画册外，还有其他方法吗？

A 当然有，选择"自动布局"，自动调整页面。自动布局功能比较强大。

1.展开自动布局面板 ------------------

❶ 单击"自动布局"右侧的小三角，展开"自动布局"面板。❷ 选择"预设"的类型为"每页一张照片"。

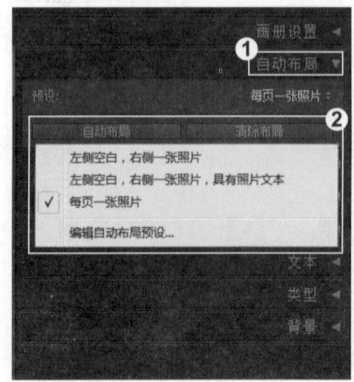

2.调整页面

❶ 展开"页面"面板，勾选"页码"复选框，❷ 单击图形中间的"+"号图形，在"修改页面"的菜单栏上选择"1 张照片"。

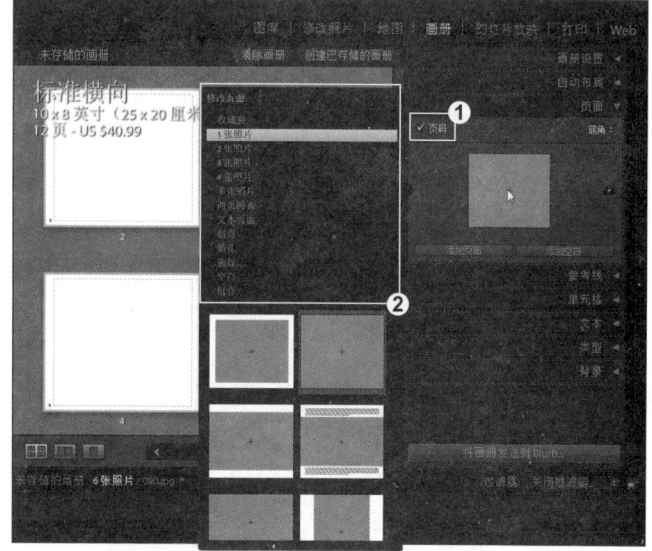

知识拓展

❶展开"页面"面板，单击小方框后的 ▾ 图标，可以打开"修改页面"选项；❷或者是选中某个画册，单击画册右下角的 ▾ 图标，也可以打开"修改页面"选项。

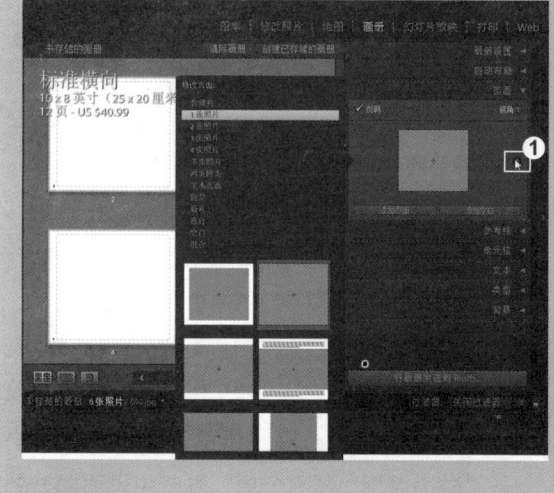

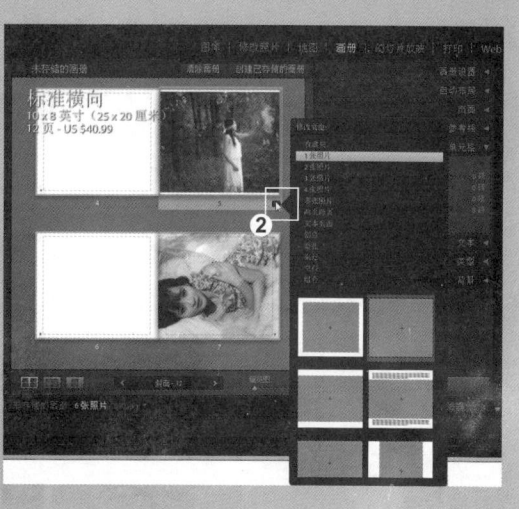

招式 155　参考线与单元格的设定

Q 在制作个性画册时，如何缩小或放大画册里面的照片？

A 选择照片单元格，然后设置边距的参数即可改变单元格大小。

1.设置参考线

❶ 展开"参考线"的面板,勾选"显示参考线"复选框,❷ 在"显示参考线"面板中勾选"页面出血""文本安全区"与"照片单元格"复选框。

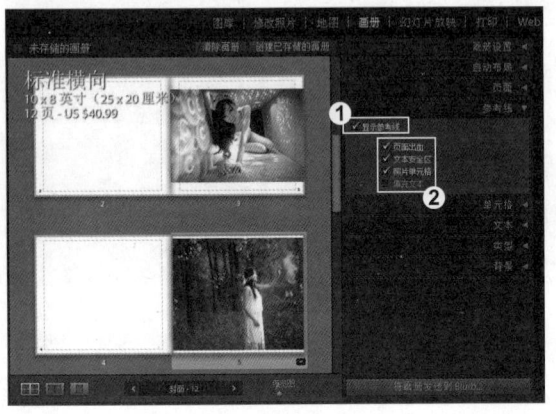

2.设置单元格

❶ 展开"单元格"面板,选中"链接全部"复选框,设置边距的参数。❷ 若取消选中"链接全部"复选框,将取消链接,可分别设置"左""右""上""下"边距的参数。

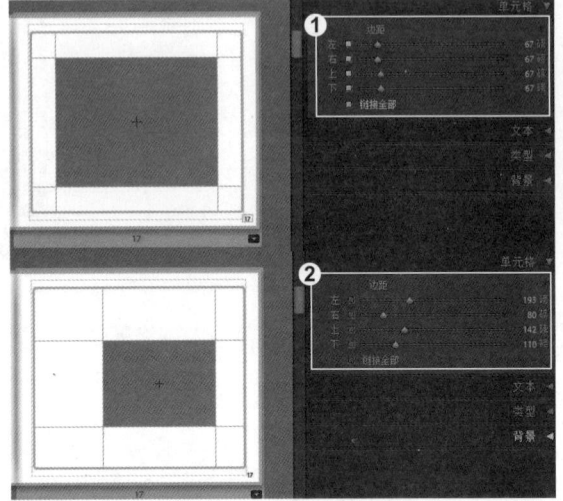

知识拓展

在画册主面板中,按住Ctrl键选择不相邻的画册或是按住Shift键连续选择画册后,拖动"单元格"面板下的边距,可以同时设置多张画册的边距。

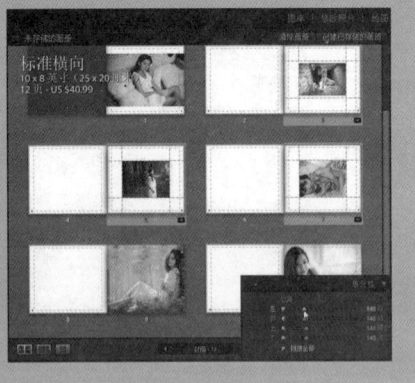

招式 156 文本、类型和背景设置

Q 想制作一个有个性的画册,该怎么制作呢?

A 可将画册面板上的文本、类型与背景都设置成自己喜欢的、个性化的画册。

1.设置文本

❶ 展开"文本"的面板，勾选"照片文本"复选框。❷ 选择"自定设置"下拉菜单上的"编辑"命令，在弹出的"文本模板编辑器"对话框中输入文字。

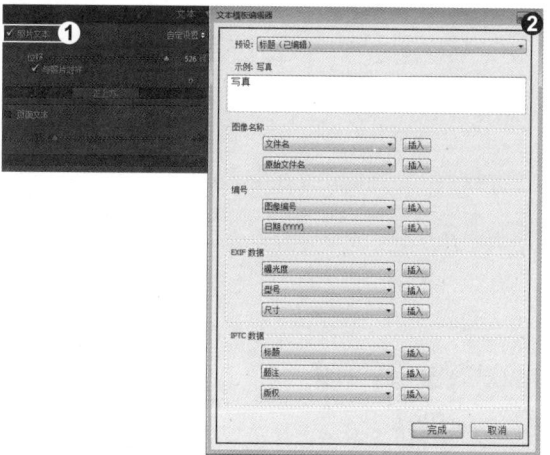

2.设置类型

❶ 单击"类型"右侧的小三角，展开"类型"面板。❷ 设置"字符"的颜色为黑色，"大小"为 42 磅，不透明度为 83%。

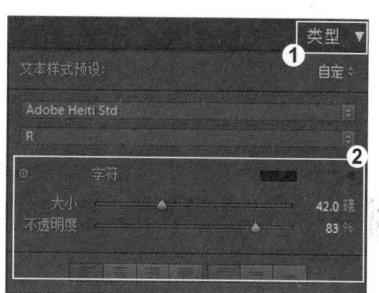

3.设置背景

❶ 展开"背景"面板，勾选"背景色"复选框，设置图像的"不透明度"为 20%，❷ 在弹出的背景色的拾色器上选择一种颜色。

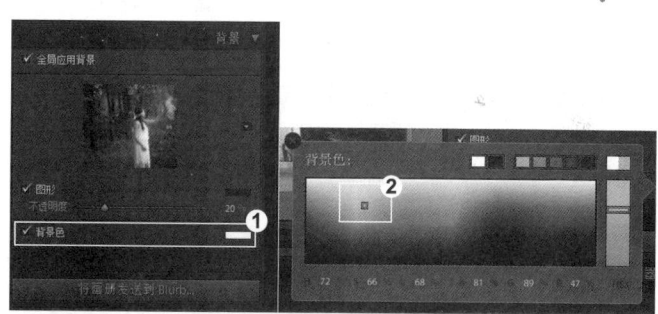

知识拓展

❶将画册上的图像拖曳至"背景"面板下方的白色小方框上，❷可以为全部画册添加相同的应用背景。❸在"背景"面板应用背景小方框上右击，选择"删除照片"命令，即可将所添加的应用背景全部删除。

招式 157 存储与导出画册

Q 想把制作好的相册存储到指定的位置并且导出，该怎么做呢？

A 单击"创建已存储的画册"按钮，就可以将相册存储到指定的位置，单击"将画册导出为PDF"按钮，完成导出。

1.存储画册

❶ 单击"创建已存储的画册"按钮，❷ 在弹出的创建画册的对话框中输入名称。单击"创建"按钮完成创建。

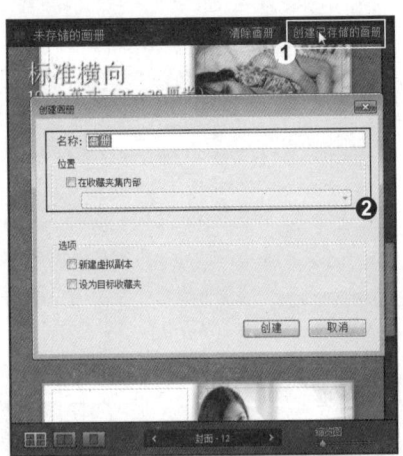

2.导出画册

❶ 单击"将画册导出为 PDF"按钮，❷ 选择一个存储的路径，输入文件名，单击"存储"按钮，完成导出画册。

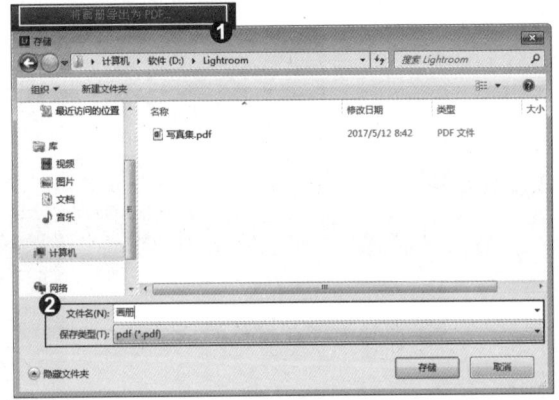

 **知识拓展**

展开"自动布局"面板，❶单击┇图标，在弹出的菜单中选择"编辑自动布局预设"选项，❷在弹出的"自动布局预设编辑器"对话框中，单击"1张照片"后的下拉按钮，可以根据自己的需要选择合适的画册。

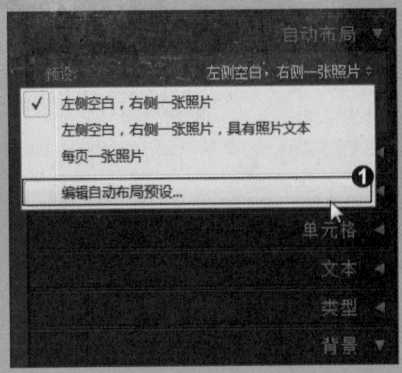

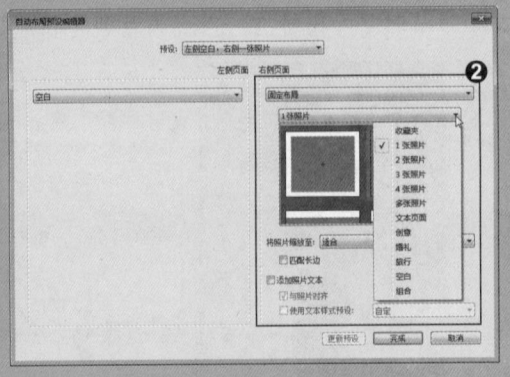

第 12 章　画册与 Web 画廊的独特呈现

招式 **158** 认识 Web 模块

 **Q** Web模块的主要功能是什么？它又是由哪几个区域组成的呢？

A Web模块可以创建出一个属于自己的网页画廊，由预览窗口、模板浏览器、收藏夹、编辑窗口、网页设置面板、预览与创建已存储的Web画廊组成。

1.了解预览窗口与模板浏览器

❶ 预览窗口可以预览"模板浏览器"中的不同模板样式。❷ "模板浏览器"包括了 5 种不同网页画廊模板。

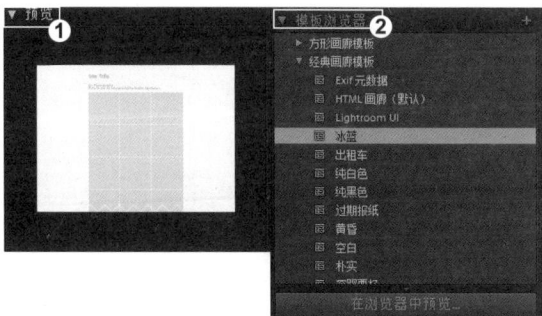

2.编辑窗口与网页设置面板

❶ 编辑窗口用于网页画廊的显示和编辑。
❷ 网页设置面板可以设置网页照片的版面布局等选项。

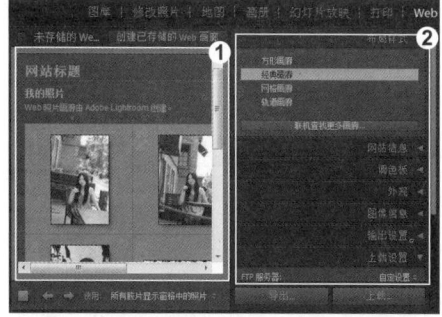

3.预览与创建已存储的Web画廊

❶ 单击"在浏览器中预览"按钮，可以在浏览器中预览网页画廊的效果。❷ 单击"创建已存储的 Web 画廊"按钮，可以将当前的 Web 画廊存入收藏夹中。

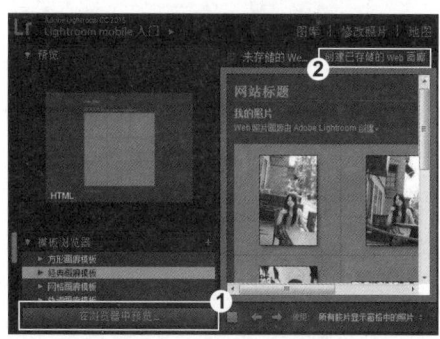

知识拓展

❶单击"模板浏览器"后的➕图标，弹出"新建模板"对话框，❷设置新建模板的名称，可以新建一个自定义模板。

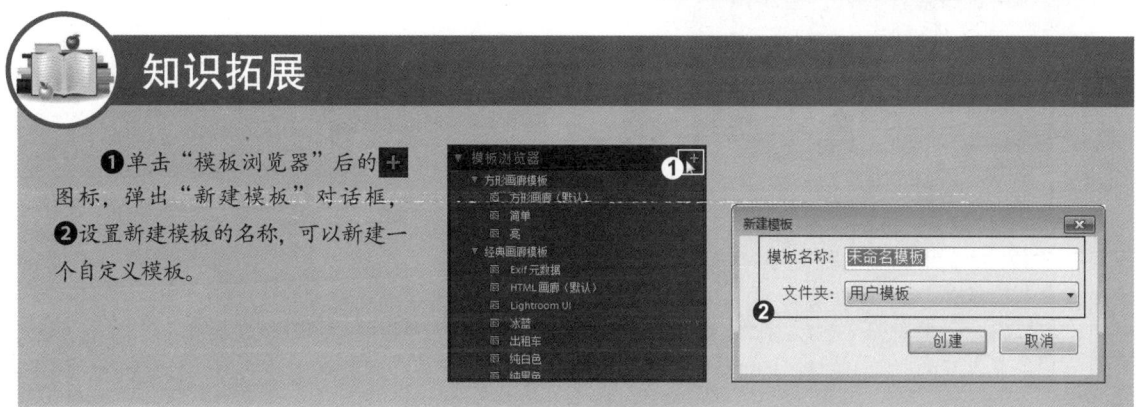

招式 159 创建 Web 画廊的基本流程

 对Web模块有了一定的了解之后，创建Web画廊的基本流程是什么？

 首先选择照片，然后创建收藏夹、排列照片的顺序，再选择布局模板，填写网站相关信息，最后预览Web画廊。

1.选择照片

❶ 单击"图库"选项，进入"图库"模块，
❷ 在网格视图或胶片显示中按住 Ctrl 键，选择多张照片并用于 Web 画廊。

2.创建收藏夹

❶ 单击"收藏夹"右侧的图标(＋)，选择"创建收藏夹"命令。❷ 在弹出的对话框的"名称"文本框中输入名称。❸ 勾选"包括选定的照片"复选框，单击"创建"按钮，完成收藏夹的创建。

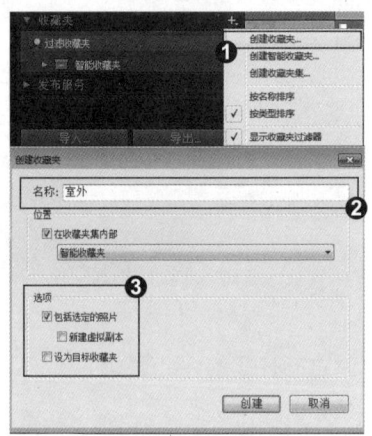

3.设置照片的排列顺序

❶ 单击 Web 选项，进入 Web 模块，展开"收藏夹"的面板，单击"室外"收藏夹。❷ 在胶片显示窗格中拖曳照片并进行重新排序。

4.选择预设模板

❶ 单击 Web 模块中预览窗口下方的"模板浏览器"选项。❷ 在展开的"模板浏览器"面板中，单击"Lightroom 模板"左侧的小三角，展开预设页面布局，选择一种模板。

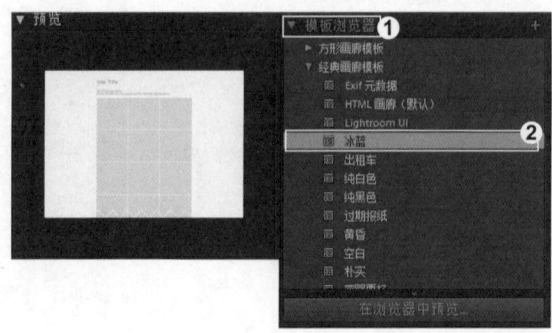

5.填写网站信息

❶ 展开"网站信息"面板,在"网站标题""收藏夹标题"和"收藏夹说明"栏中输入文字。
❷ 在"Web 或 Email 链接"中输入电子邮件与地址。

6.进行输出设置

❶ 在"输出设置"的面板中,勾选"添加水印"与"锐化"复选框。❷ 选择"大图像"中的"品质"设为"70%","元数据"设为"仅版权"。

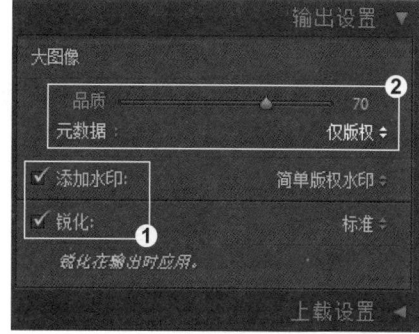

知识拓展

创建其他Web照片画廊时,可以单击"网站标题""收藏夹标题""收藏夹说明""联系信息"及"Web或Email连接"旁的三角形,从弹出的菜单中选择这些预设。

★★★★★ 招式 160 调整 HTML 画廊的布局

Q 想制作一个属于自己的HTML画廊,可以自定义一个模板吗?

A 当然可以,可为画廊指定特定的要素,如改变画廊布局、添加文本与身份标识。

1.选择布局样式

❶ 单击"布局样式"右侧的小三角,展开"布局样式"面板。❷ 在"布局样式"面板中,选择"经典画廊"。❸ 单击"外观"右侧的小三角,展开"外观"面板。

2.改变外观面板1

❶ 在"外观"面板中,勾选"显示单元格编号"复选框,❷ 在"网格页面"中单击,设置页面显示照片的行数和列数。❸ 勾选"向照片添加阴影"复选框。

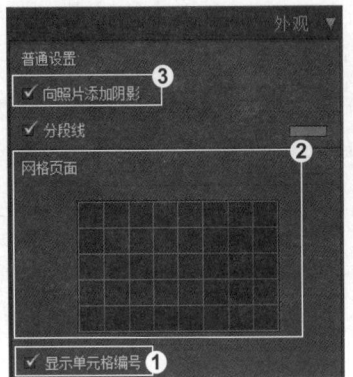

3.改变外观面板2

❶ 勾选"分段线"复选框,添加水平分段线;单击其右边的色块打开拾色器,设置分段线颜色。❷ 勾选"照片边框"复选框,为照片添加边框;单击其右边的色块打开拾色器。设置边框颜色。❸ 设置"图像页面"的"大小"为"450像素",设置"照片边框"的"宽度"为"1像素"。

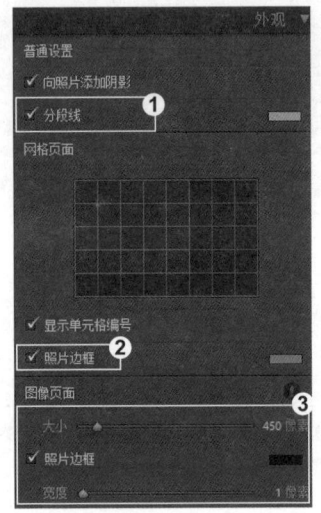

知识拓展

从Lightroom CC 2015/Lightroom6开始,移除了对Flash画廊的支持。

招式 **161** 更改 HTML 画廊的颜色

Q 可以根据自己的喜好随意更改HTML画廊各部分的颜色吗?

A 当然可以,在Web模块下的"调色板"面板中可以随意更改各部分的颜色。

1.更改文本、背景等的颜色

❶ 在展开的"布局样式"面板中选择"经典画廊"。❷ 展开"调色板"面板并单击"文本"右侧的色块,在弹出的文本拾色器中选择一种颜色。利用同样的方法更改"背景""单元格""网格线""编号"的颜色。

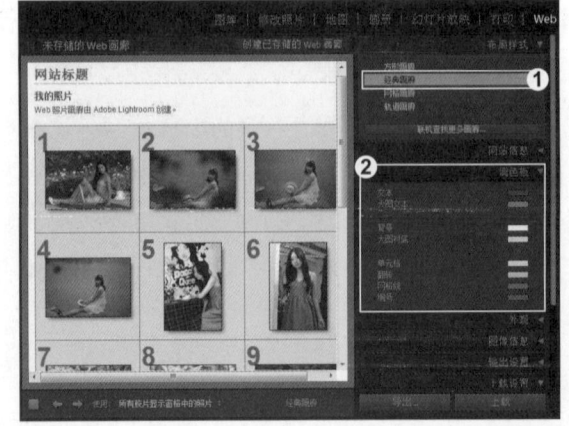

2.设置"身份识别"的字体等

❶ 在展开的"网站信息"面板中勾选"身份标识"复选框。❷ 单击"身份标识"下方的文本框，在弹出的菜单中选择"编辑"命令。❸ 在弹出的身份标识编辑器中设置"字体""字体大小"与"字体颜色"。

3.查看效果

HTML 画廊调整后的效果在编辑窗口中显示。

知识拓展

❶单击HTML画廊中的任意照片，可切换至照片放大页面。❷在右侧"调色板"中设置"大图文本""大图衬底"等颜色，可更改放大页面的颜色。

  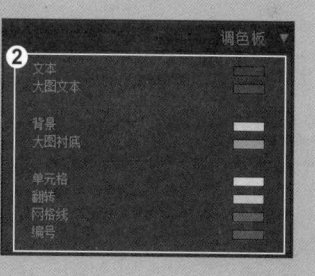

招式 162 存储并应用自定义 Web 画廊

Q 自定义的Web画廊可以根据需要存储为不同的用户预设模板，如果下次需要使用时，该怎么办呢？

A 只需要在"模板浏览器"面板中单击该模板的名称即可将其应用到当前页面上。

1.设置名称及存储位置

❶ 在左侧面板的"模板浏览器"面板中，单击"+"图标。❷ 弹出"新建模板"对话框，在对话框中输入"名称"及存储位置。

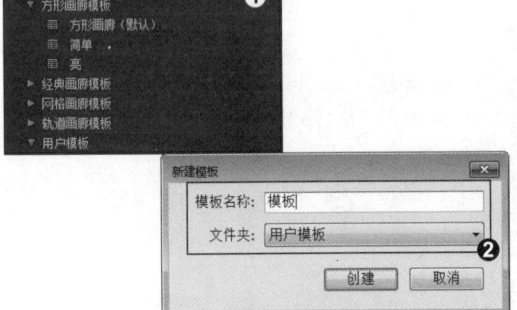

2.应用存储的模板

❶ 单击"创建"按钮即可将当前的画廊布局样式存储为用户模板。❷ 导入"招式162"文件中的素材，在"用户模板"中单击之前存储的模板名称，即可将其应用到当前Web画廊中。

知识拓展

在"Web模块"中，可以修改以前保存的任意模板，并用修改后的结果更新原模板并保存下来。在"模板浏览器"面板中单击保存的模板，在右侧的"调色板""外观""图像信息"等面板中修改Web画廊布局样式（包括颜色搭配）。修改完成后，右击"模板浏览器"面板中保存的模板名称，在弹出的菜单中选择"使用当前设置更新"选项，即可用当前的修改设置更新模板。

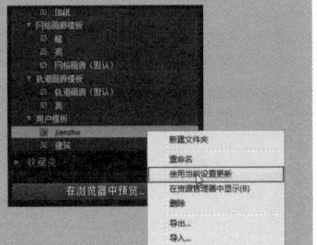

★★★★ 招式 163 预览 Web 画廊

Q 做好Web画廊后，如何预览？

A Web画廊制作完成后，单击Web画廊面板上的"在浏览器中预览"按钮即可预览画廊。

1.创建已存储的Web画廊

❶ 单击编辑窗口右上角的"创建已存储的Web 画廊"按钮，❷ 在弹出的对话框中为存储的 Web 画廊命名，并选择"内部"位置存储。

 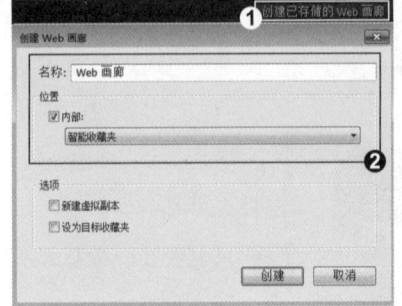

2. 预览Web画廊

❶ 单击"创建"按钮，将当前的 Web 画廊存储到"收藏夹"面板中的"智能收藏夹"中。单击编辑窗口左下方的"在浏览器中预览"按钮后，❷Lightroom 创建的 Web 画廊会在默认浏览器中生成预览。

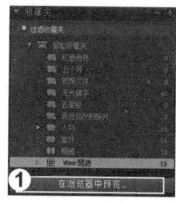
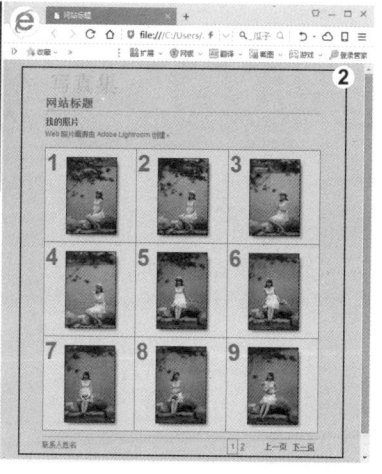

知识拓展

Web画廊制作完成后，可以将其以导出的方式存储到磁盘，也可以使用Lightroom中的FTP上载的功能将画廊上载到Web服务器（网络空间）。

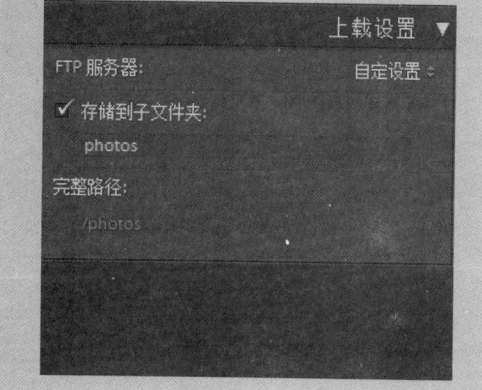

招式 164 导出 Web 画廊

Q 如何导出已经制作好的Web画廊？

A Web画廊制作完成后，单击Web画廊面板上的"导出"按钮即可导出画廊。

1.设置"品质"参数

❶ 单击"输出设置"右侧的小三角，展开"输出设置"面板，❷ 在"大图像"区域拖曳"品质"滑块到最右侧。在"元数据"选项中选择"仅版权"或"全部"。

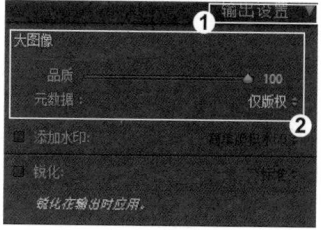

2.设置"添加水印"和"锐化"参数

❶ 勾选"添加水印"复选框后，选择添加水印内容。选择添加"简单版权文印"，在页面图像的左下角将显示版权信息。❷ 将"锐化"设置为"标准"。

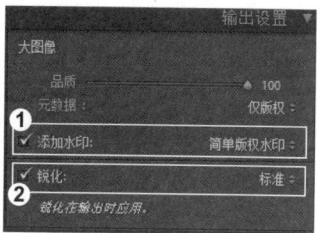

3.存储Web画廊

❶ 单击"导出"按钮，将弹出"存储 Web
画廊"对话框。❷ 在其中指定一个存储位置，
并在"文件名"下拉列表框中输入保存的文件名，
单击 "保存"按钮，即可完成整个操作。

知识拓展

如果对某个模板不满意，可以选择删
除该模板。❶ 删除方法一：右击"模板浏览
器"面板中保存的模板，在弹出的快捷菜单
中选择"删除"命令，此模板被删除；❷ 删
除方法二：在左侧面板中的"模板浏览器"
面板中，选择保存的模板，单击"-"图标，
即可删除所选模板。

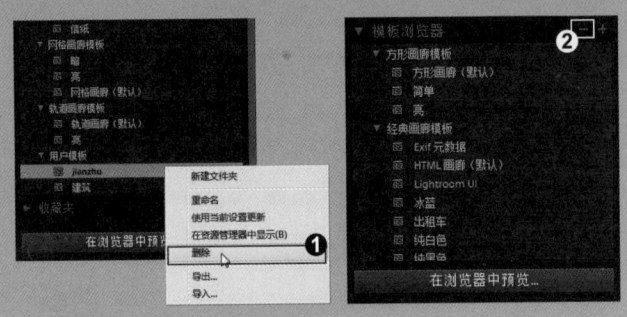

 招式 **165** 上传 Web 画廊

Q 如何将已经制作好的Web画廊上传到网络空间？

A Web画廊制作完成后，使用Lightroom中的FTP上载功能将画廊自动上传到Web
服务器。

1.上载设置

❶ 展开"上载设置"面板后，单击"FTP
服务器"选项中的"自定设置"，在弹出的下
拉列表中选择"编辑"选项。❷ 在弹出的"配
置 FTP 文件传输"对话框中，设置各项参数，
单击"确定"按钮，❸ 在"上载设置"面板中
可以看到上传的完整路径。

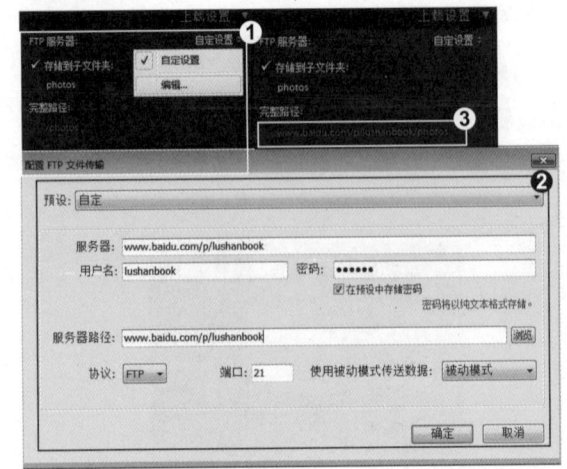

2. Web画廊的上载

❶ 单击"上载"按钮，软件将开始自动向指定的网站或网络空间上传 Web 画廊。❷ 可以在 Lightroom 的左上角看到上传的进度条，等待上载完成后即可查看上载的 Web 画廊。

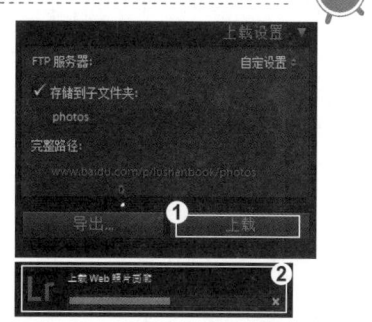

知识拓展

　　使用Lightroom中的导出和上载功能可以将制作的Web照片画廊存储为包含HTML文件、图像文件等Web相关信息的文件夹，以便照片的浏览和查看。

13 第 13 章

打印知识尽在掌握

　　Lightroom 集成了多种专业且易用的打印设置，本章主要将解如何利用Lightroom "打印" 出满意的作品，通过本章的学习，既可以掌握打印版面、打印锐化、设置打印分辨率的知识，又能多了解一些打印色彩的相关知识。

★★★★
招式 166 "打印"模块界面展示

Q "打印"模块的主要功能是什么？它又是由哪几个区域组成的呢？

A "打印"模块可以指定在打印机上打印照片和照片小样。"打印"模块分别由预览窗口、模板浏览器、收藏夹、打印页面编辑窗口、打印设置面板、"打印"按钮与"页面设置"按钮组成。

1. "打印"模块展示界面1

❶单击页面顶端的"打印"选项，进入"打印"模块。预览窗口显示模板的布局。❷模板浏览器用于选择或预览要打印照片的布局。❸收藏夹用于显示目录中的收藏夹。❹打印页面编辑窗口用于显示和编辑。

2. "打印"模块展示界面2

❶图像设置选项用于设置打印的缩放填充、边框等。❷单击"打印"按钮可以打印输出照片。❸单击"页面设置"按钮，可以设置页面的打印属性。

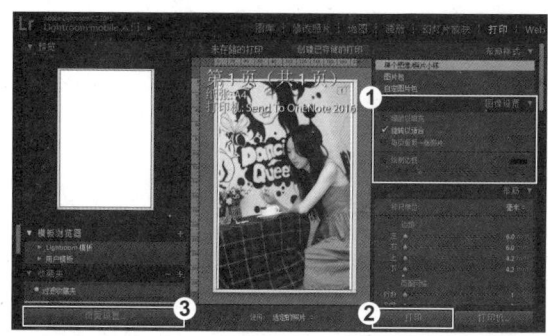

知识拓展

在Lightroom的"打印"模块中，版面的布局主要通过两个面板来调整，分别是"图像设置"面板和"布局"面板。❶在"胶片显示窗格"中选择几张横竖不同的照片，❷在"模板浏览器"面板中选择"2×2四方格"打印布局模板。❸展开"图像设置"面板，在其中勾选"缩放以填充"复选框后，照片被放大至充满每个单元格，但是有部分图像被裁掉。❹勾选"旋转以适合"复选框后，照片被旋转90°，生成了适合每个单元格的最大图像。

招式 167 利用预设模板实现快速打印

Q 想快速打印出照片，有什么好的方法吗？

A 直接利用预设模板可以进行快速打印。

1.选择打印照片

❶ 单击界面顶部的"图库"选项，进入"图库"模块。❷ 在"图库"模块的"网格视图"下按住 Ctrl 键选择要打印的照片。单击界面顶部的"打印"选项，进入"打印"模块。

2.选择布局模板

❶ 在"打印"模块中，单击"模板浏览器"左侧的小三角，展开"模板浏览器"面板，选择"自定重叠 ×3 横向"页面布局模式。❷ 勾选"图片设置"面板中的"旋转以适合"复选框。

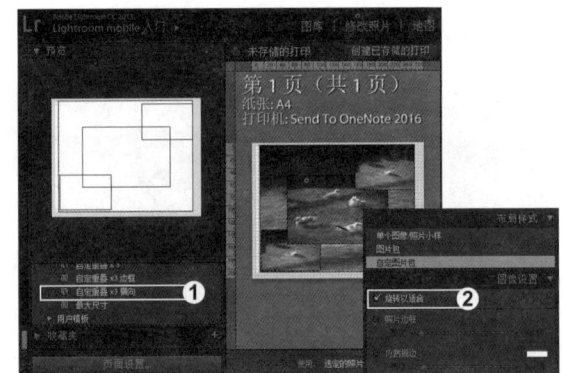

3.打印照片

❶ 单击"打印"按钮，打开"打印"对话框。❷ 在"打印"对话框中设置打印机的"名称"为 Microsoft XPS Document Writer，"打印范围"设置为"全部"，打印的"份数"为"1"。单击"确定"按钮，即可按照设定的页面布局进行打印输出。

 **知识拓展**

❶勾选"每页重复一张照片"复选框后，版面将按照"旋转以适合"的方式布局，但是页面上的每个单元格都是同一张照片。❷勾选"绘制边框"复选框后，单击其右侧的色块，在打开的"绘制边框拾色器"中选择颜色，拖动"宽度"滑块，可以调整边框的宽度。

招式 168　了解辅助设计面板

Q 在Lightroom中查看图片的出血线、边距、装订线、页面网格等辅助元素，该如何操作呢？

A 可以在辅助面板中查看这些元素，但是要注意选择合适的打印页面，不同的页面显示的辅助元素也不尽相同。

1.显示辅助元素

导入"第 13 章 \ 素材 \ 招式 168"中的照片素材，❶单击"打印"标签，进入"打印"模块。❷在"打印"模块右侧面板中单击"布局样式"左侧的三角形按钮，展开下拉面板，在展开的面板中选择"单个图像 / 照片小样"选项。❸单击"参考线"，展开"参考线"面板，在"参考线"，面板中勾选"显示参考线"复选框，可以选择是否显示标尺、页面出血、边距与装订线、图像单元格及尺寸。

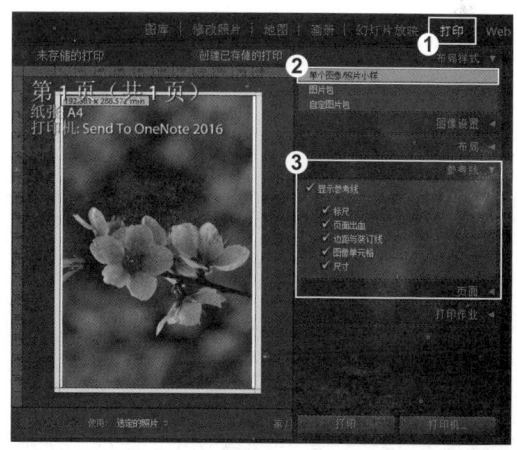

2.变换辅助设计面板

❶在"布局样式"面板中单击"图片包"，❷原"参考线"面板变为"标尺、网格和参考线"面板，勾选"显示参考线"复选框，可以选择是否显示标尺、页面出血、页面网格、图像单元格和尺寸，还可以指定标尺的测量单位、网格对齐的方式，以及指定是否在出血布局中显示图像尺寸。

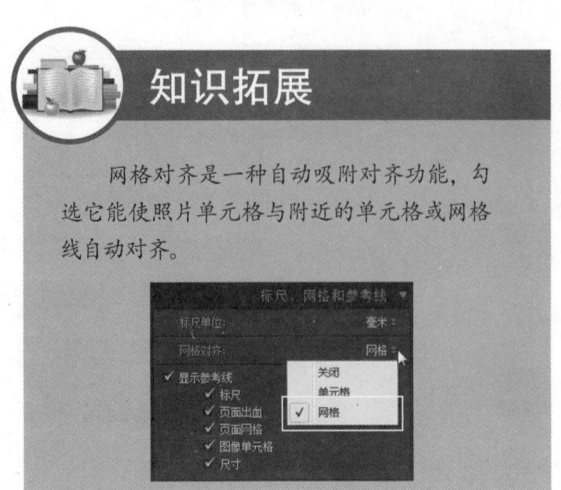

知识拓展

网格对齐是一种自动吸附对齐功能，勾选它能使照片单元格与附近的单元格或网格线自动对齐。

 **招式 169** 在打印面板中添加照片

Q 想在打印面板中添加照片，有什么方法可以实现吗？

 A 只有在"图片包"或"自定图片包"布局样式下可以添加照片，选择这两个布局样式中的一个，直接将胶片显示窗格中的照片拖到空白单元格中，完成添加照片。

1.选择布局模板

导入"第13章\素材\招式169"照片素材，选择该照片，单击"打印"标签，切换至"打印"模块。❶ 在"布局样式"面板中选择"图片包"，❷ 在"模板浏览器"面板中，选择(1)4×6，(6) 2×3 布局模板。

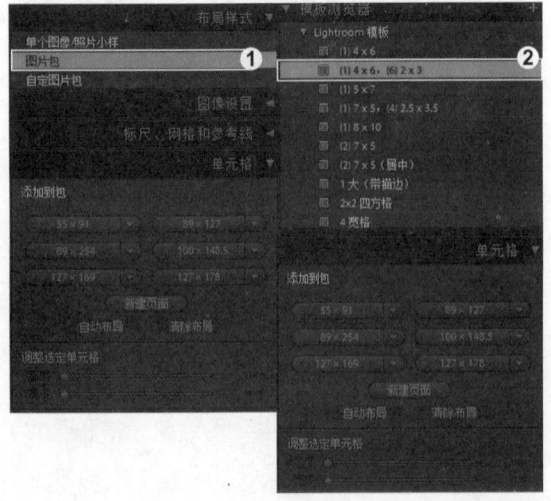

2.设置参数

单击"单元格"右侧的小三角，展开"单元格"面板。❶ 在"添加到包"区域中单击55×91按钮。❷ 系统会向当前的版面中添加一张尺寸为 91mm×55mm 的照片。如果当前版本中没有足够的空间容纳这一尺寸照片，系统会自动建立一个新页面摆放它。

3.添加照片

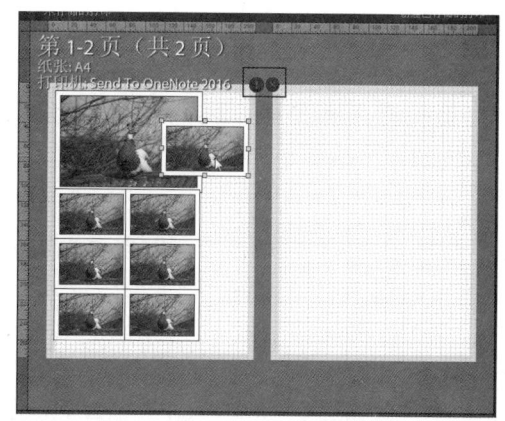

将新建页面中的图片用鼠标拖到当前版面中，此时如果页面右上角出现"感叹号"图标，表示当前页面中有照片重叠。将照片移动到页面中的空白位置，"感叹号"图标就会消失不见。

知识拓展

❶如果选择了"自定图片包"这种布局样式，版面中将显示一些空的单元格，❷可以直接将胶片显示窗格中的照片拖到空白单元格中，以此方式在版面中添加照片。当然，选择"图片包"布局样式后，也可以这样操作。

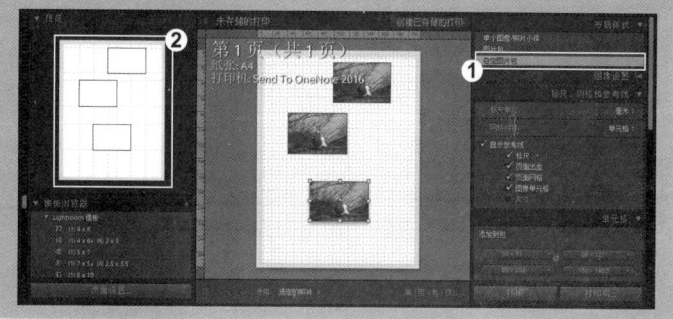

 招式 **170** 调整照片尺寸并旋转

Q 要想把照片旋转放正，有什么方法可以实现？

A 在照片上右击，选择旋转单元格，即可将照片放正。

1.旋转图片并改变大小

❶ 右击照片单元格，在弹出的快捷菜单中选择"旋转单元格"命令旋转照片。❷ 将鼠标指针放在单元格边框的任意一点上按住鼠标左键并拖曳，改变图片大小。

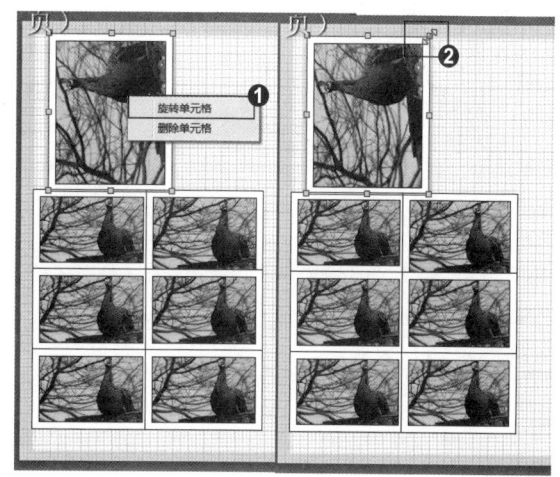

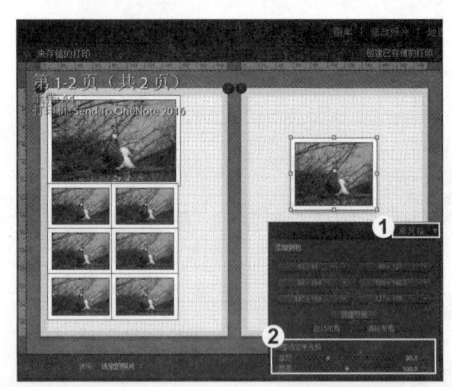

2.调整单元格的大小

❶ 展开"单元格"面板，❷ 在"调整选定单元格"区域中将"高度"设置为 80mm，将"宽度"设置为 100mm。单击"新建页面"按钮，此时选择的图片可以放置在新建页面上。

知识拓展

❶ 单击页面中的某张照片，然后在"调整选定单元格"区域中查看它的"高度"和"宽度"数值。❷ 单击选中另一张照片，在"调整选定单元格"区域中以相同的数值设置照片的"高度"和"宽度"，可以让页面中某些照片的尺寸和另一张照片的尺寸一样。

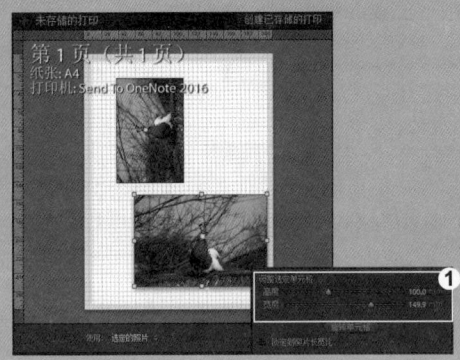
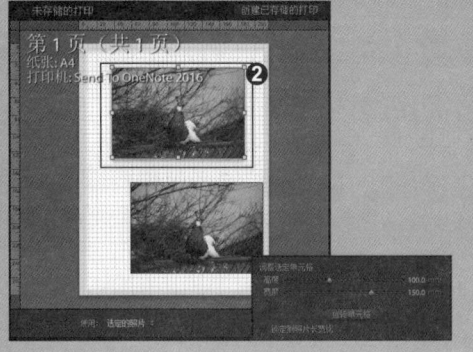

招式 171 在打印面板中删除照片

Q 在打印面板中多出一张照片，想将其删除，有什么办法可以解决吗？

A 在当前打印面板中，右击要删除的照片单元格，在弹出的快捷菜单中选择"删除单元格"命令即可删除所选照片。

1.删除照片

在照片单元格上右击，在弹出的快捷菜单中选择"删除单元格"命令，即可删除照片。

2.删除所有照片

展开"单元格"面板，单击"清除布局"按钮，即可删除打印版面中的所有照片。

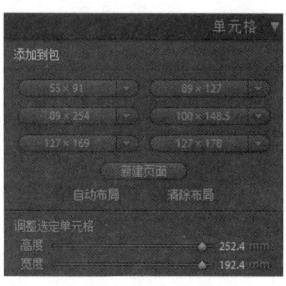

知识拓展

❶单击"预览"面板右上角的"缩放此页"按钮，打印页面将被放大，可以用鼠标拖曳查看不同的页面。❷如果想删除打印页面，单击页面左上角的圆形小叉图标即可。

专家提示

有多个页面时，"缩放此页"选项才显示，如果只有一个页面则不会显示该选项。

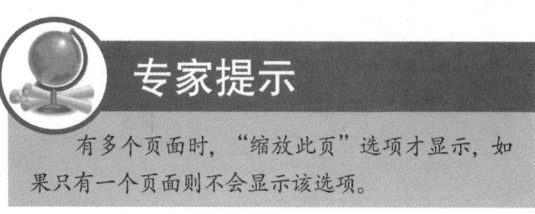

招式 **172** 在打印版面中添加"身份标识"

Q 想在打印面板中添加"身份标识"，应如何操作？

A 打开"身份标识编辑器"，输入文字即可为打印面板添加"身份标识"。

1.展开页面面板

❶ 在"模板浏览器"面板中，选择"（2）7×5（居中）"布局面板，❷在右侧面板中单击"页面"右侧的小三角，展开"页面"面板，勾选"身份标识"复选框。

2.添加身份标识

❶ 单击"身份标识"下方的文本框，在弹出的菜单中选择"编辑"命令，❷ 在打开的"身份标识编辑器"对话框中输入文字，选择合适的字体、颜色，单击"确定"按钮。

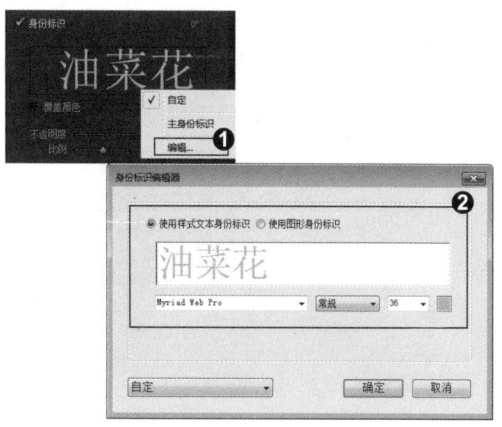

3.设置不透明度与比例

❶ 将添加的"身份标识"文字拖曳到打印页面中合适的位置。❷ 设置"不透明度"为"50%",比"比例"为"20%"。

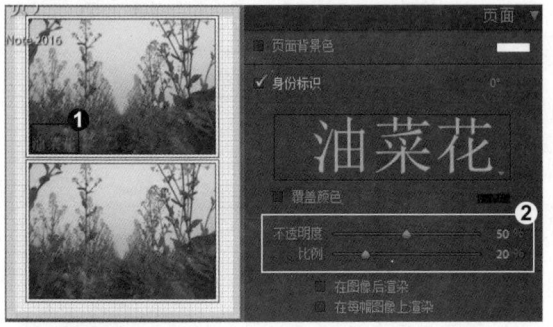

知识拓展

单击"身份标识"右侧的角度文字,即可在弹出的菜单中选择相应的旋转角度。

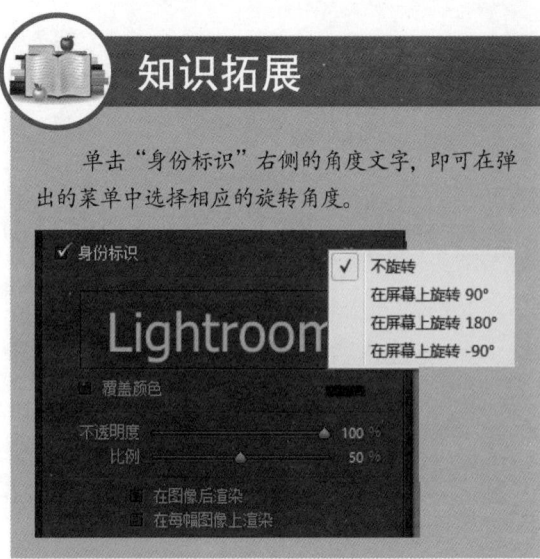

招式 173 页面信息和元数据的添加方法

Q 想在照片中显示更多信息,以便以后查看,该如何操作?

A 选择添加页面信息和元数据即可。

1.添加页面信息

❶ 在右侧面板中单击"页面"左侧的小三角,展开"页面"面板,勾选"页面选项"复选框。❷ 勾选"页面选项"下的"页面信息"和"页码"复选框。在打印面板的底部出现了一篇小字,显示出相关的打印信息。

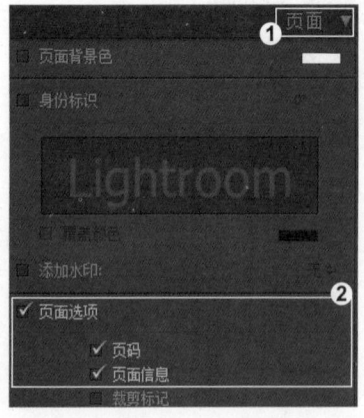

2. 添加元数据

❶ 勾选"照片信息"复选框,单击右侧的"器材",弹出相关项,观察画面,❷ 照相机和镜头的相关信息都显示出来了。

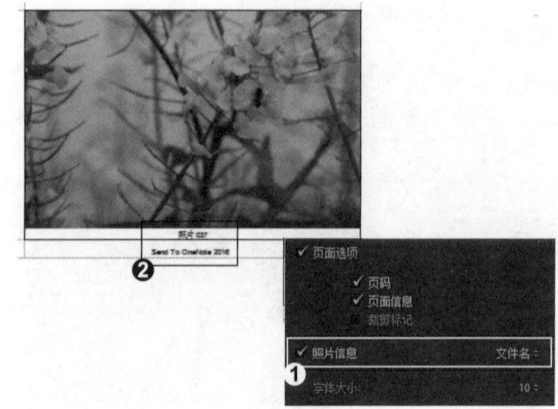

知识拓展

　　展开"页面"面板，❶勾选"添加水印"复选框，单击"无"选项后的图标，弹出菜单，选择"编辑水印"命令，❷打开"水印编辑器"对话框，在对话框中可以添加文本或图形的水印，❸单击"存储"按钮即可在打印页面上添加水印。

招式 174 打印分辨率和打印锐化的设置

Q 打印出来的照片分辨率太低，很模糊，有什么方法能够更改照片的分辨率?

A 选择打印分辨率，将分辨率的数值设置为300ppi，并进行锐化设置，打印出来的照片就不会模糊了。

1.勾选"打印分辨率"复选框

　　❶ 单击"打印作业"右侧的小三角，展开"打印作业"面板，并选择"打印到：打印机"。❷ 勾选"打印分辨率"复选框，默认情况下打印分辨率为"240ppi"，将其设置为 300ppi。

2.设置打印分辨率和锐化值

　　❶ 勾选"打印锐化"复选框，在其右侧弹出的菜单中选择"低"锐化。❷ 设置"纸张类型"为"高光纸"。

 知识拓展

　　"打印作业"面板中提供了两种打印方式："打印到：打印机"和"打印到：JPEG文件"。前者可以将Lightroom中已经设计好的打印版面输出为JPEG文件，以便于传送到专业服务商处输出。后者可以分别设置文件分辨率、打印锐化和JPEG压缩品质。此外，还可以调整打印版面的尺寸（在改变打印页面的宽度与或高度时，页面中照片的相对比例会发生变化，但还是照片实际的尺寸没有改变），指定RGB ICC配置文件和色彩渲染方式。

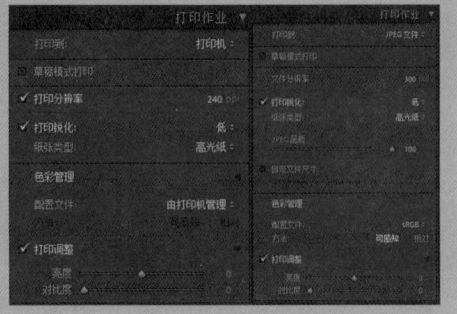

招式 175 打印面板中的色彩管理的设置

Q 当各项打印参数都已经设置完成，准备打印的时候，可以对颜色管理进行设置吗？

A 可以，如果要使用为特定打印机和纸张组合创建的自定打印机颜色配置文件，Lightroom 将自定义色彩管理，否则，将由打印机进行管理。

1.展开"打印作业"面板

❶ 在未根据配置文件转换图像的情况下，将图像数据发送到打印机驱动程序时，单击"打印作业"选项，展开面板。❷ 在弹出的面板中选择"由打印机管理"选项。

2.选择颜色配置文件

❶ 在弹出的菜单中选择"其他"选项，❷ 打开"选择配置文件"对话框，在弹出的对话框中选择颜色配置文件。

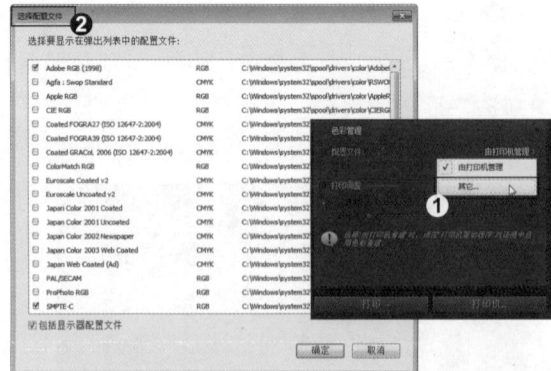

3.应用颜色配置文件

❶ 单击"确定"按钮关闭对话框，此时再次单击"由打印机管理"选项，❷ 在弹出的菜单中选择所列出的特定 RGB 配置文件。

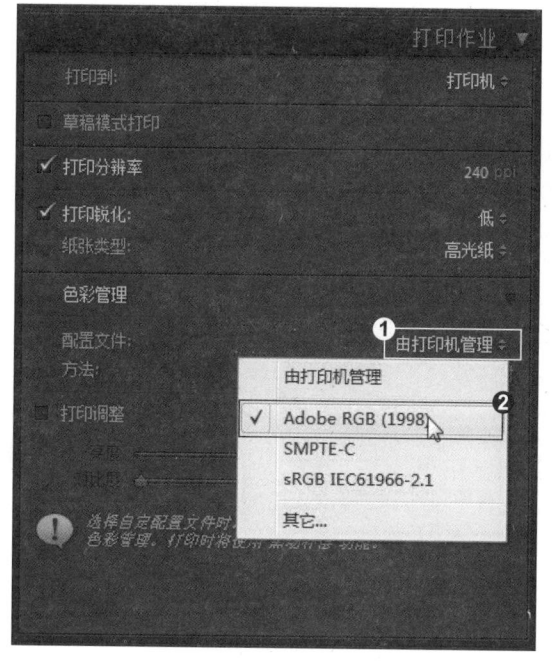

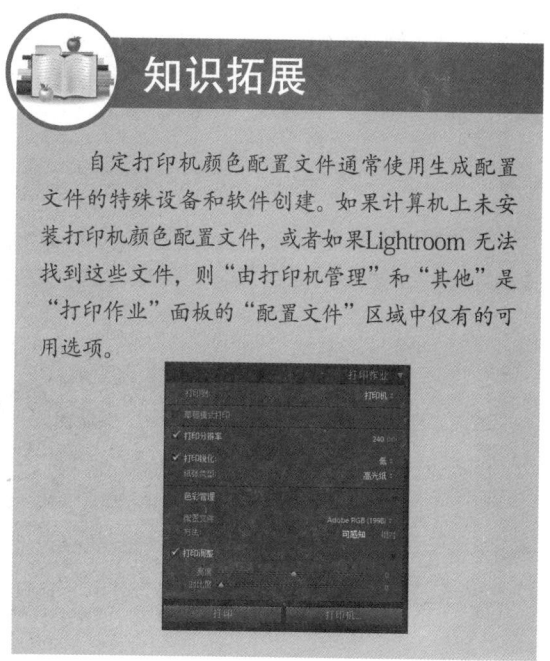

自定打印机颜色配置文件通常使用生成配置文件的特殊设备和软件创建。如果计算机上未安装打印机颜色配置文件，或者如果Lightroom无法找到这些文件，则"由打印机管理"和"其他"是"打印作业"面板的"配置文件"区域中仅有的可用选项。

招式 176　当前打印页面的存储

Q 当各项打印参数都已经设置完成，准备打印的时候，突然发现打印机没有墨了，怎么办？

A 可以单击页面编辑窗口上边的"创建已存储的打印"按钮，将当前的打印页面（包括已做好的所有设置）存储到收藏夹中。

1. 储存打印页面

❶ 单击"创建已存储的打印"按钮，将当前的打印页面存储到收藏夹中。❷ 在打开的"创建打印"对话框中，为此打印页面命名，并选择存储位置。

2.打印页面

展开左侧面板中的"收藏夹"面板，在"智能收藏夹"中找到"油菜花"打印页面，单击"打印"按钮，执行打印输出即可。

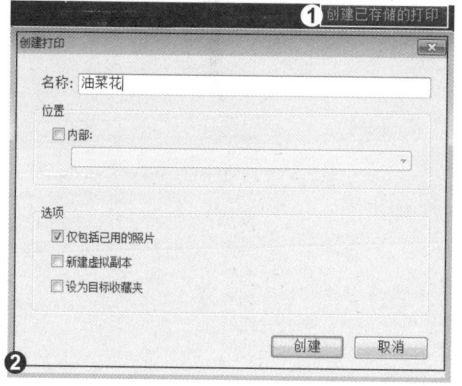

Lightroom 照片处理实战秘技 **250**招

 **知识拓展**

　　如果指定配置文件，可选择一种渲染方法，以指定颜色从图像色彩空间转换为打印机色彩空间的方式。❶可感知渲染将尝试保持颜色之间的视觉关系。溢色颜色转换为可重现颜色时，色域内的颜色可能会发生变化。当图像中带有许多溢色颜色时，可感知渲染是好的选择。❷相对渲染将保留所有色域内的颜色并将溢色颜色转换为最接近的颜色。"相对"选项将保留更多的原始颜色，当拥有较少的溢色颜色时，此选项是好的选择。❸（可选）要在打印时获得更接近Lightroom中屏幕颜色的外观颜色，可勾选"打印调整"复选框，拖动"亮度"和"对比度"滑块。

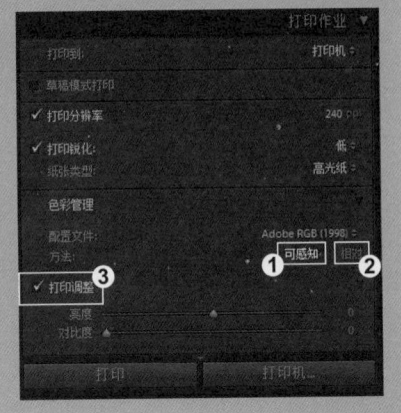

14

第 14 章

自然风光摄影后期处理

　　大自然的美往往能够感动每一个用心去欣赏它的人，摄影师总是能够通过相机将大自然的美凝固在精彩的瞬间，用精美的照片让更多的人感悟自然之美。本章应用Lightroom对风景照进行调整，使照片更加出色，通过本章的学习，可以巩固前面章节所掌握的调修照片的技巧。

招式 177 强化风光照片的光照效果

Q 拍摄了一张风景照片，光照不强，饱和度低，有什么好的改善办法吗？

A 可以通过调整"色调"和"偏好"各项参数来调整光照效果。

1.调整图像亮度

❶ 在"图库"模块中，单击"文件"|"导入照片和视频"命令，导入"招式177"照片素材。❷ 展开"色调曲线"面板，调整"高光""亮色调"与"暗色调"，通过移动滑块对图像的亮度进行调节。

2.调整高光与阴影

❶ 展开"色调"面板，选择"高光"选项，通过移动滑块对图像的高光区域进行调节。❷ 展开"色调"面板，选择"阴影"选项，通过移动滑块对图像亮部区域进行调节。

3.调整对比度、饱和度

❶ 展开"色调"面板，选择"对比度"选项，通过移动滑块对图像的对比度进行调节。❷ 展开"偏好"面板，选择"饱和度"选项，通过移动滑块对图像的饱和度进行调节。

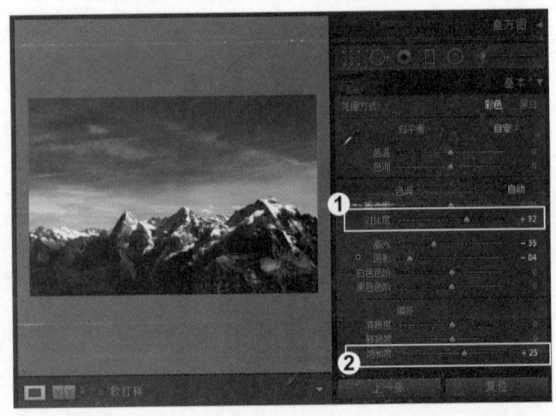

4.调整清晰度

❶ 展开"偏好"面板，选择"清晰度"选项，通过移动滑块对图像清晰度进行调节。❷ 单击"文件"|"导出"命令，导出照片。

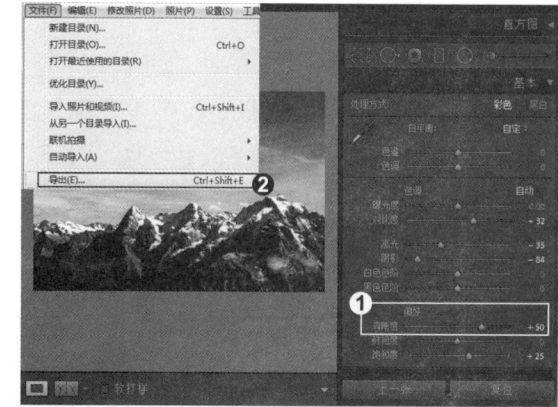

 **知识拓展**

　　三分法构图是风景摄影构图中最常用的方法之一。对于风景摄影，尤其是大场面的自然风光，比如大海、森林、草原等带有地平线的风景，三分法构图是最具有保障性的构图方式。摄影者在构图过程中，只要把地平线或者树干等与画面的三等分线重合即可，然后，还可以试着在画面三等分法切割成的九宫格交叉点位置上安排花朵、岩石、树丛等其他摄影主体。这种风景构图不仅能够表达广阔的空间感和画面的平衡感，同时还能够更好地突出主体。

★★★★★ 招式 178 调整曝光度，修复逆光下的夕阳花卉

Q 拍摄了一张曝光过度的照片，有什么好的改善办法吗？

A 可以通过调整"曝光度"的参数来降低曝光度。

1.修复图像曝光度

❶ 在"图库"模块中，单击"文件"|"导入照和视频"命令，导入"招式178"照片素材。❷ 展开"色调"面板，调整"曝光度""高光"参数，通过移动滑块对图像的曝光度进行调节。

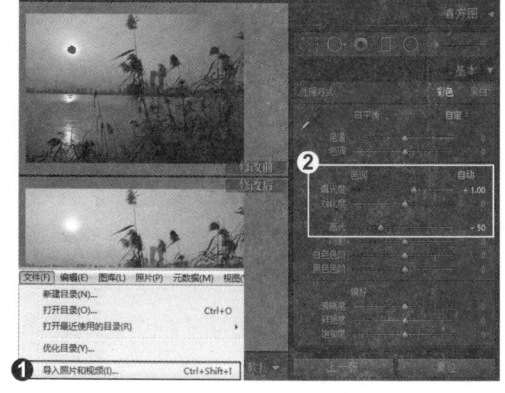

2.调整色温与色调

❶ 展开"白平衡"面板，选择"色温"选项，通过移动滑块对图像的高光区域进行调节。

❷ 展开"白平衡"面板，选择"色调"选项，通过移动滑块对图像色调进行调节。

3.导出照片

单击"文件"|"导出"命令，导出照片。

知识拓展

　　风景摄影中的垂直构图能给人稳定、平衡的感觉，这种构图方式一般适合表现垂直高耸的拍摄对象，比如树木、建筑物、山峰等。垂直线构图是以竖向位置来安排主体的，对于垂直线构图来说，不仅可以表现单一的竖线物体，当对多种竖线物体同时加以表现时，画面整体的力度和形式感可以表现得更加具体。

招式 179 增强对比度，突显大海的壮阔

Q 拍摄了一张对比度较低、颜色较浅的照片，有什么好的改善办法吗？

A 在后期处理中通过色调的转换、对比度的加强，可以改善这一问题。

1.调整图像曝光度

❶ 在"图库"模块中,单击"文件"|"导入照片和视频"命令,导入"第14章\素材\招式179"中的照片素材。❷ 展开"色调"面板,调整"曝光度""对比度",通过移动滑块对图像的曝光度和对比度进行调节。

2.调整黑色色阶与白色色阶

❶ 展开"色调"面板,选择"黑色色阶"选项,通过移动滑块对黑色色阶区域进行调节。❷ 展开"色调"面板,选择"白色色阶"选项,通过移动滑块对白色色阶区域进行调节。

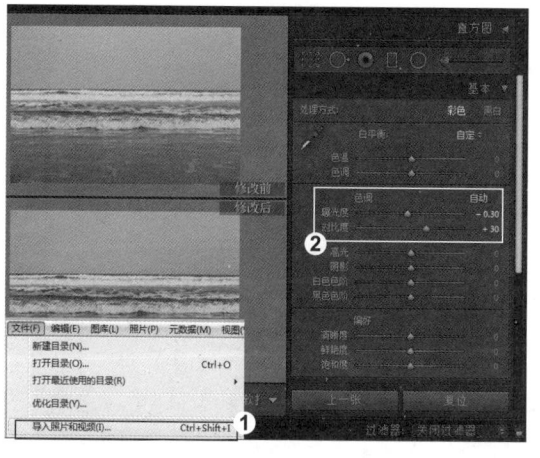

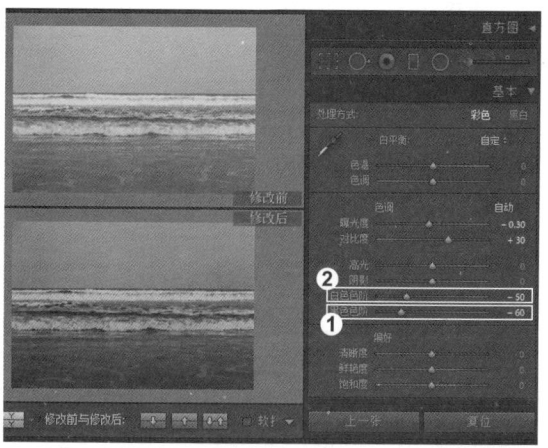

3.调节色温和饱和度

❶ 展开"白平衡"面板,选择"色温"选项,通过移动滑块对图像的色温进行调节。❷ 展开"偏好"面板,选择"饱和度"选项,通过移动滑块对饱和度进行调节。❸ 单击"文件"|"导出"命令,导出照片。

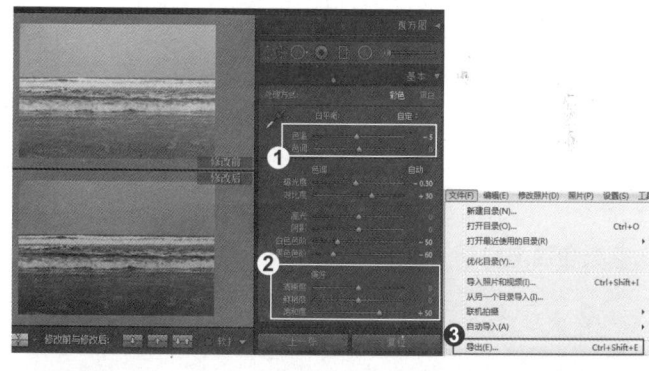

知识拓展

斜线构图通常是以对角线的形式来表现的。这种构图方式能够营造出一种活力感和节奏感,在表现山峦、丘陵地区层叠的棱线时比较常见。摄影者利用手中的相机,通过物体本身所具有的形态,使用倾斜的线条进行构图,可以增强画面的立体感,同时又避免画面呆板。

招式 180 打造复古的海岛效果

Q 拍摄了一张海岛照片，想要把照片做成复古的效果，有什么办法吗？

A 照片做成复古的效果，一般理解就是泛黄的效果，调整照片的色调，为照片加上暗角。

1.调整图像曝光度

❶ 在"图库"模块中，单击"文件"|"导入照片和视频"命令，导入"第 14 章 \ 素材 \ 招式 180"中的照片素材。❷ 展开"色调"面板，调整"曝光度""对比度"，通过移动滑块对图像的曝光度和对比度进行调节。

2.调整高光与阴影

❶ 展开"色调"面板，选择"高光"选项，通过移动滑块对高光区域进行调节。❷ 展开"色调"面板，选择"阴影"选项，通过移动滑块对阴影区域进行调节。

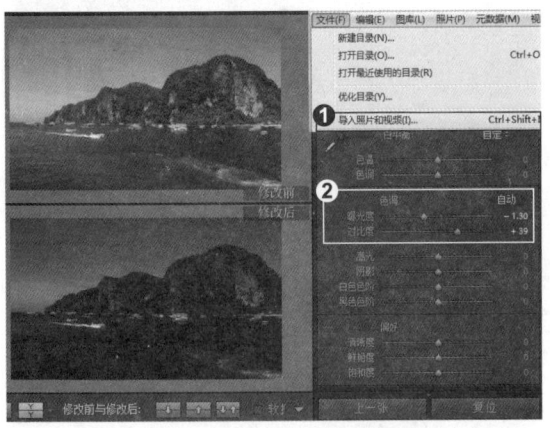

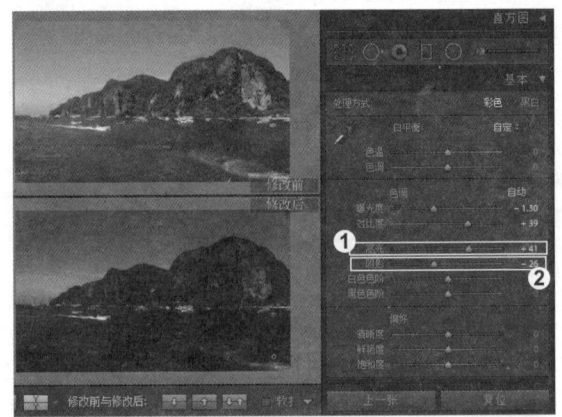

3.调整色温与色调

❶ 展开"白平衡"面板，选择"色温"选项，通过移动滑块进行调节。❷ 展开"白平衡"面板，选择"色调"选项，通过移动滑块对图像的色调进行调节。

4.添加画笔

❶ 单击工具栏上的画笔工具，在图像上绘制，添加蒙版，展开"效果"面板，设置相应的参数。❷ 单击"新建"按钮，新建一个画笔，在图像上绘制，添加蒙版，展开"效果"面板，设置相应的参数。

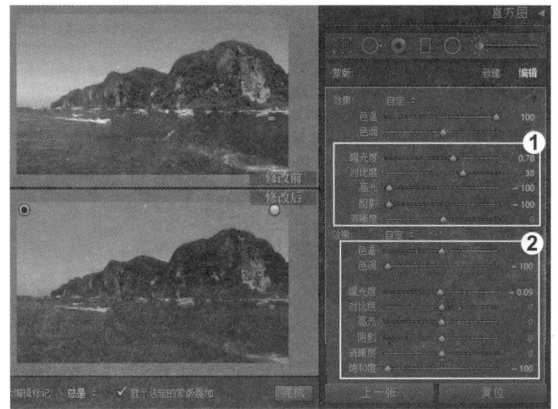

6.为图像添加暗角效果

❶ 在"颗粒"选项下调整 "数量" "大小"与"粗糙度"。❷ 单击"文件" | "导出"命令，导出照片。

5.添加复古效果

❶单击"效果"右侧的小三角，展开"效果"面板，❷在"裁剪后暗角"选项下调整"数量""中点"与"羽化"，通过移动滑块进行调节。

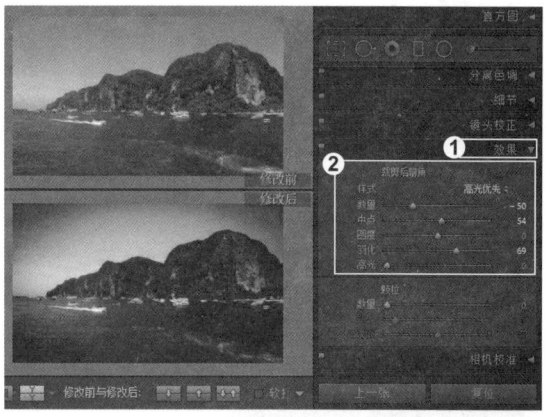

知识拓展

　　曲线可以表现出柔和与动感，可以为自然增添无穷的魅力。曲线构图需要摄影者能够抓住被摄体的特殊形态，在拍摄时调整拍摄角度和视野范围，从而使物体造型表现得更加生动活泼。应用曲线构图方式，可真实再现被摄景物的形态、魅力。

招式 181 利用色调分离制作日式街景

Q 在Lightroom中除了可以通过"色调"调整画面色彩效果外，还有其他方法可以调整吗？

A 有的，可以利用色调分离调整整个画面的色调。

1.调整图像的曝光和对比度

❶ 在"图库"模块中，单击"文件"|"导入照片和视频"命令，导入"第14章\素材\招式181"照片素材。❷ 展开"白平衡"面板，调整"色温"，展开"色调"面板，调整"曝光度"与"对比度"，通过移动滑块进行调节。

2.调整图像色调

❶ 展开"色调"面板，调整"高光""阴影"，通过移动滑块对高光与阴影区域进行调节。❷ 展开"色调"面板，调整"黑色色阶""白色色阶"，通过移动滑块对黑色色阶与白色色阶区域进行调节。

3.调整色调曲线

❶ 单击"色调曲线"右侧的小三角，❷ 展开"色调曲线"面板，调整"高光""亮色调"与"暗色调"，通过移动滑块对图像的色调进行调节。

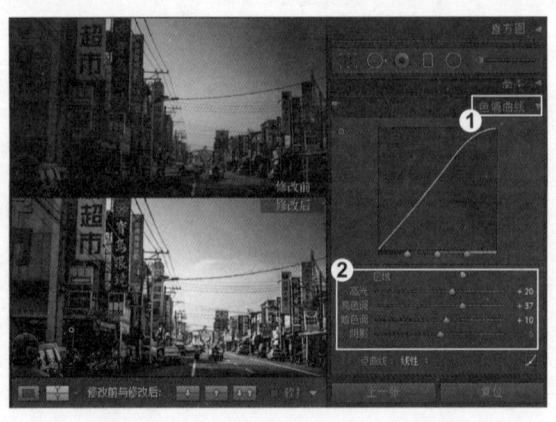

4.调整分离色调

❶ 单击"分离色调"右侧的小三角,展开"分离色调"面板,调整高光的"色相"与"饱和度"。❷ 展开"分离色调"面板,调整阴影的"色相"与"饱和度"。

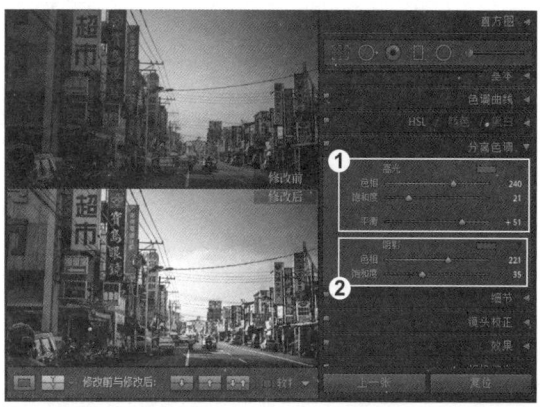

5.导出照片

❶ 单击"相机校准"右侧的小三角,展开"相机校准"面板,调整红原色的"饱和度"、绿原色的"饱和度"与"色相"、蓝原色的"饱和度"。❷ 单击"文件"|"导出"命令,导出照片。

知识拓展

对角线构图是一种强调方向性的构图方式,它在画面中不仅能够给人一种力量感、方向感,同时还增强了被摄体本身的气势和画面的整体冲击力。在利用对角线构图的过程中,摄影者不仅可以直接以被摄体本身的形态进行画面构图,比如利用山体的斜坡部位来进行画面构图,还可以通过安排对角线的走向和利用透视畸变原理,在二维画面中展现三维的立体感。

★★★★★
招式 **182** 加强色彩,凸显雾气晨光的效果 ⊙

Q 如何加强照片的色彩,凸显照片雾气晨光的效果?

A 增强照片的饱和度、鲜艳度与对比度即可加强色彩。

1. 调整图像的曝光和对比度

❶ 在"图库"模块中，单击"文件"|"导入照片和视频"命令，导入"第 14 章 \ 素材 \ 招式 182"中的照片素材。❷ 展开"色调"面板，调整"曝光度""对比度"，通过移动滑块对图像的曝光度与对比度进行调节。

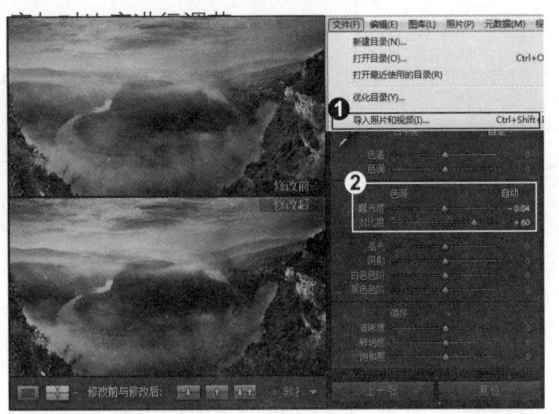

2. 调整色调

❶ 展开"色调"面板，调整"高光"与"阴影"，通过移动滑块进行调节。❷ 展开"色调"面板，调整"白色色阶"与"黑色色阶"，通过移动滑块进行调节。

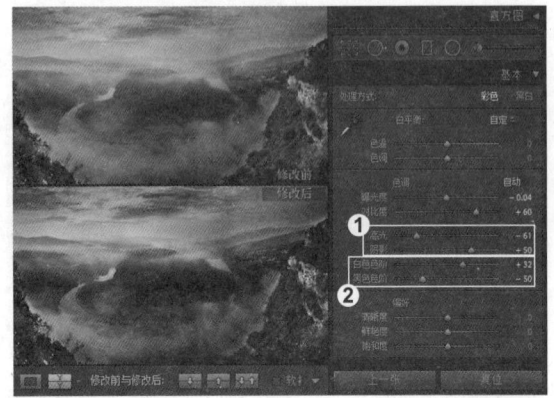

3. 调整图像的鲜艳度和饱和度

❶ 展开"偏好"面板，调整"清晰度"，通过移动滑块对图像的清晰度进行调节。❷ 展开"偏好"面板，调整"鲜艳度""饱和度"，通过移动滑块对图像的鲜艳度与饱和度进行调节。

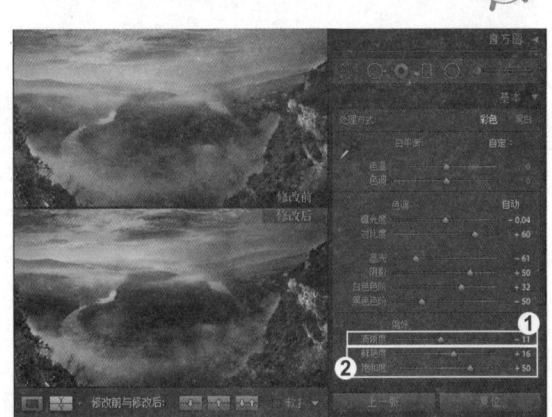

4. 调整色调曲线

❶ 单击"色调曲线"右侧的小三角，展开"色调曲线"面板，调整"亮色调""暗色调"与"阴影"，通过移动滑块对图像的色调进行调节。❷ 单击"文件"|"导出"命令，导出照片。

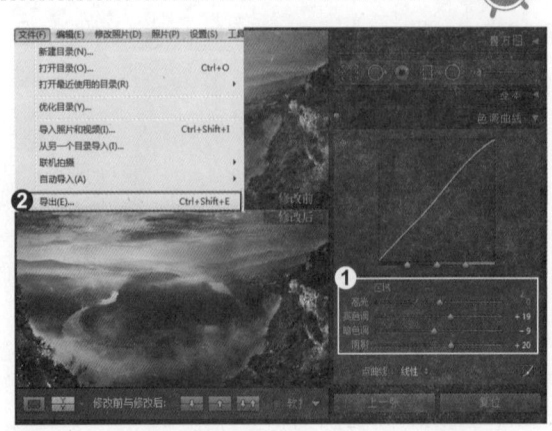

 知识拓展

　　放射线构图能够表现一种开放性跃动感以及高涨的气氛。此构图方式在对光线或者树木等物体的表现过程中比较常见。放射线构图方式比较抽象，需要摄影者仔细观察才能够实现。一般来说，放射线构图的线性方向主要是由某个集中点向上下左右伸展开来，它可以表现出舒展的开放性和一定的力量感。

★★★★★ 招式 183 打造水墨山水效果

Q 拍摄了一张山水风景照，想要把照片打造成水墨山水的效果，有什么方法可以实现？

A 降低照片的清晰度与饱和度即可打造水墨山水的效果。

1. 设置"减少杂色"面板参数

　　❶ 在"图库"模块中，单击"文件"|"导入照片和视频"命令，导入"第14章\素材\招式183"中的照片素材。❷ 单击"细节"右侧的小三角，展开"细节"面板，设置"减少杂色"中的"明亮度""颜色"的参数。

2.调整饱和度与明亮度

　　❶ 单击"HSL/颜色/黑白"右侧的小三角，展开"HSL/颜色/黑白"面板，单击"饱和度"，设置相应的参数。❷ 单击工具栏上的"明亮度"选项，展开"明亮度"面板，设置相应的参数。

3.调整山水水墨色调

❶ 单击"基本"右侧的小三角，展开"基本"面板，调整色调的"对比度"与"高光"，通过移动滑块进行调节。❷ 展开"偏好"面板，调整"清晰度""鲜艳度""饱和度"，通过移动滑块进行调节。单击"文件"|"导出"命令，导出照片。

知识拓展

在进行风景摄影时，利用远近法构图能够为画面营造出距离感和远近感。尤其是在拍摄草原、河流、大海等风景时，远近法构图往往是通过广角镜头所产生的透视畸变，并且根据自然风景自身的形态，来展现景物的立体感和纵深感。因此，摄影者在取景构图时，最好能够寻找一定的物体来作为前景，以此增强画面的整体效果。

招式 184 打造色彩细节清晰的海岸风景

Q 拍摄的照片总感觉很模糊，不够清晰，后期可以修复吗？

A 当然可以，调整照片的清晰度，锐化照片就可以修复了。

1.调整图像的白色色阶和黑色色阶

❶ 在"图库"模块中，单击"文件"|"导入照片和视频"命令，导入"第14章\素材\招式184"中的照片素材。❷ 展开"色调"面板，调整"白色色阶"和"黑色色阶"，通过移动滑块进行调节。

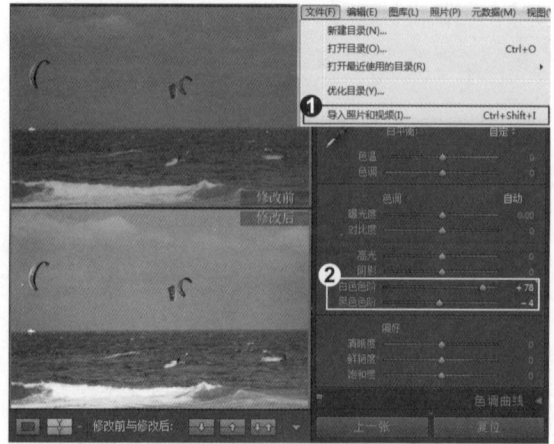

2.调整"偏好"面板参数

❶ 展开"偏好"面板，选择"清晰度"选项，通过移动滑块对图像的清晰度进行调节。❷ 展开"偏好"面板，调整"鲜艳度"与"饱和度"，通过移动滑块进行调节。

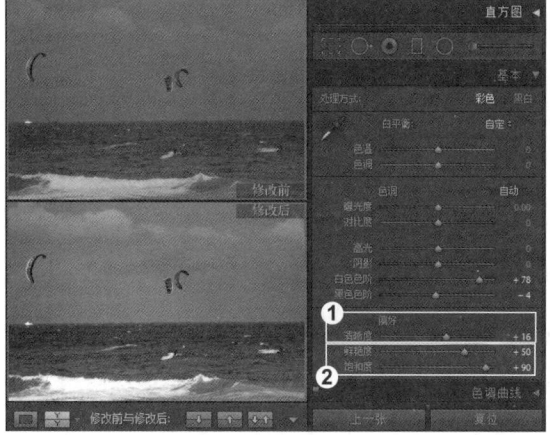

3.调整"细节"面板参数

❶ 单击"细节"右侧的小三角，展开"细节"面板，调整"数量""半径"与"细节"，通过移动滑块进行调节。❷ 单击"文件"|"导出"命令，导出照片。

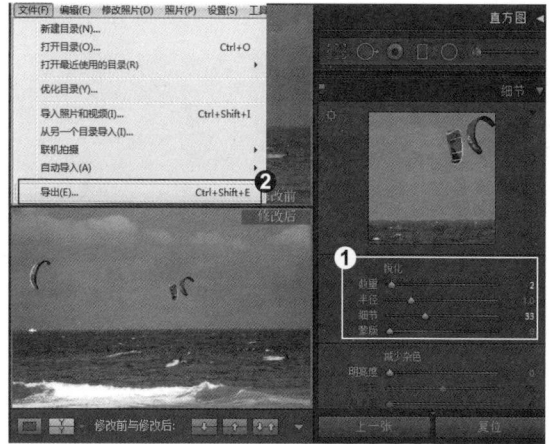

知识拓展

在风景摄影中，有了光的照射，画面才会有彩色明暗层次、线条和色调。拍摄风光，主要是以太阳光作为光源，太阳的位置不同，照射在景物上产生的效果也不同。在风景摄影中，用顺光拍摄景物，能够给人明亮、清朗的感觉。但是，顺光照射景物过于平正，明暗之分不明显，这往往会使景物与背景的色调融合，画面缺乏立体感。

招式 185 利用对比度凸显沙漠的宽广

Q 拍摄了一张沙漠的照片,但拍出的照片颜色暗淡，可以通过Lightroom 恢复吗?

A 调整照片的对比度，调整"白色色阶"与"黑色色阶"增强照片的对比，凸显沙漠的宽广。

1.调整图像的色温和色调

❶ 在"图库"模块中，单击"文件"|"导入照片和视频"命令，导入"第14章\素材\招式185"中的照片素材。❷ 展开"白平衡"面板，调整"色温""色调"，通过移动滑块对图像的色温与色调进行调节。

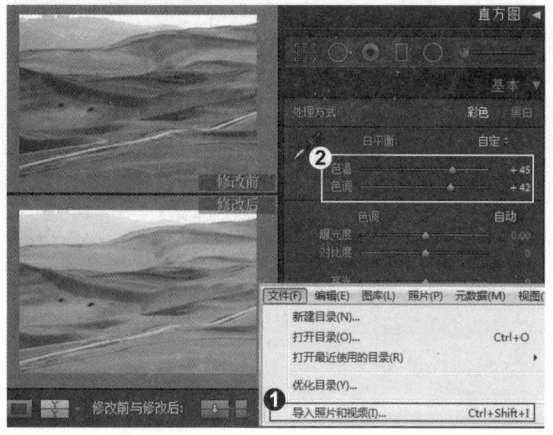

2.调整图像的曝光度和对比度

❶ 展开"色调"面板，调整"曝光度"与"对比度"，通过移动滑块进行调节。❷ 展开"色调"面板，调整"白色色阶"与"黑色色阶"，通过移动滑块进行调节。

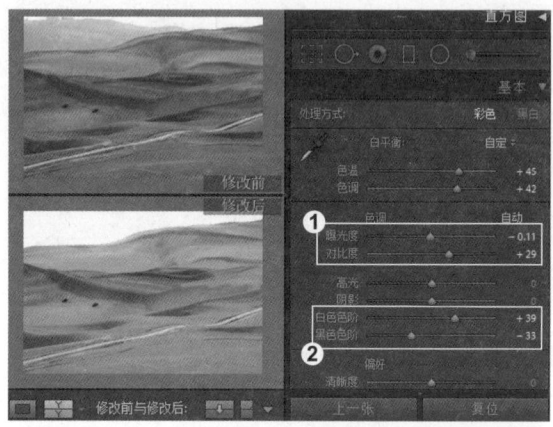

3.调整蒙版区域内的图像

❶ 单击工具栏上的画笔工具，在图像上绘制，添加蒙版，展开"效果"面板，设置相应的参数。❷ 单击"文件"|"导出"命令，导出照片。

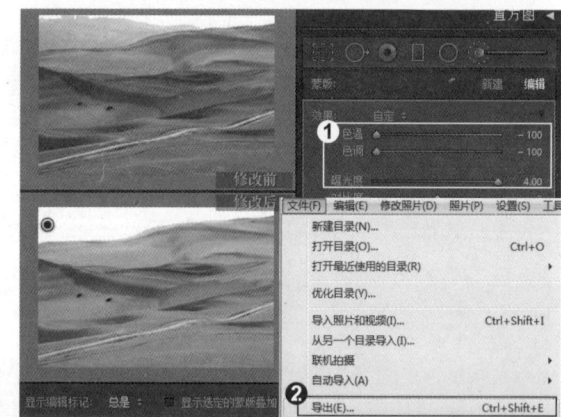

知识拓展

侧光是在风光摄影中使用得较多的一种光线。尤其是45°角的前侧光，不仅能够使景物具有一定的明暗反差，增强景物的立体感和画面影纹层次，同时，对画面色彩的还原也比较理想。而90°角的侧光，能够使景物的明暗各占一半，画面的明暗反差和立体感非常明显，尤其是在表现建筑等不平整的物体时，效果更为突出。摄影者在利用侧光拍摄时，要注意尽量对画面的明亮处进行侧光，避免造成画面局部曝光过度。

★★★★★ **招式 186** 打造复古怀旧的罗马建筑

Q 拍摄了一张罗马建筑，但拍出的照片没有那种复古、怀旧的效果,可不可以调整颜色或者其他参数来营造那种气氛?

A 当然可以，将照片调成偏黄的色调，降低饱和度，进行锐化，即可凸显照片的怀旧风格。

1. 调整图像的色温和色调

❶ 在 "图库" 模块中，单击 "文件" | "导入照片和视频" 命令，导入 "第 14 章 \ 素材 \ 招式 186" 照片素材。❷ 展开 "白平衡" 面板，调整 "色温" 与 "色调"，通过移动滑块对图像的色温与色调进行调节。

2.调整图像的鲜艳度和饱和度

❶ 展开 "色调" 面板，调整 "高光" 与 "对比度"，通过移动滑块进行调节。❷ 展开 "偏好" 面板，调整 "鲜艳度" 与 "饱和度"，通过移动滑块进行调节。

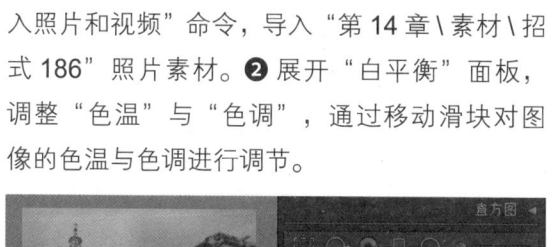

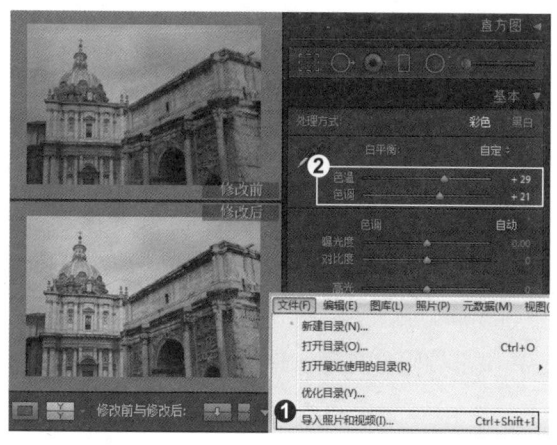

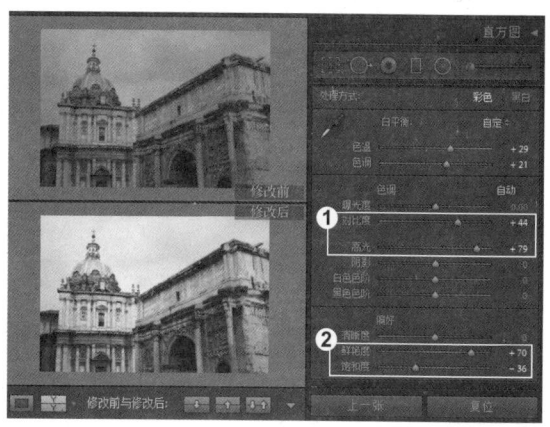

3.为照片增添颗粒效果

❶ 单击 "细节" 右侧的小三角，展开 "细节" 面板，❷ 调整 "数量" "半径" 与 "细节"，通过移动滑块进行调节。

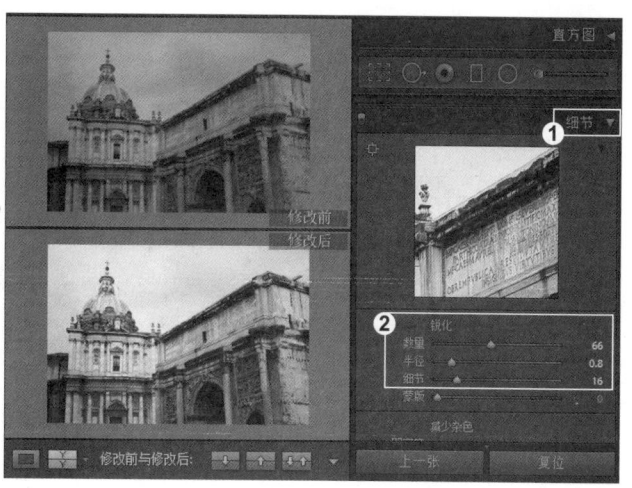

4.导出照片

❶展开"效果"面板，调整"数量""大小"与"粗糙度"，通过移动滑块进行调节。❷单击"文件"|"导出"命令，导出照片。

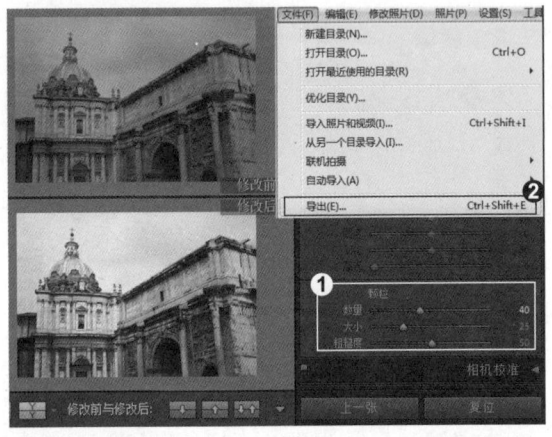

知识拓展

逆光是风光摄影中最有个性的光线。逆光是指阳光从相机的对面照射过来，景物被光线照射的部分都会产生光亮的轮廓，主体与背景得以明显得分开。逆光最适合表现前后层次较多的景物，在每一景物背后都勾勒出一条条精美的轮廓线，使前后景物之间产生较强烈的空间距离感和良好的透视效果。

★★★★ 招式 187 打造宏伟大气的万里长城

Q 想拍一张宏伟大气的照片，可是拍出来的照片灰暗，有点偏色，有办法可以解决吗？

A 可以调整"HSL/颜色/黑白"与"色调"调整画面的整体色调，凸显宏伟大气。

1.调整图像高光细节

❶在"图库"模块中，单击"文件"|"导入照片和视频"命令，导入"第14章\素材\招式187"中的照片素材。❷展开"色调"面板，调整"高光"，通过移动滑块对图像的高光区域进行调节。

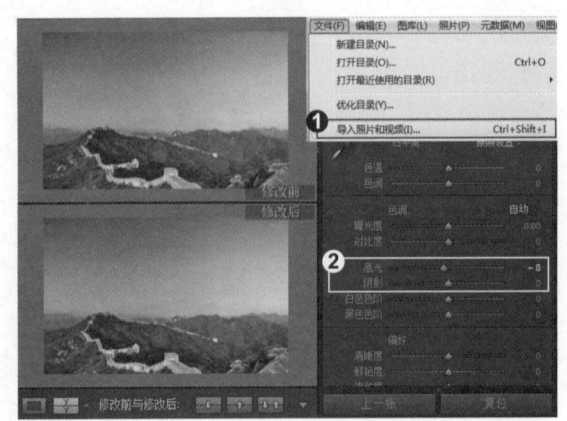

2.调整色调

❶ 展开"色调"面板，调整"白色色阶"，通过移动滑块对图像的白色色阶区域进行调节。❷ 展开"色调"面板，调整"黑色色阶"，通过移动滑块进行调节。

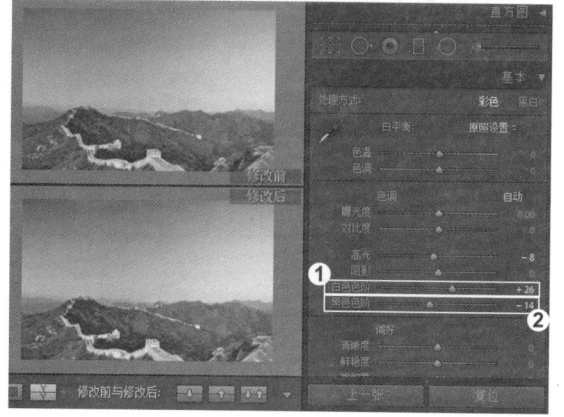

3.添加画笔

❶ 单击工具栏上的画笔工具，在图像上绘制，添加蒙版，❷ 展开"效果"面板，调整"色温""色调""曝光度""高光"与"清晰度"，通过移动滑块进行调节。

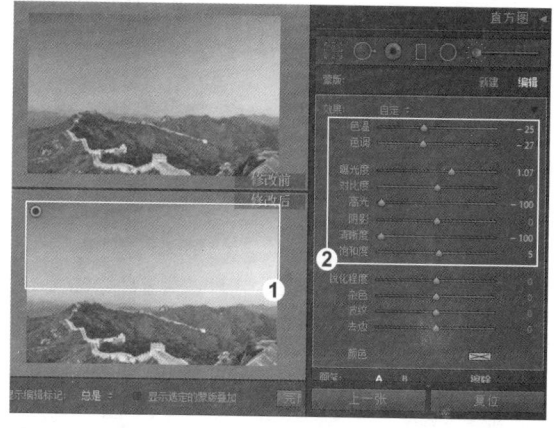

4.调整色调曲线

❶ 单击"色调曲线"右侧的小三角，展开"色调曲线"面板，❷ 调整"亮色调"与"暗色调"，通过移动滑块对图像的色调进行调节。

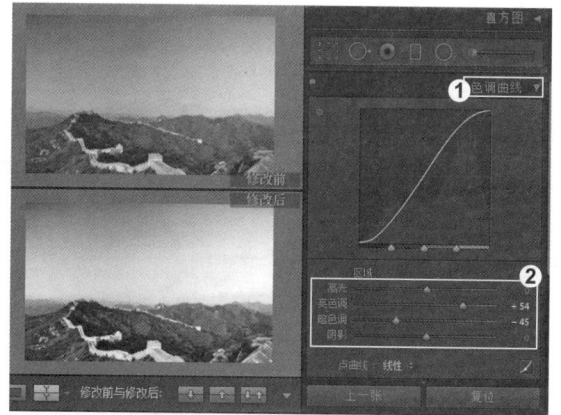

5.调整色相

❶ 单击"HSL/颜色/黑白"右侧的小三角，展开"HSL/颜色/黑白"面板，❷ 调整"橙色""黄色"与"绿色"，通过移动滑块对图像的色相进行调节。

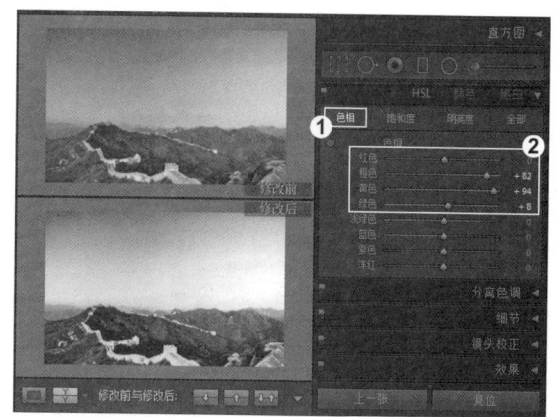

6.调整图像整体饱和度

❶ 展开"HSL/颜色/黑白"面板，调整"橙色""黄色""绿色"与"蓝色"，通过移动滑块对图像的饱和度进行调节。❷ 单击"文件"|"导出"命令，导出照片。

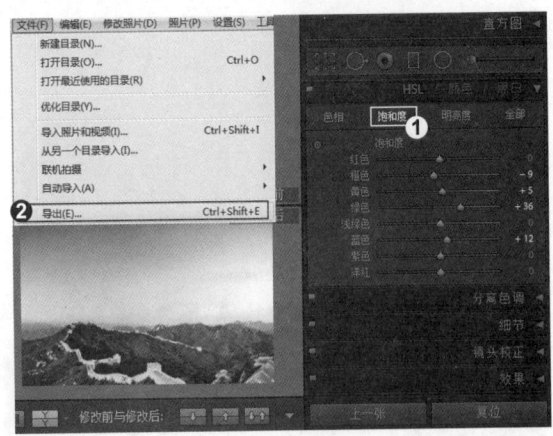

知识拓展

　　高光一般是指上午10点到下午2点之间，太阳在空中几乎垂直照射地面的光线。高光是一天中太阳光最强烈的时候，会给画面造成很深的阴影。同时，高光具有一定的垂直性，除了能表现从上到下的阴影层次外，并不利于表现物体的质感。所以，这种光线并不适合表现风景题材。

★★★★★ 招式 **188** 打造浪漫气息的埃菲尔铁塔

Q 拍摄了一张埃菲尔铁塔的照片，想要把照片打造出浪漫气息，有什么方法可以实现吗？

A 利用分离色调将照片调出偏粉的浪漫气息。

1.调整图像的清晰度

　　❶ 在"图库"模块中，单击"文件"|"导入照片和视频"命令，导入"第14章\素材\招式188"中的照片素材。❷ 展开"偏好"面板，调整"清晰度"，通过移动滑块对图像的清晰度进行调节。

2.调整明亮度和饱和度

　　❶ 展开"HSL/颜色/黑白"面板，单击"明亮度"，调整"黄色"，通过移动滑块对图像的明亮度进行调节。❷ 单击"饱和度"，调整"橙色""黄色"与"蓝色"，通过移动滑块对图像的饱和度进行调节。

3.调整分离色调

❶ 单击"分离色调"右侧的小三角，展开"分离色调"面板，单击"高光"右侧的颜色选框，在弹出的颜色拾色器选择一个适合的颜色。❷ 调整"饱和度"，通过移动滑块进行调节。

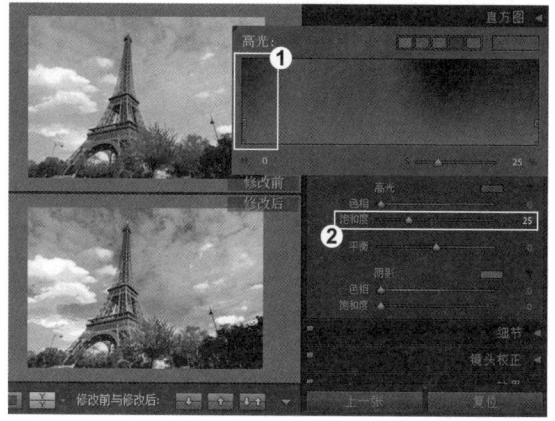

4.减少图像杂色

❶ 单击"细节"右侧的小三角，展开"细节"面板，调整减少杂色的"明亮度""细节"与"对比度"，通过移动滑块进行调节。❷ 单击"文件"|"导出"命令，导出照片。

知识拓展

散射光一般是指在阴天等太阳光线被薄云层遮挡时所散发的光线。在这种光线下拍摄，被摄体没有明显的线条界限，也不会产生阴影，而只能表现出平淡的物体影像和阴沉的气氛。因此，在摄影者处于阴天的散射光情况下，需要尽可能缩小景物范围，采取较近距离的中景和局部场面进行拍摄，才能获得比较清晰的效果。

招式 189 打造绚丽夺目的泰姬陵

 **Q** 拍摄了一张泰姬陵的照片，色彩暗淡，如何将泰姬陵调出绚丽夺目的效果？

A 调整曝光度，将照片的曝光度调高，利用"HSL/颜色/黑白"调整色彩，将泰姬陵调出绚丽夺目的效果。

1.调整图像高光

❶ 在"图库"模块中，单击"文件"|"导入照片和视频"命令，导入"第14章\素材\招式189"中的照片素材。❷ 展开"基本"面板，调整"高光"，通过移动滑块对图像的高光进行调节。

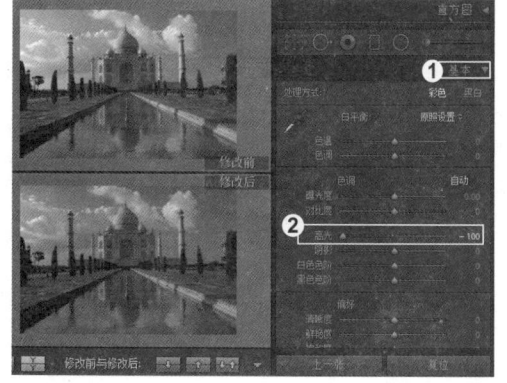

2.调整曝光度与对比度

❶ 展开"色调"面板，调整"曝光度"，通过移动滑块对图像的曝光度进行调节。❷ 调整"对比度"，通过移动滑块对图像的对比度进行调节。

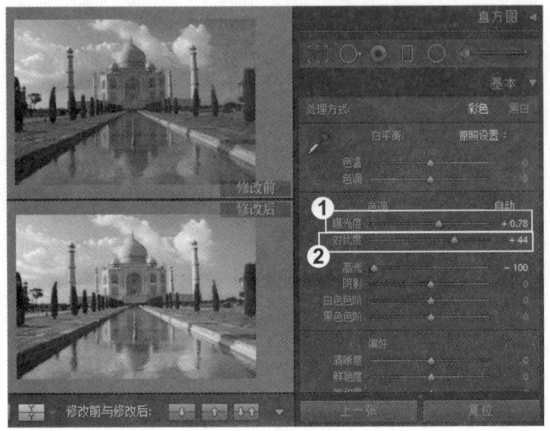

3.调整HSL/颜色/黑白

单击"HSL/颜色/黑白"右侧的小三角，展开"HSL/颜色/黑白"面板，调整"饱和度""明亮度"与"色相"下方的颜色，通过移动滑块进行调节。

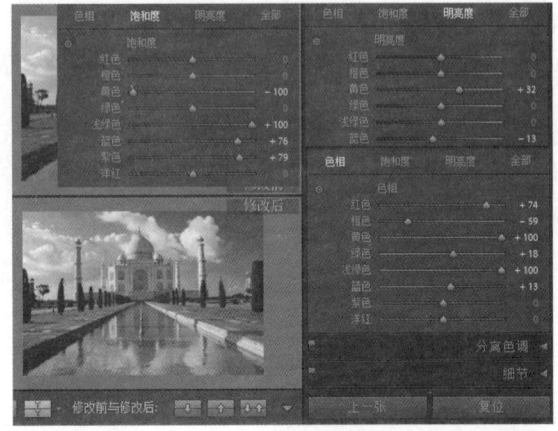

4.调整蒙版区域参数

❶ 单击工具栏上的画笔工具，在图像上绘制，添加蒙版，展开"效果"面板，设置相应的参数，在弹出的颜色拾色器中选择颜色。❷ 单击"文件"|"导出"命令，导出照片。

知识拓展

拍摄者在拍摄春天的花草时，要注意时间的选择，如选择清晨沾有水露的花草，或者利用傍晚时分柔和的光线，然后加上逆光的效果可以展示春天柔和的一面。在镜头的选择上，摄影者既能通过广角镜头加小光圈，得到大景深的效果，来展现春天生机盎然的气息，也可以通过长焦距镜头或微距镜头加大光圈，来对春天的小生物进行特写。

招式 190　打造金碧辉煌的帆船酒店

Q 拍摄的照片饱和度低，后期可以修复吗？

A 可以利用Lightroom通过后期增强饱和度等方式来修复。

1.调整图像的色温和色调

❶ 在"图库"模块中，单击"文件" | "导入照片和视频"命令，导入"第14章\素材\招式190"中的照片素材。❷ 展开"白平衡"面板，调整"色温"与"色调"，通过移动滑块对图像的色温与色调进行调节。

2.调整色调与偏好

❶ 展开"色调"面板，调整"白色色阶"与"黑色色阶"，通过移动滑块进行调节。❷ 展开"偏好"面板，调整"鲜艳度"与"饱和度"，通过移动滑块进行调节。

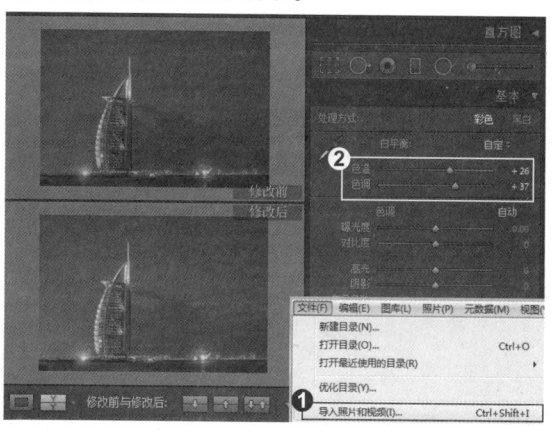

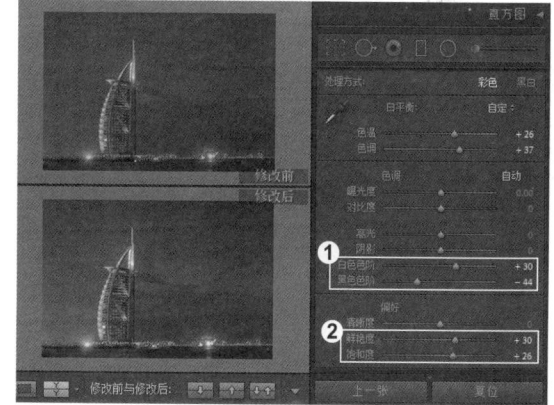

3.调整照片的亮色与暗色

❶ 单击"色调曲线"右侧的小三角，展开"色调曲线"面板，调整"亮色调"与"暗色调"，通过移动滑块进行调节。❷ 单击"文件" | "导出"命令，导出照片。

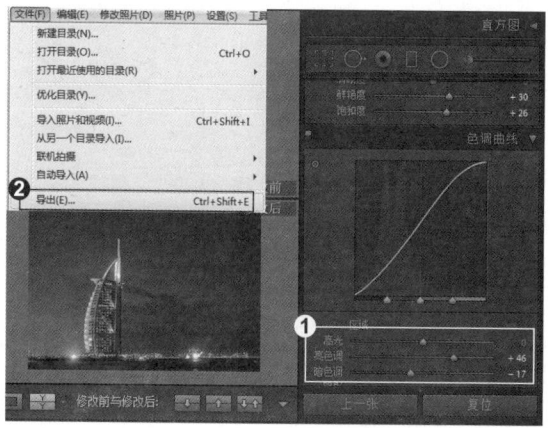

知识拓展

对于风景摄影来说，广角镜头是必不可少的。用广角镜头表现自然的磅礴、全景的唯美，可以为观赏者带来来自大自然无与伦比的美丽震撼。摄影者在选择广角镜头时尽量选择广角焦距范围大的镜头，大自然多变，有时即使是28mm的广角镜头也无法满足拍摄的需求。

Lightroom 照片处理实战秘技 250招

招式 191 打造神秘壮阔的布达拉宫

Q 拍摄了一张布达拉宫的照片，想将照片打造出神秘壮阔的效果，有什么方法吗？

A 可以利用Lightroom将照片调出偏黄绿的效果，使照片具有神秘感。

1.调整图像的色温和色调

❶ 在"图库"模块中，单击"文件"|"导入照片和视频"命令，导入"第14章\素材\招式191"中的照片素材。❷ 展开"白平衡"面板，调整"色温"与"色调"，通过移动滑块对图像的色温与色调进行调节。

2.调整色调

❶ 展开"色调"面板，调整"高光""对比度"与"阴影"，通过移动滑块进行调节。❷ 展开"色调"面板，调整"白色色阶""黑色色阶"，通过移动滑块进行调节。

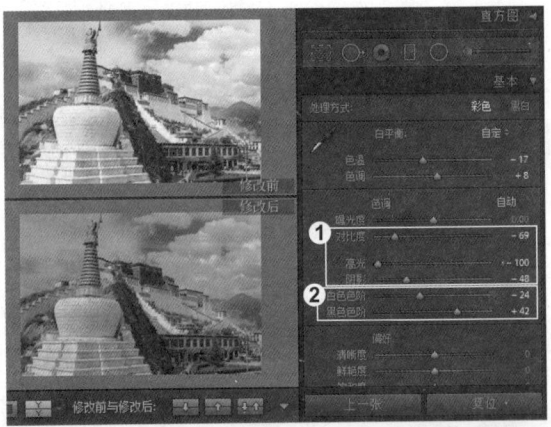

3.调整HSL/颜色/黑白与分离色调

❶ 展开"HSL/颜色/黑白"面板，调整"蓝色"与"紫色"，通过移动滑块进行调节。❷ 展开"分离色调"面板，调整"高光"与"阴影"下的色相和饱和度，通过移动滑块进行调节。

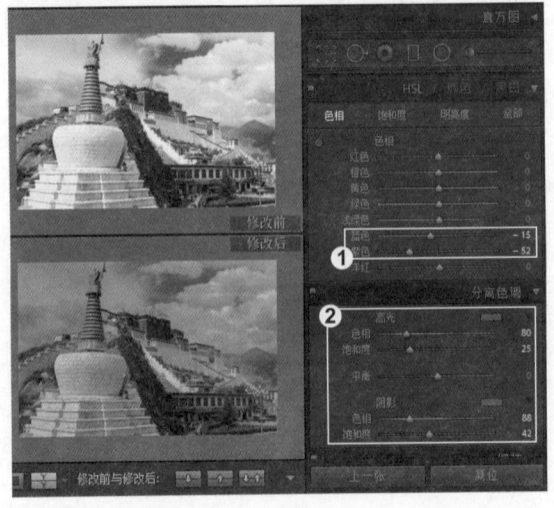

4.添加蓝绿色效果

❶ 展开"效果"面板，调整样式下的"数量""中点""圆度"与"羽化"，通过移动滑块进行调节。❷ 单击"文件"|"导出"命令，导出照片。

 **知识拓展**

对于摄影初学者来说，了解摄影构图和光线的一些基本常识和理论是必需的，但是真正要拍摄出好的风光，就需要在实际的拍摄场景中多练习。在实拍的过程中，可以使用醒目的前景烘托物体的高大、倒影来增添感染力、剪影突出主体轮廓、阴影添加魅力等一些拍摄技法来拍摄，可以起到事半功倍的效果。

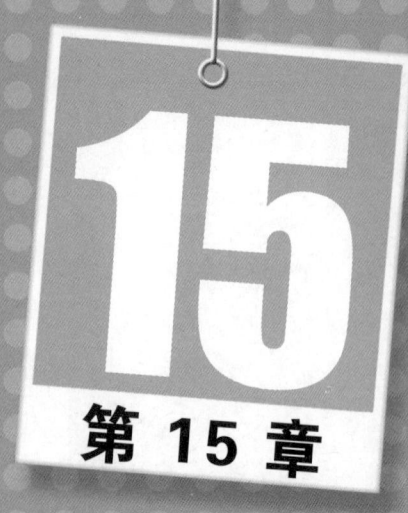

15

第 15 章

人像宠物摄影后期处理

对照片的后期调整中，除了对存在的种种问题进行有针对性的修整外，还要对画面整体氛围进行渲染。为了更好地做到这一点，我们首先应当对照片本身有一个较为深刻的理解，例如摄影师的拍摄意图、所要表达的是意境与心情等，这些都可作为后期修调的重要依据。

招式 192 加强对比，调出更符合画面意境的色彩

 在拍摄人物的时候，对比度不够强，色调偏黄，有什么后期方法可以加强照片的对比度？

 可以通过调整"对比度"与"色调"等来调整照片。

1.调整图像曝光度和对比度

❶ 在"图库"模块中，单击"文件"|"导入照片和视频"命令，导入"第15章\素材\招式192"中的照片素材。❷ 展开"白平衡"面板，调整"色温"， 展开"色调"面板，调整"曝光度"与"对比度"，通过移动滑块进行调节。

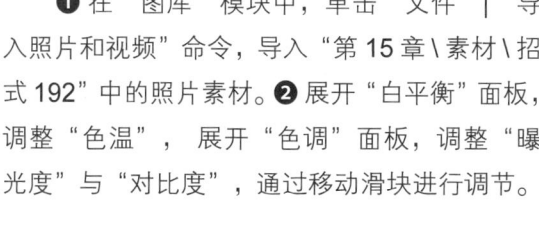

2.调整色调与偏好

❶ 展开"色调"面板，调整"高光""阴影""白色色阶"与"黑色色阶"，通过移动滑块进行调节。
❷ 展开"偏好"面板，调整"清晰度""鲜艳度"与"饱和度"，通过移动滑块进行调节。

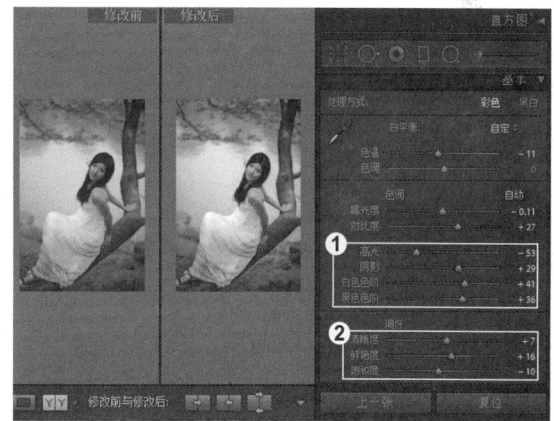

3.调整"HSL/颜色/黑白"

单击"效果"右侧的小三角,展开"HSL/颜色/黑白"面板，调整"饱和度""明亮度""色相"，对各色通道进行调整，通过移动滑块进行调节。

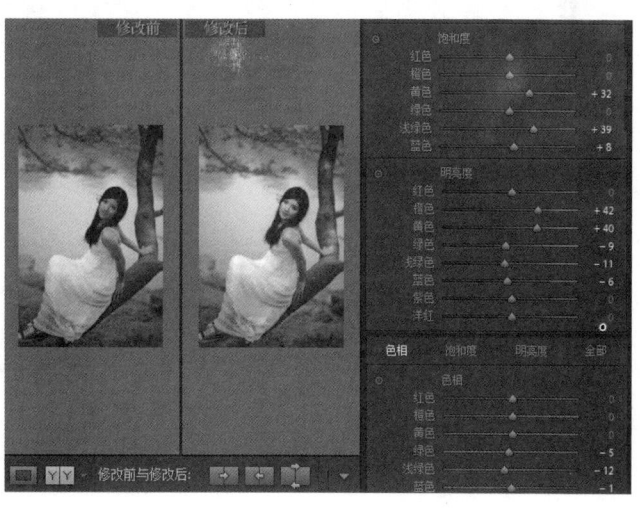

4.调整照片细节

❶ 展开"细节"面板，选择"减少杂色"选项，调整"明亮度""细节"，通过移动滑块进行调节。
❷ 单击"文件"|"导出"命令，导出照片。

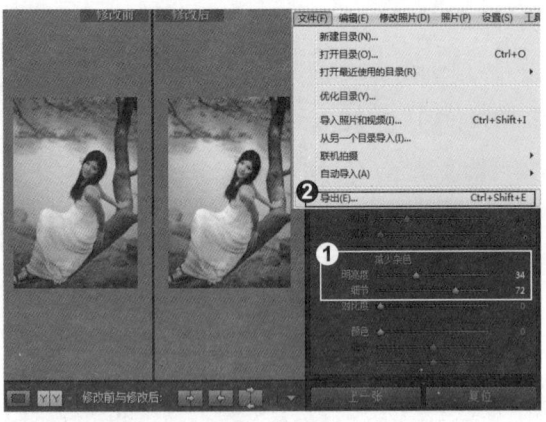

知识拓展

高调人像的特点是画面的影调构成以亮调为主，尽量避免或少用暗调。对于彩色摄影人像来说，高调应以白色、明度高的浅色和中等明度的颜色为主。被摄体的形象在整个照片中呈现亮影调，没有明显的阴影、投影，画面比较洁净、明朗、柔和。

在拍摄高调人像时，人物主题需要穿着白色或其他颜色较浅的服装，当然，背景的选择也是以浅色为主。光线一般选择产生阴影较少的顺光，或者在阴天时，利用比较柔和的散射光，摄影者也可以根据实际情况来增加一级曝光。

招式 193 增强特定的颜色展示人像

Q 拍摄出来的人像色调偏蓝，画面也比较暗，后期可以校正照片的色调吗？

A 当然可以，在后期的调整过程中，主要从"色温""亮度"与"饱和度"等几个方面进行调整。

1.调整图像整体色调

❶ 在"图库"模块中，单击"文件"|"导入照片和视频"命令，导入"第15章\素材\招式193"中的照片素材。❷ 展开"白平衡"面板，调整"色温""色调"，通过移动滑块对图像的色调进行调节。

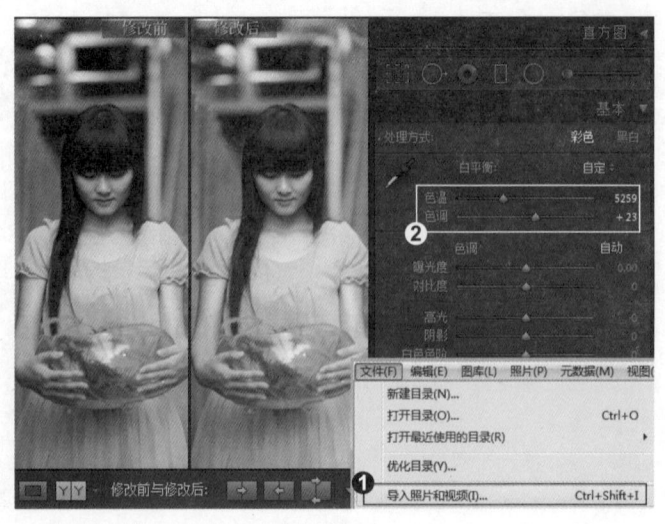

2.调整色调

❶ 展开"色调"面板，调整"曝光度""对比度"与"高光"等选项，通过移动滑块进行调节。❷ 展开"偏好"面板，调整"清晰度"与"饱和度"，通过移动滑块进行调节。

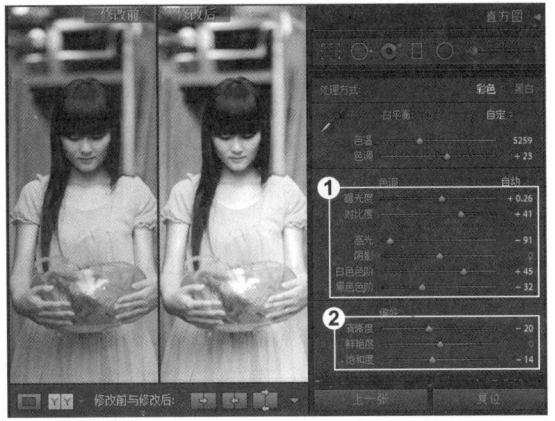

3.调整色调曲线

❶ 单击"效果"右侧的小三角，展开"色调曲线"面板，❷ 展开"区域"面板，调整"高光""亮色调""暗色调"与"阴影"，通过移动滑块进行调节。

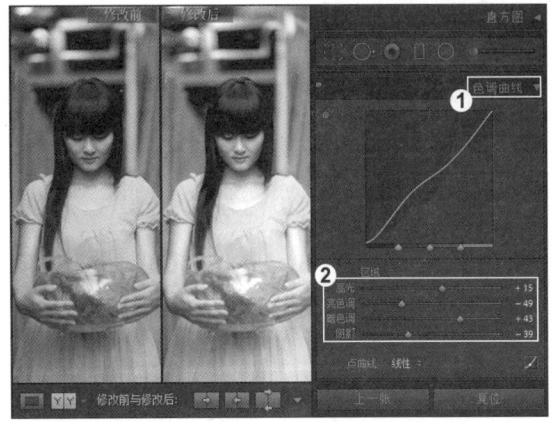

4.调整图像细节

❶ 展开"细节"面板，选择"减少杂色"选项，调整"明亮度"与"细节"，通过移动滑块进行调节。❷ 单击"文件"|"导出"命令，导出照片。

知识拓展

低调人像的特点和拍摄要求正好与高调人像相反，其影调构成以暗调为主，低调人像的影调组成以明度低的黑色、明度低的深色和中等明度的颜色为主。低调人像照片，能使人物主体的形象显得深沉、凝重。

在拍摄低调人像时，人物主体应穿深色衣服，并使用较深的背景。在利用光线表现时，一般以侧逆光或者侧光为主，并且使人物面部的阴影大一些。在曝光过程中，摄影者需要依照被摄体面部亮处曝光，使亮处以中等明暗或者比中等明暗略暗的影调形式表现出来，阴影部分再现为暗调。

招式 194 局部去色展现特殊画面

Q 拍摄了一张动物的照片，想要展现特殊画面，如何局部去色？

A 利用"径向滤镜"工具来更改照片。

1.调整画笔工具涂抹眼睛区域

❶ 在"图库"模块中，单击"文件"|"导入照片和视频"命令，导入"第15章\素材\招式194"中的照片素材。❷ 单击"画笔"工具，勾选"显示选定的蒙版叠加"复选框，在图像的眼睛上涂抹。

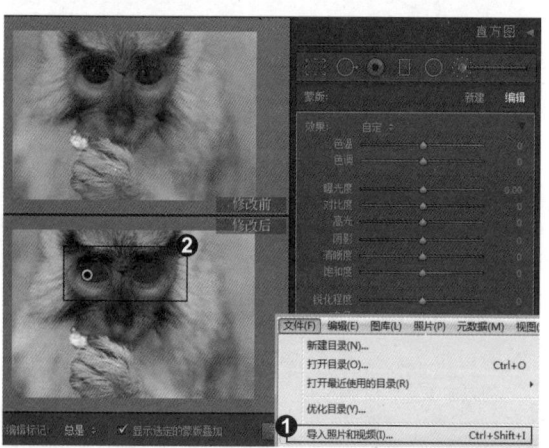

2.调整眼睛区域的色调

❶ 展开"效果"面板，调整"色温"与"色调"，通过移动滑块对图像的色调进行调节。❷ 调整"曝光度""对比度"与"高光"等选项，通过移动滑块进行调节。

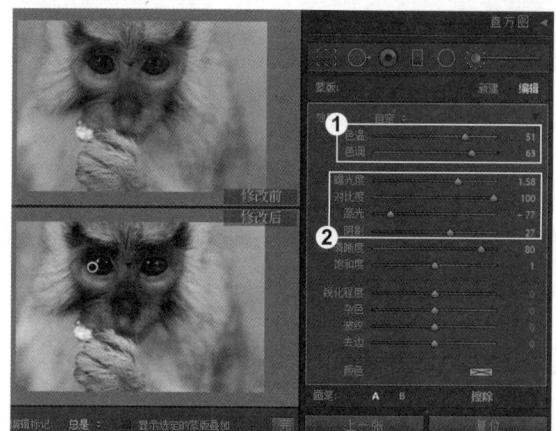

3.添加径向滤镜

❶ 单击"径向滤镜"工具，勾选"显示选定的蒙版叠加"复选框，在眼睛处涂抹，❷ 单击"画笔"工具，勾选"显示选定的蒙版叠加"复选框，在另外一只眼睛处涂抹。

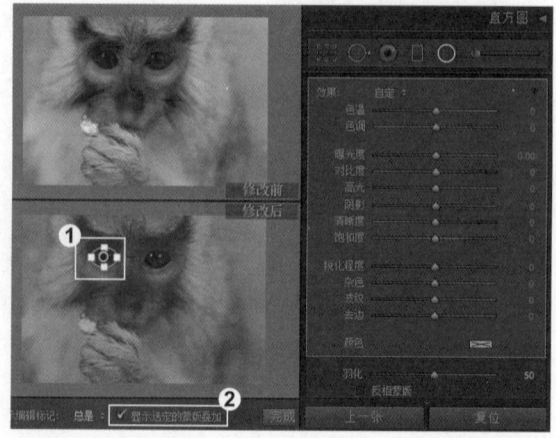

4.调整图像的整体色调

❶ 调整"对比度""高光"与"饱和度"，通过移动滑块进行调节。❷ 单击"文件"|"导出"命令，导出照片。

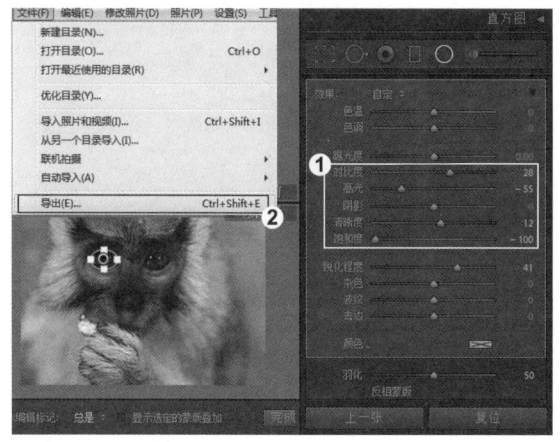

知识拓展

对于动物摄影，虽然有一些技术性的规则，但在大多数情况下，动物的眼睛是一个关键点。眼睛往往是动物身上最传神、最具吸引力的地方。当摄影者为如何拍摄动物而犯难时，只要保证相机对焦在眼睛上，尤其是拍摄猫、豹、猴等眼睛非常有神的动物时，这种对焦在眼睛上的做法，会使照片的整体效果增色不少。

招式 195 制作黑白肖像

Q 在不进入Lightroom的"修改照片"模块的情况下该如何制作黑白肖像？

A 可以在"图库"模块中，选择"快速修改照片"来快速更改照片设置。

1.展开"快速修改照片"面板

❶ 在"图库"模块中，单击"文件"|"导入照片和视频"命令，导入"第15章\素材\招式195"中的照片素材。❷ 单击"快速修改照片"右侧的小三角，展开"快速修改照片"面板。

2.转换为黑白效果

❶ 单击"存储的预设"右侧的三角按钮，在弹出的下拉列表中选择"Lightroom 黑白预设"下的"黑白对比度高"选项，❷ 照片素材将转换为黑白效果。

Lightroom 照片处理实战秘技 *250* 招

 知识拓展

　　单击直方图右边的小三角形，可以显示或者隐藏曝光度。

招式 **196** 打造高饱和度的人像照片

Q 拍摄了一张人像，颜色暗淡，饱和度低，在后期应如何调整？

A 在后期的调整过程中，主要从"鲜艳度"与"饱和度"等几个方面进行调整。

1.调整图像的曝光度和对比度

　　❶ 在"图库"模块中，单击"文件"|"导入照片和视频"命令，导入"第15章\素材\招式196"中的照片素材。❷ 展开"色调"面板，调整"曝光度"与"对比度"，通过移动滑块进行调节。

2.调整色调与偏好

　　❶ 展开"色调"面板，调整各个选项的参数，通过移动滑块进行调节。❷ 展开"偏好"面板，调整"鲜艳度"与"饱和度"，通过移动滑块进行调节。

3.调整"HSL/颜色/黑白"

❶ 单击"HSL/ 颜色 / 黑白"右侧的小三角，展开"HSL/ 颜色 / 黑白"面板，❷ 选择"饱和度"，调整各个通道的色调，选择"明亮度"，调整"红色"与"橙色"通道的色调，通过移动滑块进行调节。

4.调整色调曲线参数

❶ 展开"色调曲线"面板，调整"高光""亮色调""暗色调"与"阴影"，通过移动滑块进行调节。❷ 单击"文件"|"导出"命令，导出照片。

 **知识拓展**

　　人像构图的三要素包括画幅的形式、画面中的主体实像部分和画面中的空白部分。画幅的形式是指照片是采用横幅面、竖幅面，或者其他形式来进行构图。在拍摄前，摄影者需要考虑采用何种画幅形式来构图，如果仅仅考虑使画面适合被摄体的需要，则可以按被摄体的形态来确定画幅形式。例如，采用横画幅拍摄躺着、坐着的人物；采用竖画幅拍摄站立的人物。

★★★★★
招式 197 调出具有魅力的中性色

🅠 拍摄的一张户外人像，色调偏黄，如何将照片调成中性色？

🅐 降低照片各个颜色的饱和度即可调成中性色。

1.调整图像的鲜艳度与饱和度 ⏰

❶ 在"图库"模块中，单击"文件"|"导入照片和视频"命令，导入"第15章\素材\招式197"中的照片素材。❷ 展开"色调"面板，调整"黑色色阶"，展开"偏好"面板，调整"鲜艳度"与"饱和度"，通过移动滑块进行调节。

2.转换为中性色效果 ⏰

❶ 展开"HSL/颜色/黑白"面板，选择"色相"选项，调整各个通道的色相，❷ 选择"饱和度"选项，调整各个通道的饱和度，❸ 选择"明亮度"选项，调整各个通道的明亮度。

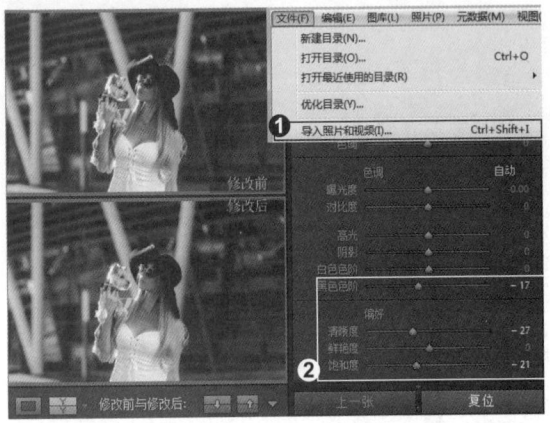

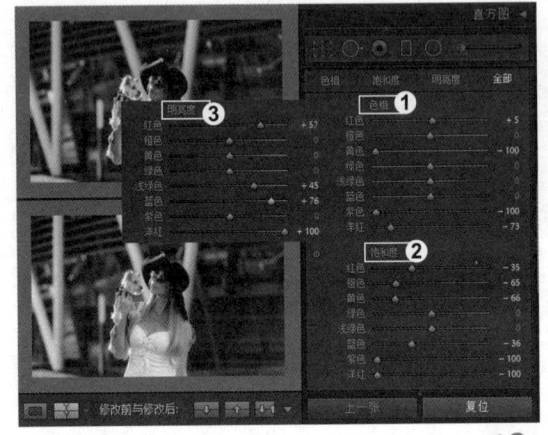

3.调整图像细节 ⏰

❶ 单击"色调曲线"右侧的小三角，展开"色调曲线"面板，调整"高光""亮色调"与"阴影"，通过移动滑块进行调节。❷ 单击"文件"|"导出"命令，导出照片。

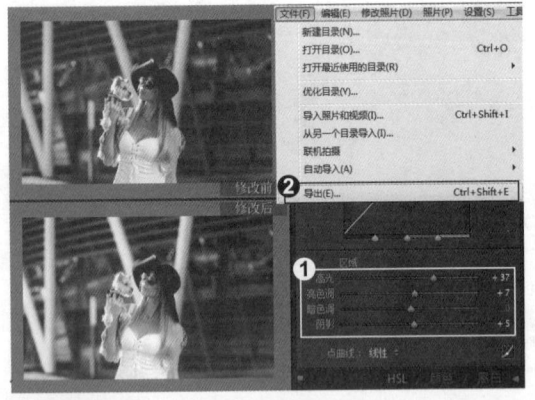

知识拓展

人像摄影画面的主体实像部分，即摄影者想要表现的人物主体，其表达方式有两种：一是通过人物构图公式法，即采用特写公式构图、半身公式构图、七分身公式构图和全身公式构图；二是带景艺术构图法，即通过人物和景物的完美搭配进一步美化和表现主体。无论是哪种方式，都需要在构图中确定主体实像的兴趣中心。

★★★★★ 招式 198 展现清爽的蓝色调画面 ⏰

Q 拍摄了一张户外人像，色调是暖色调，如何将暖色调转换成清爽的蓝色调?

A 调整照片的"色温"与"色调"即可将暖色调转换成清爽的蓝色调。

1.转换为蓝色调效果

❶ 在"图库"模块中，单击"文件"|"导入照片和视频"命令，导入"第15章\素材\招式198"中的照片素材。❷ 展开"白平衡"面板，调整"色温"与"色调"，通过移动滑块进行调节。

2.调整图像的鲜艳度与饱和度

❶ 展开"色调"面板，调整"高光"与"阴影"等选项，通过移动滑块进行调节。❷ 展开"偏好"面板，调整"鲜艳度"与"饱和度"，通过移动滑块进行调节。

3.调整色调曲线

❶ 单击"色调曲线"右侧的小三角，展开"色调曲线"面板，❷ 调整"高光""亮色调""暗色调"与"阴影"，通过移动滑块进行调节。

4.调整图像饱和度和明亮度

❶ 展开"HSL/颜色/黑白"面板，选择"饱和度"与"明亮度"，调整各个通道的色调，通过移动滑块进行调节。❷ 单击"文件"|"导出"命令，导出照片。

知识拓展

在摄影构图中，画面的空白部分并不是指照片中的白色、没有任何形象的部分，而是指除了主体实像以外的部分。因此，构图上的空白并不一定是白色的。在一个摄影画面中，主体实像与空白部分是互为依存的。空白部分既可以衬托、说明主体，还可以对主体形象进行补充、强化。

招式 199 打造萌宠可爱的猫咪

 Q 拍摄的猫咪照片整体偏粉色,该怎样调整颜色恢复猫咪的自然色调呢?

A 可以在Lightroom中通过调整色调面板参数,恢复自然色调,然后增加对比度让照片细节更加丰富。

1.调整偏色色调

❶ 在"图库"模块中,单击"文件"|"导入照片和视频"命令,导入"第15章\素材\招式199"照片素材。❷ 展开"白平衡"面板,调整"色调",展开"色调"面板,调整"曝光度""对比度",通过移动滑块进行调节。

2.调整色调

❶ 展开"色调"面板,调整"高光""阴影""白色色阶"与"黑色色阶",通过移动滑块进行调节。❷ 展开"偏好"面板,调整"鲜艳度"与"饱和度",通过移动滑块进行调节。

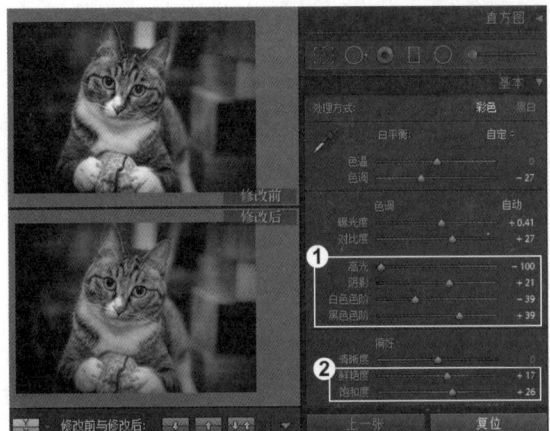

3.调整色调曲线

❶ 单击"色点曲线"右侧的小三角,展开"色调曲线"面板,❷ 调整"亮色调"与"暗色调",通过移动滑块进行调节。

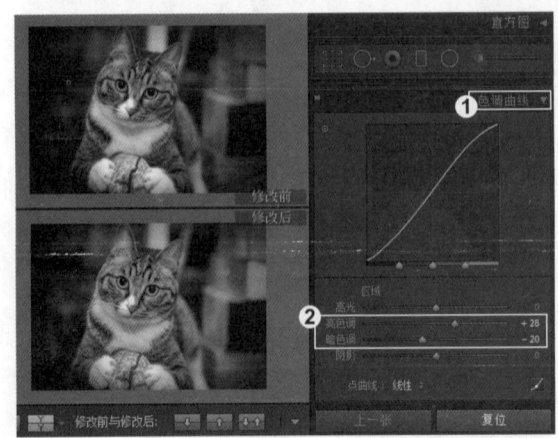

4.调整HSL/颜色/黑白

❶ 展开"HSL/ 颜色 / 黑白"面板，选择"饱和度"选项，调整"红色"与 "橙色"，❷选择 "色相"选项，调整"红色"，通过移动滑块进行调节。

5.调整"分离色调"面板参数

❶ 展开"分离色调"面板，选择"高光"与"阴影"选项，调整 "色相"与"饱和度"，通过移动滑块进行调节。❷单击"文件"|"导出"命令，导出照片。

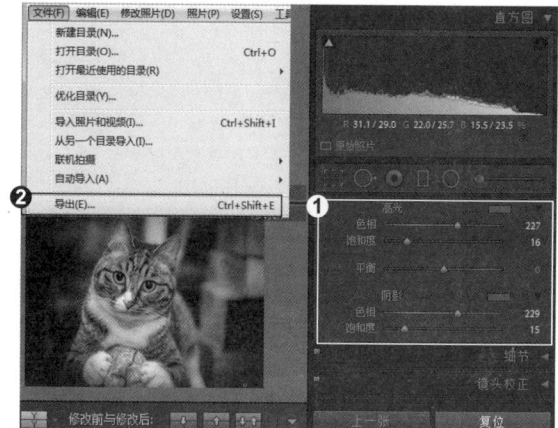

知识拓展

对于动物摄影来说，光线的朝向对于展现动物的形象非常重要。特别是拍摄毛发蓬松的动物，充分利用逆光或侧逆光来表现毛发的质感，会给人与众不同的感觉。

★★★★★ 招式 200 打造憨态可掬的狗狗

Q 拍摄了一张狗狗的照片，画面的亮度远远不够，如何将画面的亮度提高？

A 选择"色调"，调整照片的"曝光度"即可。

1.调整图像的色温和色调

❶ 在"图库"模块中，单击"文件"|"导入照片和视频"命令，导入"第15章\素材\招式 200"中的照片素材。❷ 展开"色调"面板，调整"色温"与"色调"，通过移动滑块进行调节。

2.调整色调与色调曲线

❶ 展开"色调"面板，调整"曝光度"，通过移动滑块对进行调节。❷ 展开"色调曲线"面板，调整"亮色调"与"暗色调"，通过移动滑块进行调节。

3.调整明亮度

❶ 展开"HSL/颜色/黑白"面板，选择"明亮度"选项，调整"绿色"与"浅绿色"，❷ 展开"减少杂色"面板，调整"明亮度"与"细节"，通过移动滑块进行调节。

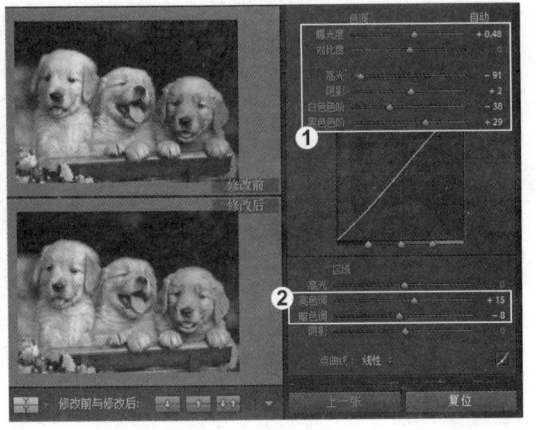

4.调整"相机校准"面板参数

❶ 单击"相机校准"右侧的小三角，展开"相机校准"面板，选择"绿原色"选项，调整"色相"与"饱和度"，通过移动滑块进行调节。❷ 单击"文件" | "导出"命令，导出照片。

知识拓展

家庭宠物是一个很好的摄影题材。家庭宠物与人具有一定的亲密关系，因此相对于其他动物，比较容易拍摄。如果摄影者在日常的生活中多加观察身边的宠物，就会发现很多趣事。小宠物同小孩子一样，都具有好动性，它们很多有趣的动作或者表情往往转瞬即逝，所以拍摄者要运用高速快门和连拍模式进行拍摄。

★★★★★ 招式 201 打造热情奔放的骏马

Q 拍摄时受到旁边光源的影响，照片的整个画面偏蓝，可以调整回来吗？

A 当然可以，利用"白平衡"与"分离色调"调整色调。

1.调整"白平衡"面板参数

❶ 在"图库"模块中，单击"文件"|"导入照片和视频"命令，导入"第 15 章 \ 素材 \ 招式 201"中的照片素材。❷ 展开"白平衡"面板，调整"色温"与"色调"，展开"色调"面板，调整"曝光度"与"对比度"，通过移动滑块进行调节。

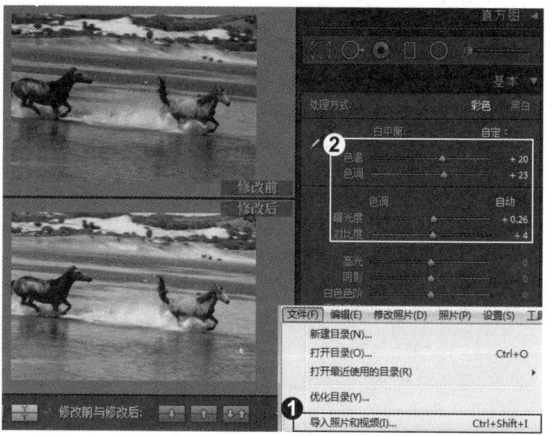

2.调整色调与明亮度

❶ 展开"色调"面板，调整"高光"等选项，展开"偏好"面板，调整"饱和度"，通过移动滑块进行调节。❷ 展开"HSL/ 颜色 / 黑白"面板，选择"明亮度"选项，调整"橙色"，通过移动滑块进行调节。

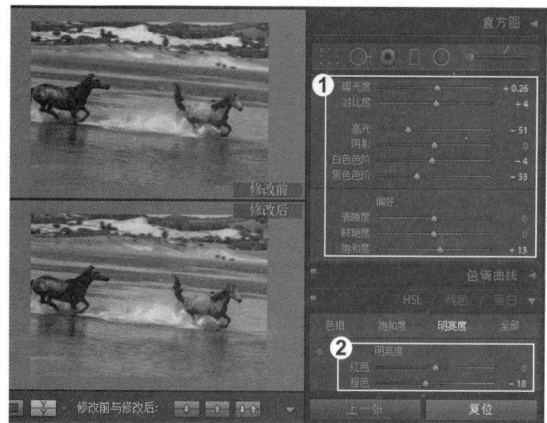

3.调整"分离色调"面板参数

❶ 展开"分离色调"面板，选择"高光"与"阴影"，调整"色相"与"饱和度"，通过移动滑块进行调节。❷ 单击"文件"|"导出"命令，导出照片。

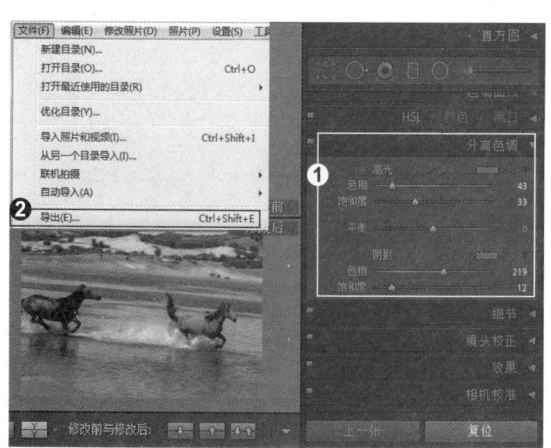

知识拓展

在拍摄运动中的动物时，可以利用人工智能伺服自动对焦模式，也就是常说的跟踪对焦模式来拍摄。

招式 **202** 打造威严神情的变色龙

Q 拍摄了一张变色龙照片，颜色不够鲜艳，应如何调整？

A 在后期调整颜色时，调整"鲜艳度"与"饱和度"即可。

Lightroom 照片处理实战秘技 **250**招

1. 调整"白平衡"面板参数

❶ 在"图库"模块中，单击"文件"|"导入照片和视频"命令，导入"第15章\素材\招式202"中的照片素材。❷ 展开"白平衡"面板，调整"色温"与"色调"，通过移动滑块进行调节。

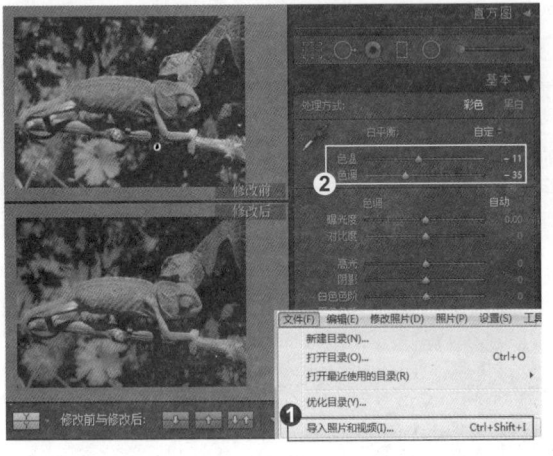

2.调整色调与偏好

❶ 展开"色调"面板，调整"曝光度"等选项，通过移动滑块进行调节。❷ 展开"偏好"面板，调整"清晰度"等选项，通过移动滑块进行调节。

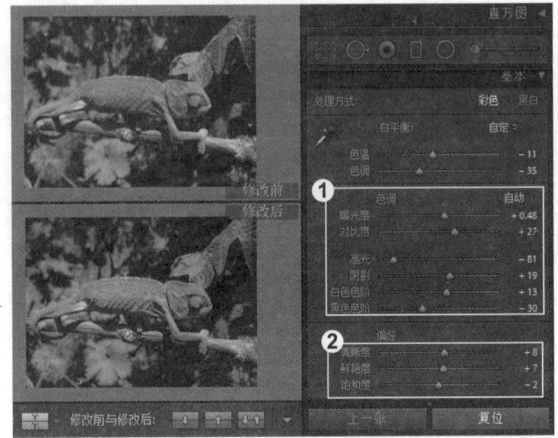

3.调整"色调曲线"面板参数

❶ 展开"色调曲线"面板，调整"亮色调"与"暗色调"，通过移动滑块进行调节。❷ 单击"文件"|"导出"命令，导出照片。

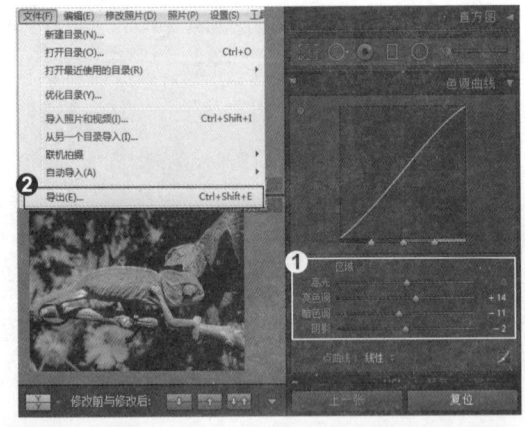

 知识拓展

动物摄影与其他摄影一样，不同的景分别表达的画面意义也不相同。在拍摄动物时，如果摄影者想要重点表现动物的某个表情或者局部动作，可以采用特写或者近景的方式来增强画面的感染力；如果想要表现动物的某个活动状态，可以采用中景的方式进行拍摄；如果想要通过环境的衬托来表现动物的生活状态，可以采用全景的表达方式。

招式 **203** 打造可爱呆萌的白兔

Q 拍摄的白兔整个画面偏黄，如何还原画面的色调？

A 调整"色温"与"色调"即可还原画面的色调。

1.调整图像的偏色 - - - - - - - - - - - - - - - - - -

❶ 在"图库"模块中，单击"文件"|"导入照片和视频"命令，导入"第15章\素材\招式203"中的照片素材。❷ 展开"白平衡"面板，调整"色温"与"色调"，通过移动滑块进行调节。

2.调整色调 - - - - - - - - - - - - - - - - - -

❶ 展开"色调"面板，调整"曝光度"与"对比度"，通过移动滑块进行调节。❷ 展开"色调"面板，调整"高光""阴影""白色色阶"与"黑色色阶"，通过移动滑块进行调节。

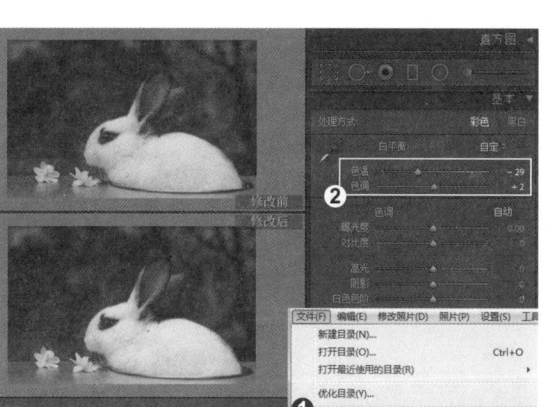

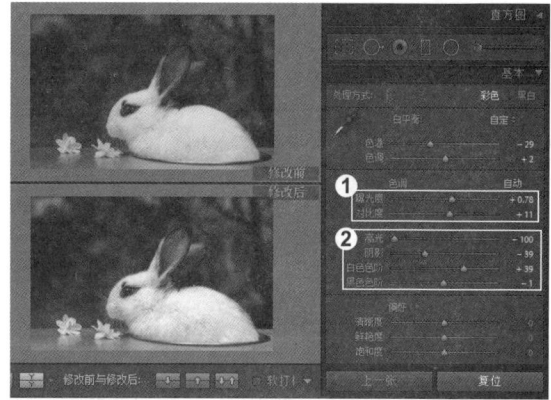

3.调整"偏好"面板参数 -

❶ 展开"偏好"面板，调整"清晰度""鲜艳度"与"饱和度"，通过移动滑块进行调节。❷ 单击"文件"|"导出"命令，导出照片。

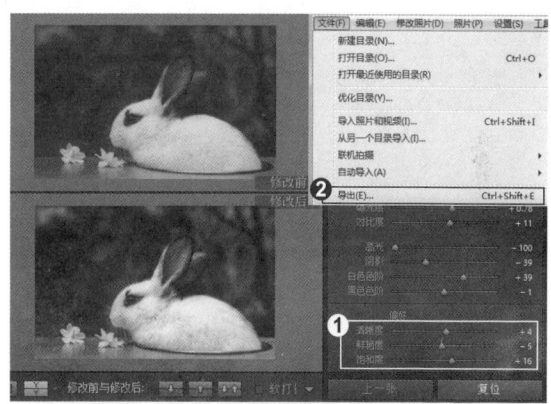

 **知识拓展**

　　动物剪影的拍摄技法和建筑、人物剪影的拍摄方法相同。唯一不同的是，在拍摄动物的过程中，大多数动物不受人的支配，并且具有很强的好动性，所以会给拍摄带来一定的难度，这需要摄影者具备敏锐的观察力和迅捷的反应。拍摄剪影效果时，摄影者需要对准天空侧光，并记下此时的曝光值，然后重新构图，运用相机的连拍模式抓取动物的瞬间剪影。

招式 204 打造体态轻盈的飞鸟

Q 拍摄时受到旁边光源的影响有些偏色，照片整个画面偏红，可以调整回来吗？

A 当然可以，可以利用Lightroom来调整照片，还原画面的真实色彩。

1.调整图像的色温和色调

❶ 在 "图库" 模块中，单击 "文件" | "导入照片和视频" 命令，导入 "第15章 \ 素材 \ 招式204" 中的照片素材。❷ 展开 "白平衡" 面板，调整 "色温" 与 "色调"，通过移动滑块进行调节。

2.调整色调

❶ 展开 "色调" 面板，调整 "曝光度" 与 "对比度"，通过移动滑块进行调节。❷ 展开 "色调" 面板，调整 "高光" "阴影" "白色色阶" 与 "黑色色阶"，通过移动滑块进行调节。

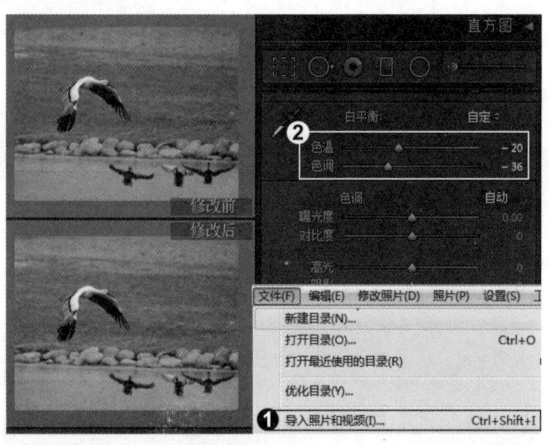

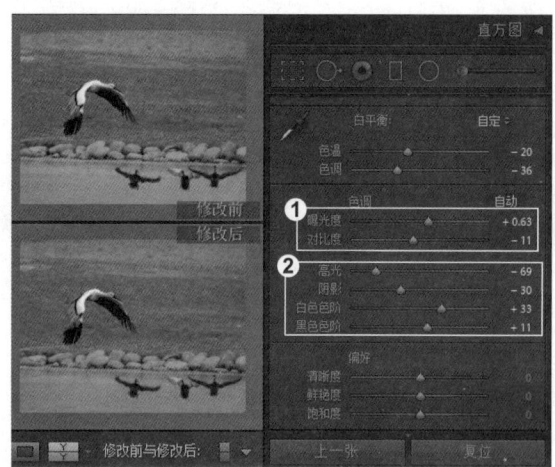

3.调整偏好与色调曲线

❶ 展开 "偏好" 面板，调整 "鲜艳度" 与 "饱和度"，通过移动滑块进行调节。❷ 展开 "色调曲线" 面板，调整 "亮色调" 与 "暗色调"，通过移动滑块进行调节。

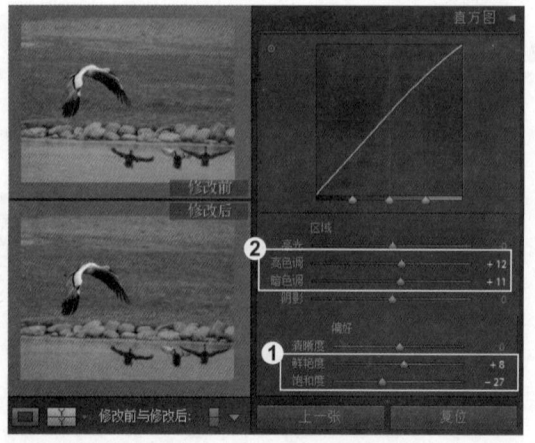

4.调整HSL/颜色/黑白

❶ 展开 "HSL/ 颜色 / 黑白" 面板，选择 "色相"，调整 "紫色"，选择 "明亮度"，调整各个通道的色调，❷ 选择 "饱和度"，调整各个通道的饱和度，通过移动滑块进行调节。

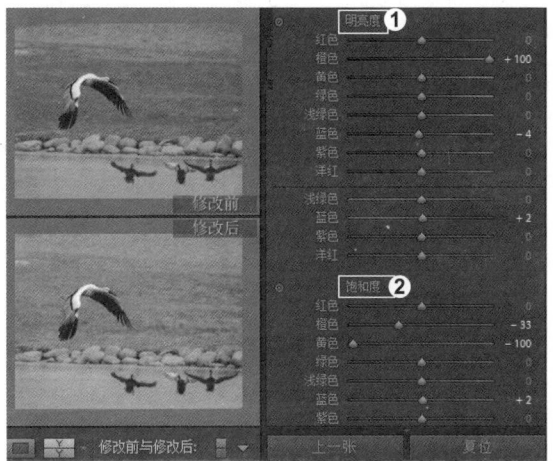

5.调整 "分离色调" 面板参数

❶ 展开 "分离色调" 面板，选择 "红原色" 与 "蓝原色"，调整 "色相" 与 "饱和度"，通过移动滑块进行调节。❷ 单击 "文件" | "导出" 命令，导出照片。

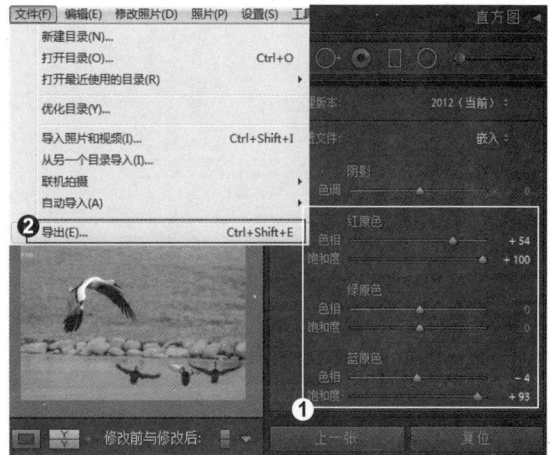

知识拓展

　　鸟类摄影可以说是动物拍摄中的一大亮点。由于鸟类自身的运动性极强，其飞翔的速度又很快，这无疑增加了拍摄难度。对于鸟类拍摄，摄影者要充分利用相机的性能设置，首先，摄影者需要考虑使用相机的快门优先模式，利用高速快门对其进行抓拍；其次，数码单反相机都带有连拍模式，可以利用连拍来增加拍摄的成功率，而在对焦方面，摄影者就需要选择相机的追踪对焦模式，利用相机对移动物体的自动对焦功能来保证画面对焦准确。

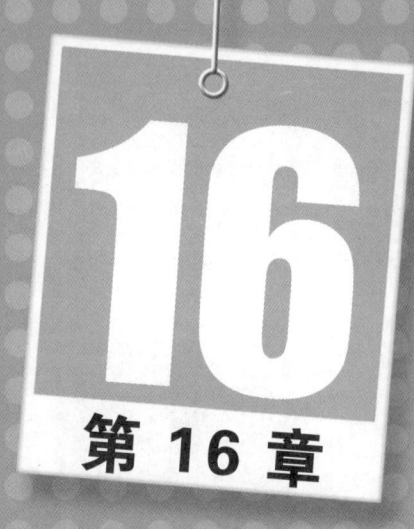

数码照片修复处理

第 16 章

众所周知，Lightroom是一款图像应用软件，专门为数码照片后期处理服务。但是，它大多时候是与Photoshop结合进行图像处理，本章主要讲解利用Lightroom调色处理后，在Photoshop中进行一系列的修复处理。通过本章的学习，可以快速掌握数码照片修复处理的基本技法。

招式 205 调整倾斜照片

 在拍摄时，若相机没有保持水平或垂直，就会拍摄出倾斜的照片，那么在 Photoshop中如何调整倾斜的照片呢？

 在Photoshop中，可以运用标尺工具并结合裁剪工具对图片进行拉直调整。

1.选择标尺工具

❶ 单击"文件"|"打开"命令，打开"第16章\素材\招式205"中的照片素材，❷ 选择工具箱中的 ▦（标尺工具）。

2. 拖动标尺工具

❶ 沿着画面水平线单击并拖曳鼠标，至画面右下角的边缘位置，❷ 拉出标尺线后，在控制面板中单击"拉直图层"，即可拉直活动图层以使标尺水平。

3.剪裁图像

❶ 选择工具箱中的 ◪（裁剪工具），❷ 拖动定界框的控制点，裁去多余部分。

4.校正倾斜照片

❶ 单击控制面板的 ✔ 按钮，❷ 完成倾斜照片的调整。

知识拓展

　　菜单栏中的"标尺"工具作为常用的辅助工具，在实际工作中经常用来定位图像或元素位置，从而让用户更精确地处理图像。工具箱中的"标尺"工具是非常准确的测量工具，如果平时需要对设计图或是校正倾斜图像等进行准确定位，会常用到这一工具。

专家提示

　　在Photoshop中，可通过"自由变换"工具对倾斜的图像进行校正。对需要修正的照片执行"自由变换"命令，适当旋转其画面中的角度，完成后按Enter键结束"自由变换"命令，结合裁剪工具对图像进行适当裁切，完成对图像的校正。

招式 206 裁切照片突出主体

Q 如果前期拍摄时，照片的构图有缺陷，在Photoshop中应该怎么解决呢？

A 可以通过裁剪工具、裁剪命令裁剪多余的图像，使照片的构图突出主体，变得更加艺术化。

1.选择裁剪工具

　　❶ 打开"第16章\素材\招式206"中的照片素材，❷ 选择工具箱中的 ┗┓（裁剪工具）。

2.裁剪图片

　　❶ 拖动定界框的控制点，裁去多余部分，❷ 单击控制面板的 ✓ 按钮，完成裁切照片的效果。

知识拓展

在"图像"|"图像旋转"菜单下提供了一个"任意角度"命令，该命令主要用来以任意角度旋转画布。单击"任意角度"命令，系统会弹出"旋转画布"对话框，在该对话框中可以设置旋转的角度和方式（顺时针和逆时针）。

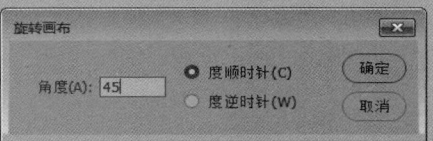

专家提示

"图像旋转"命令只适合于旋转或翻转画布中的所有图像，不适用于单个图层或图层的一部分、路径以及选区边界，如果要旋转选区或图层，就需要用到"自由变换"命令。

招式 207 调整照片方向

Q 编辑图片时，由于拍摄原因，有的图片的导入Photoshop中的方向有所不同，在Photoshop中应如何调整呢？

A 打开图片素材，在菜单栏中单击选择图像旋转，再根据图像本身选择相应的调整方向。

1.查看图像显示方向

❶ 打开"第 16 章 \ 素材 \ 招式 207"中的照片素材，❷ 此时可以看到画面中的图片方向为横向。

2.调整图片方向

❶ 单击"图像"|"图像旋转"|"逆时针90 度"命令，❷ 此时即可看到图片已经调整回竖向。

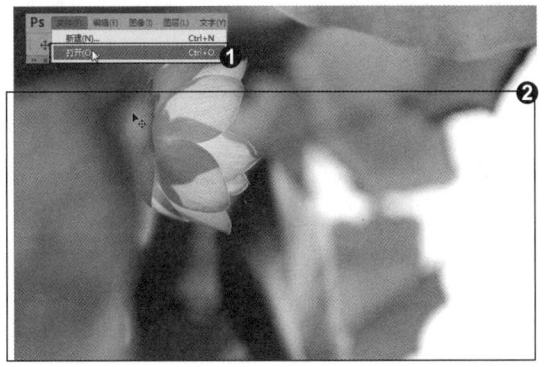

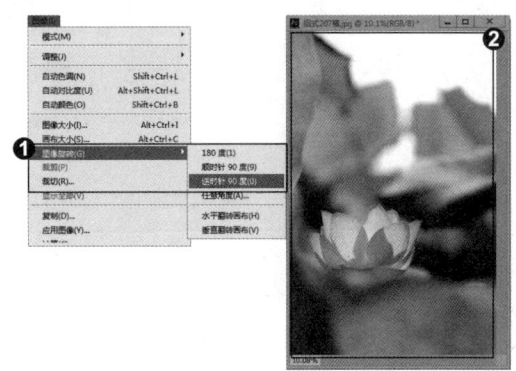

知识拓展

　　选择工具箱中的 ┗┛ (裁剪工具)，在其工具选项栏上，单击"设置裁剪工具的叠加选项"按钮 ⊞，可以打开一系列参考线选项，能够帮助我们进行合理构图，使画面更加艺术、美观。例如，选择"三等分"，能够帮助我们以1/3增量放置组成元素；选择"网格"，可根据裁剪大小显示具有间距的固定参考线。

★★★★★ 招式 208 为照片添加边框

Q 编辑照片时，如果想为照片添加边框效果，在Photoshop中如何操作呢？

A 可以选择矩形选框工具绘制理想的边框大小，右击选择"描边"，在弹出的对话框中设置描边效果，再结合其他命令制作边框。

1.复制背景图层

❶打开"第16章\素材\招式208"中的照片素材，❷在"图层"面板中选择"背景"图层，拖曳到"新建图层"按钮上，复制一个背景图层，防止原图被破坏。

2.设置描边属性

❶ 选择工具箱中的 ▭ (矩形选框工具)，在图片中拖出一个满意的矩形选框，右击，在弹出的快捷菜单中选择"描边"命令，❷打开"描边"对话框，设置其描边属性。

3. 选取颜色

❶ 描边设置完成后，单击"确定"按钮，按住 Ctrl+Shift+I 快捷键反选图像，❷ 单击"前景色"按钮，当指针变成吸管 ✐ 形状时，即可移到照片中浅棕色的区域，选取颜色。

4. 填充颜色

❶ 选取颜色后，单击"确定"按钮，❷ 按住 Alt+Delete 快捷键即可填充前景色，照片边框制作完成。

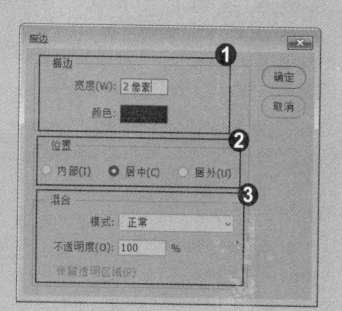

知识拓展

使用"描边"命令可以在选区、路径或图层周围创建彩色或者花纹的边框效果。单击"编辑"|"描边"命令，或按Alt+E+S快捷键，打开"描边"对话框，❶ "描边"选项组主要用来设置描边的宽度和颜色；❷ "位置"可以设置描边相对于选区的位置，包括"内部""居中"和"局外"3个选项；❸ "混合"选项组用来设置描边颜色的混合模式和不透明度，如果勾选"保留透明区域"复选框，则只对包含像素的区域进行描边。

★★★★ 招式 209 清除照片杂物

Q 在调高相机的ISD值或在长时间曝光下拍摄照片时，很容易使照片出现杂色，这种情况在Photoshop中该怎样处理呢？

A 首先打开杂色图片，单击菜单栏中的减少杂色命令，再结合其他命令操作一起去除照片杂色。

1.复制背景图层

❶ 打开 "第 16 章 \ 素材 \ 招式 209" 中的照片素材，❷ 将图片放大即可看到画面中有非常多的彩色杂色，❸ 在 "图层" 面板中选择 "背景" 图层，拖曳到新建图层按钮上，复制一个背景图层，防止原图被破坏。

2.减少杂色及高斯模糊

❶ 单击 "滤镜" | "杂色" | "减少杂色" 命令，打开 "减少杂色" 对话框，设置其参数，单击 "确定" 按钮，关闭对话框，❷ 再按 Ctrl+J 快捷键复制图层，单击 "滤镜" | "模糊" | "高斯模糊" 命令，打开 "高斯模糊" 对话框，设置半径值为 4 像素。

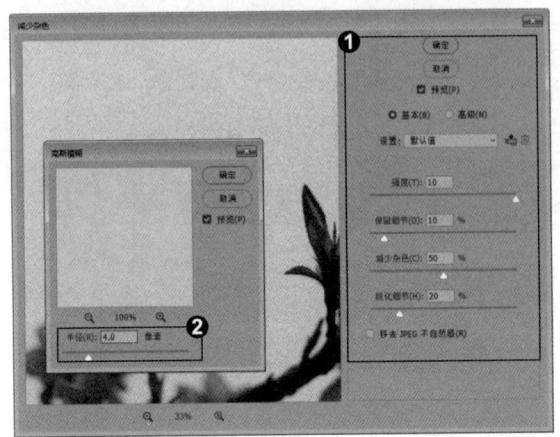

3.画笔涂抹去除杂色

❶ 按住 Alt 键单击 "图层" 面板底部的 "添加图层蒙版" 按钮 ◙，为该图层添加一个反向的蒙版，❷ 选择工具箱中的 ✎（画笔工具），设置前景色为白色，在花卉周围进行涂抹，去除杂色。

4.设置 "高反差保留" 参数

❶ 按 Ctrl+Shift+Alt+E 快捷键，盖印图层，❷ 单击 "滤镜" | "其他" | "高反差保留" 命令，在弹出的对话框中设置半径为 5 像素。

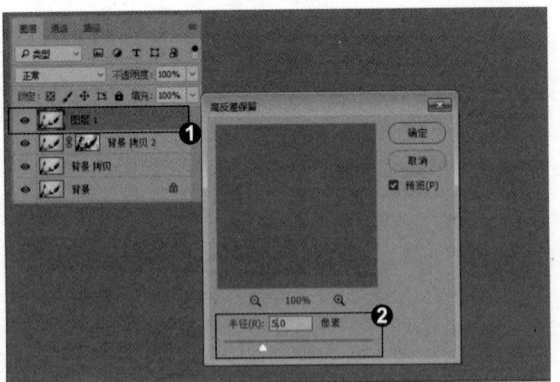

5.设置图层混合模式

❶ 单击 "确定" 按钮关闭对话框，设置该图层的混合模式为 "柔光"，加强图像的对比度，❷ 放大可查看细节。

知识拓展

　　"减少杂色"滤镜可以基于影响整个图像或各个通道的参数设置来保留边缘并减少图像中的杂色。❶在"减少杂色"对话框中选中"基本"单选按钮，可以设置"减少杂色"滤镜的基本参数。在"减少杂色"对话框中选中"高级"单选按钮，可以设置"减少杂色"滤镜中的高级参数，❷其中"整体"选项卡的内容与基本参数完全相同；❸"每通道"选项卡可以基于红、绿、蓝通道来减少通道中的杂色。

招式 210　为照片添加水印

Q 在日常生活中，我们经常会看到某些信纸或图片上布满文字水印，在Photoshop中如何给照片添加水印呢？

A 首先在Photoshop中可以新建文档制作一个透明背景的水印，定义为图案或者画笔预设，然后打开需要添加水印的照片填充图案或者单击画笔都可以添加水印。

1.输入并旋转文字

❶ 单击"文件"|"新建"命令，建立一个新文件，设置参数。❷ 使用文字工具在画布上输入文字，❸ 按 Ctrl+T 快捷键显示定界框，旋转至合适方向。

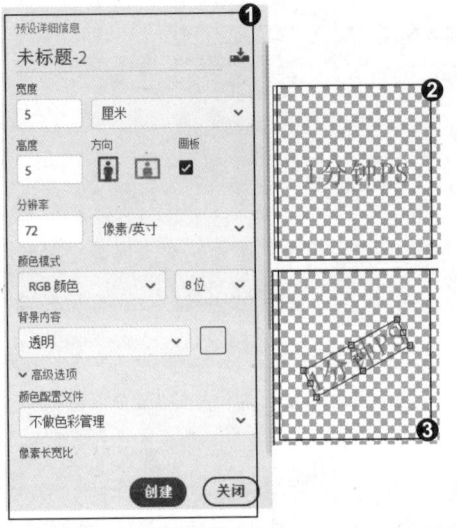

3. 定义图案

❶ 在"图层"面板中选中"1 分钟 PS"文字图层，修改不透明度为"50%"，填充"0%"，❷ 单击"编辑"|"定义图案"命令，在弹出的对话框中设置名称为"1 分钟 PS"，单击"确定"按钮。

4.设置"填充"内容

❶ 打开"第 16 章\素材\招式 210"中的照片素材，❷ 单击"编辑"|"填充"命令，在弹出的对话框中单击"内容"下拉按钮，在下拉列表中选择"图案"选项。

2. 添加描边

❶ 选择"图层"面板底部的 fx（添加图层样式），在下拉菜单中选择"描边"，❷ 打开"图层样式"对话框。设置其描边参数，❸ 单击"确定"按钮后可看到描边效果。

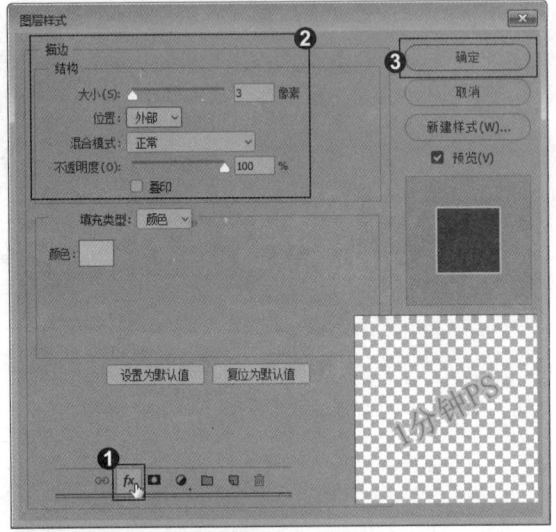

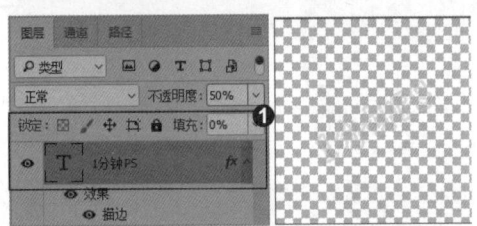

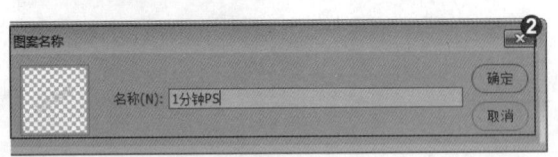

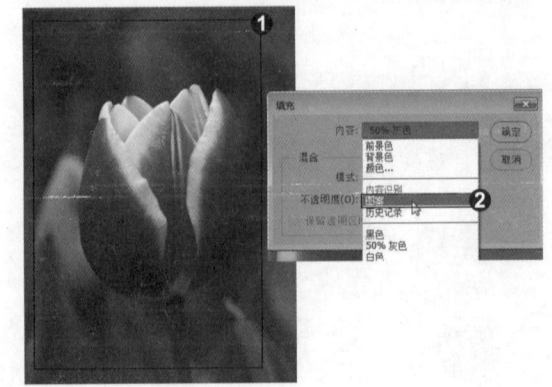

5. 填充图案

❶在"图案"选项下面，单击"自定图案"右面的三角形按钮，选择新定义的图案，❷单击"确定"按钮，填充图案。

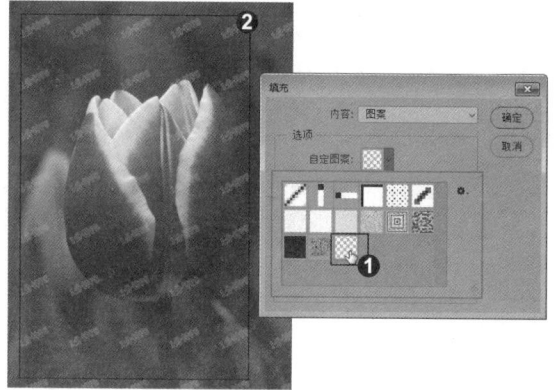

6. 用画笔添加水印

如果只想在一个地方添加水印，即可将制作的水印定义为画笔预设，❶选择工具箱中的 （画笔工具），在画笔预设中选择新创建的画笔，❷在照片上单击即可添加水印。

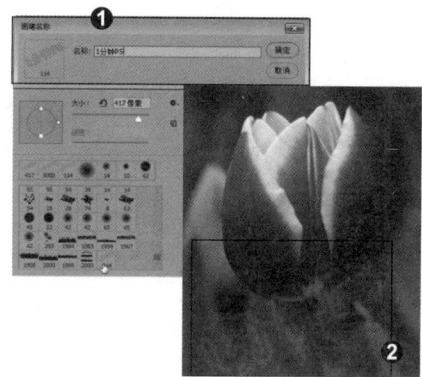

知识拓展

"填充"命令不仅可以使用"前景色""背景色"以及"图案"对选区进行填充，还可以使用附近相近的像素填充选区。❶打开一张图片，利用选区工具在文字上创建选区，❷单击"编辑"|"填充"命令，在打开对话框的"内容"下拉列表中选择"内容识别"选项，❸单击"确定"按钮，Photoshop会用选区附近的图像填充选区，并对光影、色调等进行融合，使填充区域的图像就像是原本就不存在一样。

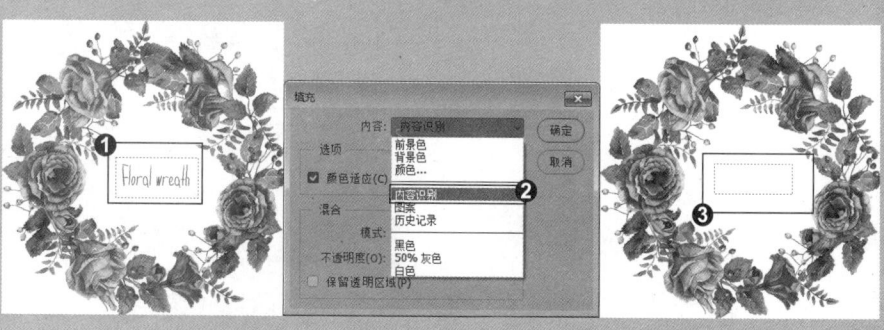

招式 211 让照片变得清晰

Q 将相机的像素设置过低或使用手机拍摄照片，照片会显得模糊，不够清晰，怎么利用Photoshop将照片变清晰呢？

A 在Photoshop中，可以利用通道调整图片色彩，还需要结合"照亮边缘"滤镜、"高斯模糊"滤镜和"色阶"命令将模糊的照片变得清晰。

1.复制背景图层

❶ 打开 "第 16 章\素材\招式 211" 中的照片素材，❷ 放大图片可以看到图像本身十分模糊，❸ 在 "图层" 面板中选择 "背景" 图层，拖曳到新建图层按钮上，复制一个背景图层，防止原图被破坏。

3.设置 "照亮边缘" 滤镜参数

❶ 单击 "滤镜" | "滤镜库" 命令，在打开的对话框中选择 "照亮边缘"，❷ 设置边缘宽度、亮度及平滑度的参数，单击 "确定" 按钮。

2.复制红通道

❶ 选择 "通道" 面板的 "红" 通道，❷ 将 "红" 通道拖曳到 "通道" 面板底部的 "创建新通道" 按钮上，得到 "红拷贝" 通道。

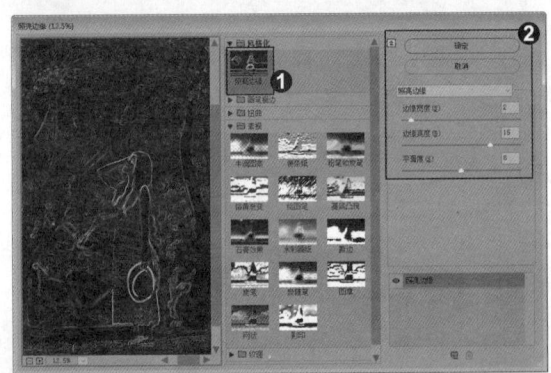

4.设置 "高斯模糊" 及 "色阶" 参数

❶ 单击 "滤镜" | "模糊" | "高斯模糊" 命令，在 "高斯模糊" 对话框中输入 "半径" 为 1.5 像素。❷ 再单击 "图像" | "调整" | "色阶" 命令或按 Ctrl+L 快捷键，打开 "色阶" 对话框，输入相关的数值。

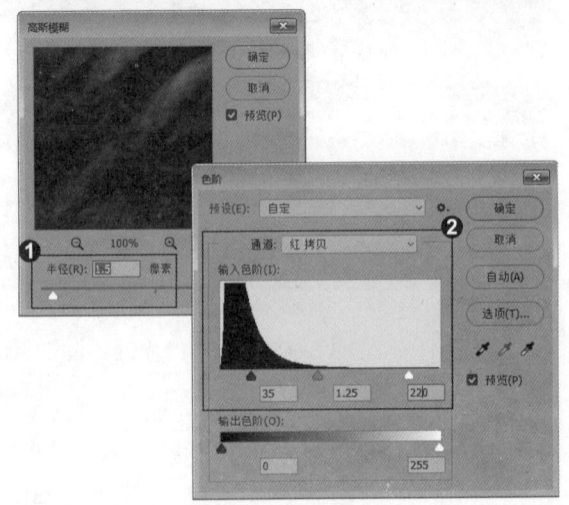

5. 复制选区内容

❶ 单击"通道"面板中 RGB 通道中的"指示通道可见性"图标❶，隐藏"红拷贝"通道。按住 Ctrl 键，单击该通道的通道缩览图，❷ 按住 Ctrl+J 快捷键，将选区的内容复制到新的图层中。

7.设置"USM锐化"参数

❶ 按 Ctrl+Shift+Alt+E 快捷键盖印图层，❷ 单击"滤镜"|"锐化"|"USM 锐化"命令，在弹出的对话框中设置相关参数。

8.放大图片显示细节

❶ 单击"确定"按钮即可看到整体画面变得更加清晰，❷ 按住 Ctrl++ 快捷键可将照片放大，查看清晰度。

6.设置"绘画涂抹"参数

❶ 单击"滤镜"|"滤镜库" 命令，在打开的对话框中选择"艺术效果"下拉菜单中的"绘画涂抹"，❷ 打开"绘画涂抹"对话框，设置相关的参数。

专家提示

单击"滤镜"|"滤镜库"命令，可以打开"滤镜库"对话框，在对话框中，左侧是预览区，中间是6组可供选择的滤镜，右侧是参数设置区。

招式 212 擦除照片中多余的对象

Q 拍摄照片时，如果有多余的东西不慎入镜了，该怎么擦除呢？

A 可以在Photoshop中选择仿制图章工具，选取旁边相似的物体进行盖印，即可覆盖原来多余的对象。

1.复制背景图层

❶ 打开"第 16 章 \ 素材 \ 招式 212"中的照片素材，❷ 在"图层"面板中选择"背景"图层，拖曳到新建图层按钮上，复制一个背景图层，防止原图被破坏。

2.取样去除多余对象

❶ 选择工具箱中的  （仿制图章工具），按住 Alt 键，❷ 当指针变成 状时，可单击选取旁边相近的对象，❸ 选取完成后，松开 Alt 键，在多余对象处单击，相近对象即会覆盖多余对象。

3.查看图像效果

　　参照上述方法，将其他多余对象也擦去，查看完成后的效果。

专家提示

　　使用仿制图章时，❶按住Alt键在图像中单击，定义要复制的内容（称为"取样"），然后将指针放在其他位置，放开Alt键拖动鼠标，即可将复制的图像应用到当前位置。❷与此同时，画面中会出现一个圆形指针和一个十字形指针，圆形指针是我们正在涂抹的区域，而该区域的内容则是从十字形指针所在位置的图像上复制的。在操作时，两个指针始终保持相同的距离，我们只要观察十字形指针位置的图像，便知道将要涂抹出什么样的图像内容。

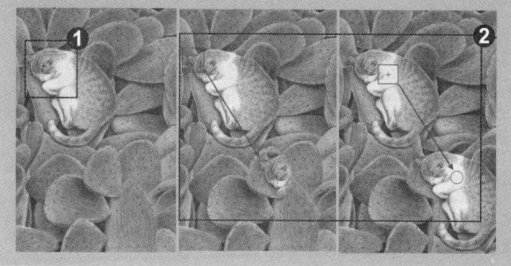

★★★★
招式 213 修复破损的照片

Q 很多人会收藏自己以前的照片，但有些照片经年累月，会破损残旧，应该如何修复呢？

A 可以将照片去色，辅以滤镜命令，用修补工具将照片中的污点去掉，再锐化部分区域，调整色彩，即可修复照片的破损。

1.复制背景图层

　　❶ 打开"第 16 章 \ 素材 \ 招式 213"中的照片素材，❷ 在"图层"面板中选择"背景"图层，拖曳到新建图层按钮上，复制一个背景图层，防止原图被破坏。

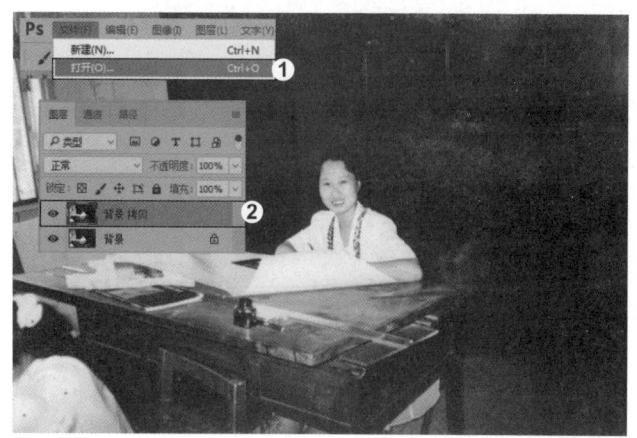

2.对图像进行去色处理

❶ 单击"图像"|"调整"|"去色"命令，去除图片色彩，❷ 按住 Ctrl+J 快捷键再复制一个图层，防止修复中出现大的失误。

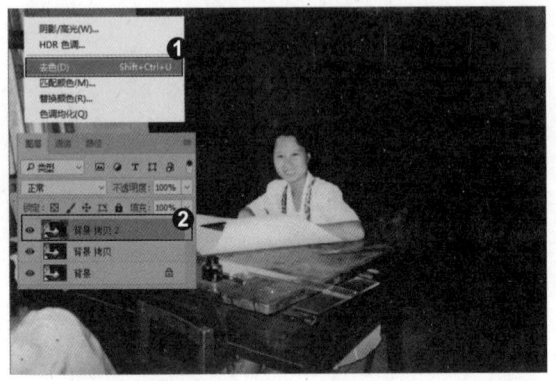

3.还原人物色调及细节

❶ 单击"滤镜"|"杂色"|"蒙尘与划痕"命令，❷ 打开"蒙尘与划痕"对话框，设置其数值。

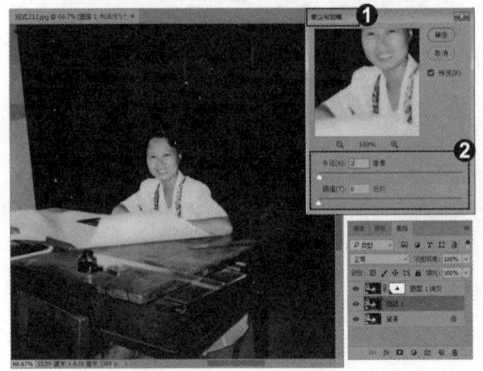

4. 修补工具去除污点

❶ 选择 ⊙（修补工具），设置修补模式为"内容识别"，❷ 在照片脏乱的地方使用修补工具 ⊙ 圈起来，再拖曳至干净的区域，即可去除污点。

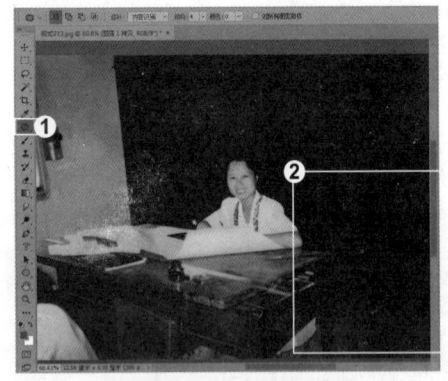

5. 添加高斯模糊

参照上步将其他污点去除，单击"滤镜"|"模糊"|"高斯模糊"命令，在"高斯模糊"对话框中设置半径值为 1.3 像素。

6.画笔工具还原五官

❶ 在"图层"面板中选择"背景拷贝 2"，为它添加蒙版，❷ 选择 ✐（画笔工具），设置前景色为黑色，在蒙版中擦出眼睛嘴巴的轮廓。

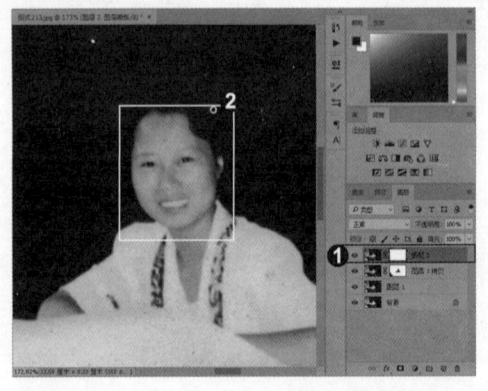

7. 锐化图像

❶ 单击"滤镜"|"锐化"|"USM 锐化"命令，在打开的对话框中设置锐化参数，❷ 按住 Ctrl+E 快捷键将图层向下合并一层。

9. 完成效果

可查看调整完色彩后的整体效果，完成破损照片的修复。

8. 调整整体颜色

❶ 单击"图层"面板下方的"创建新的填充或调整图层"按钮 ◎，在下拉菜单中选择"可选颜色"，设置其"中性色"参数，❷ 再创建一个"色阶"调整图层，设置其参数。

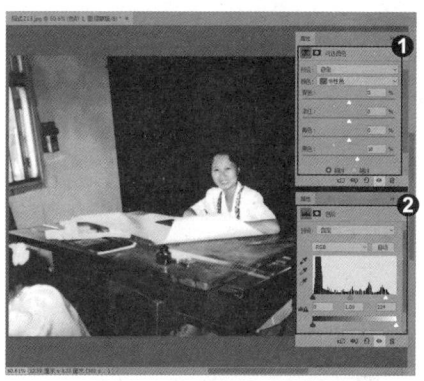

知识拓展

在"修补工具"的选项栏中，❶如果选择"源"选项，将选区拖至要修补的区域后，会用当前选区中的图像修补原来选中的图像；❷如果选择"目标"，则会将选中的图像复制到目标区域。❸勾选"透明"选项后，可以使修补的图像与原图像产生透明的叠加效果。❹单击"使用图案"按钮，可以在其下拉面板中选择一个图案来修补选区内的图像。

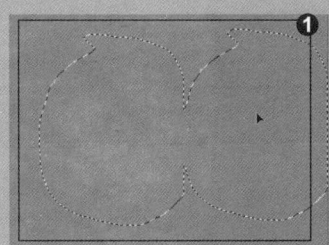

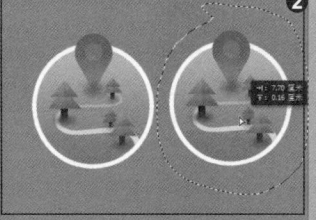

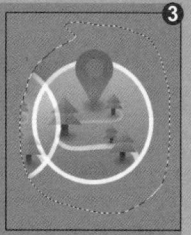

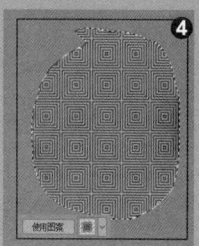

招式 214 消除照片噪点

Q 有时光线过暗，导致拍出来的照片有许多噪点，出现这种情况时应该如何操作呢？

A 可以通过减少杂色来消除照片的噪点，再选择高反差保留命令，又可保留图像细节。

1.复制背景图层

❶ 打开"第 16 章\素材\招式 214"中的照片素材，❷ 在"图层"面板中选择"背景"图层，拖曳到新建图层按钮上，复制一个背景图层，防止原图被破坏。

2.减少图像杂色

❶ 单击"滤镜"|"Camera Raw 滤镜"命令，单击右侧面板上的▲（细节），❷ 在展开的面板中设置"减少杂色"选项的参数，单击"确定"按钮。

3.设置"高反差保留"参数

❶ 按 Ctrl+Shift+Alt+E 快捷键盖印图层，❷ 单击"滤镜"|"其他"|"高反差保留"命令，设置半径值为 2 素像，单击"确定"按钮。

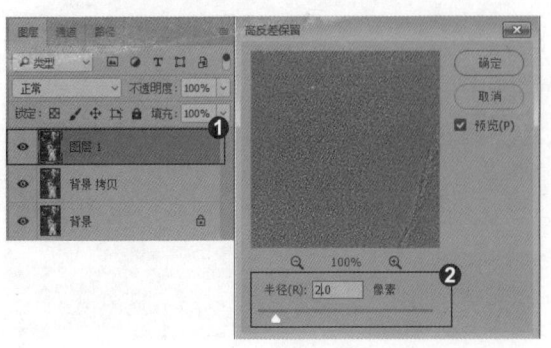

4.更改混合模式

❶ 在"图层"面板中设置该图层的混合模式为"柔光"，❷ 可查看完成后的效果。

 **知识拓展**

"高反差保留"滤镜可以在具有强烈颜色变化的地方按指定的半径来保留边缘细节，并且不显示图像的其余部分，对话框中的"半径"选项用来设置滤镜分析处理图像像素的范围，数值越大，所保留的原始像素就越多；当数值为0.1像素时，仅保留图像边缘的像素。

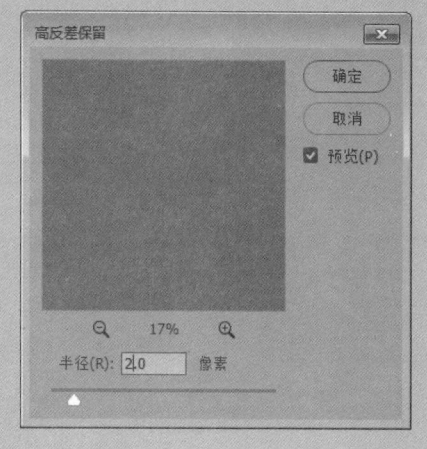

招式 215　修整模糊的旧照片

Q 有时翻看到以前的旧照片，会发现很多照片都模糊了，如何把以前的旧照片变清晰呢？

A 可以利用Photoshop中的"锐化"命令处理模糊的老照片。

1.复制背景图层

❶ 单击"文件"|"打开"命令，打开"第16章\素材\招式215"照片素材，❷ 在"图层"面板中选择"背景"图层，拖曳到新建图层按钮上，复制一个背景图层，防止原图被破坏。

2.设置"照亮边缘"滤镜参数

❶ 在"图层"面板中切换至通道面板，选择绿通道，将绿通道拖至底部，复制绿通道，得到绿副本通道，❷ 单击"滤镜"|"滤镜库"命令，打开对话框，选择"照亮边缘"选项，设置其参数。

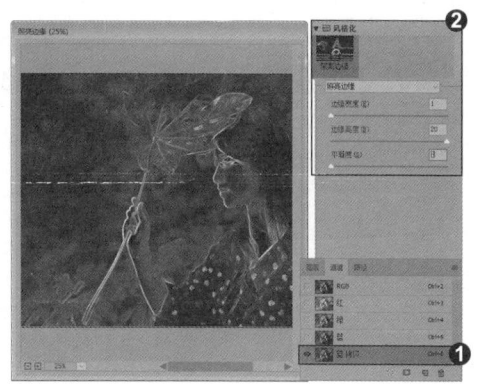

3. 设置高斯模糊及色阶

❶ 单击"滤镜"|"模糊"|"高斯模糊"命令，设置其半径值，❷ 切换至"图像"|"调整"|"色阶"命令，设置色阶值。

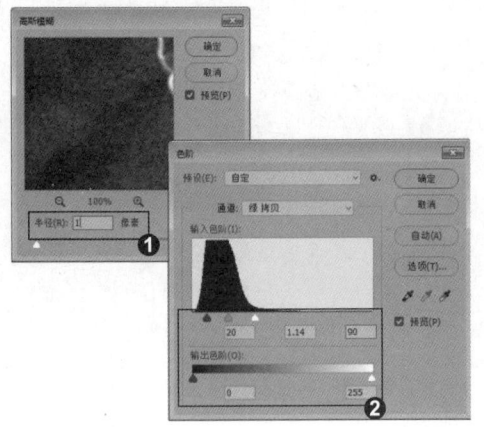

4.黑色画笔涂抹背景

❶ 选择工具箱中的柔边画笔，将前景色设置为黑色、不透明度为"100%"，设置完后在图像背景处涂抹，❷ 按住 Ctrl 键，单击绿副本通道，调出选区，选择RGB通道，回到图层面板。

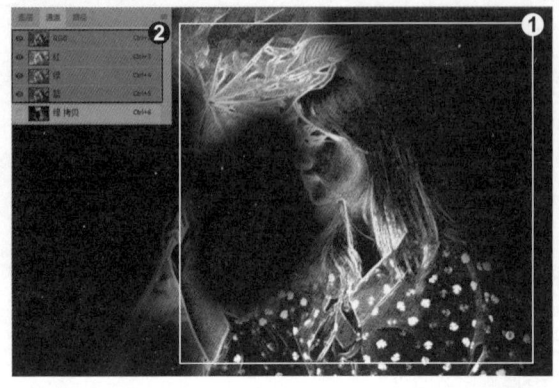

5.设置"绘画涂抹"滤镜参数

❶ 此时可以看到图片中只有人像被选区选中，❷ 单击"滤镜"|"锐化"|"UMS 锐化"命令，设置其锐化值。

6. 绘画涂抹

❶ 在"图层"面板中，将背景副本图层再复制，得到"背景副本 2"图层，❷ 单击菜单栏中的"滤镜"|"滤镜库"命令，打开对话框，选择"绘画涂抹"选项。

知识拓展

"USM锐化"滤镜可以查找图像颜色发生明显变化的区域，然后将其锐化。在"USM锐化"对话框中，"数量"选项用来设置锐化效果的精细程度；"半径"选项用来设置图像锐化的半径范围大小；"阈值"选项只有相邻像素之间的差值达到所设置的阈值时才会被锐化。该值越大，被锐化的像素就越少。

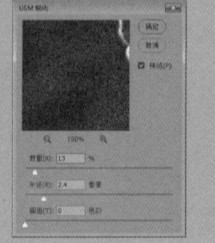

7. 调整画面整体颜色

❶ 按住 Ctrl+D 快捷键取消选区，然后将图层模式设置为滤色，不透明度为 50%。❷ 单击 "图层" 面板底部的 "创建新的填充或调整图层" 按钮 ，打开 "色阶" 属性框，设置其参数值，调整画面整体颜色，完成模糊旧照片的修整。

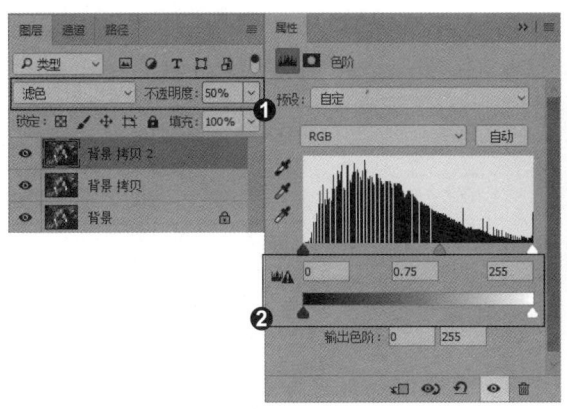

招式 216　恢复照片的自然色彩

Q 照片在拍摄完成后，发现照片颜色偏脏，不够通透，这种情况要怎么解决？

A 这个时候需要调整色彩的鲜亮度，在图层面板创建调整图层，运用色彩平衡、可选颜色和色相/饱和度等图层调整照片色彩。

1. 复制背景图层

❶打开 "第16章\素材\招式216" 中的照片素材，❷按Ctrl+J快捷键复制 "背景" 图层，防止原图被破坏。

2. 更改图层混合模式

❶ 在 "图层" 面板中设置该图层的混合模式为 "柔光"，❷ 加强照片的对比度。

3. 设置色彩平衡

❶ 单击"图层"面板底部的"创建新的填充或调整图层"按钮 ，创建"色彩平衡"调整图层，❷ 在弹出的对话框中分别调整"阴影""中间调"及"高光"的数值，校正图像的偏色。

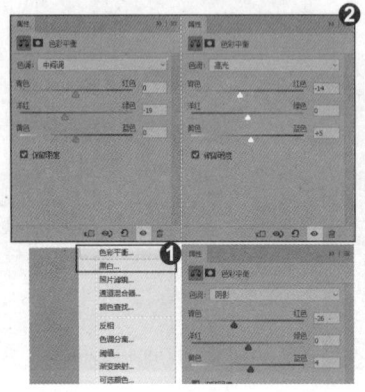

4. 设置可选颜色

继续创建"可选颜色"调整图层，在"颜色"下拉列表中分别调整"红""黄""绿""蓝"等通道的数值，校正各个通道中的色彩。

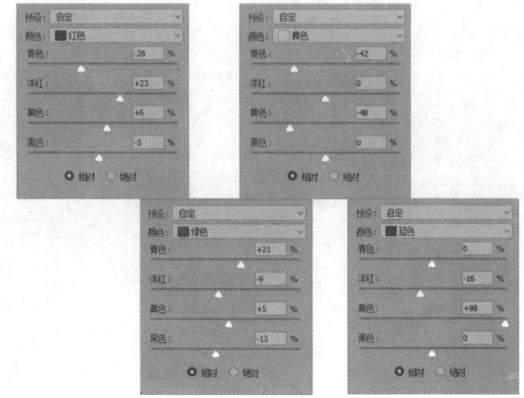

5. 设置色相/饱和度

❶ 再次创建"色相 / 饱和度"调整图层，在弹出的对话框中调整"饱和度"的参数，加强整体画面的艳丽度。❷ 在工具面板中选择加深工具  和减淡工具 ，适当在人像脸上涂抹，使人像脸上的颜色更加协调。

知识拓展

在Photoshop中，图像色彩的调整共有两种方式：一种是直接单击"图像"|"调整"菜单下的调色命令进行调色，这种方式属于不可修改方式，一旦调整了图像的色调，就不可再重新修改调色命令的参数了；另一种方式就是使用调整图层，这种方式属于可修改方式，即如果对调色效果不满意，还可以重新对调整图层的参数进行修改，直到满意为止。

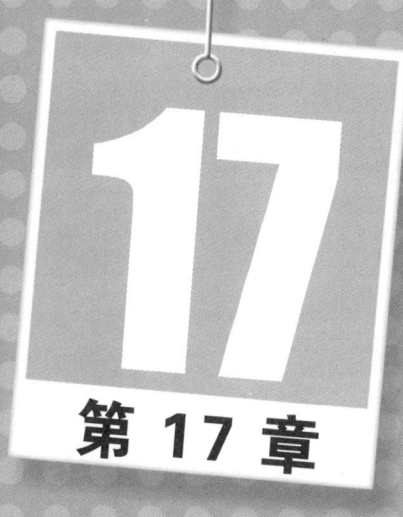

17

第 17 章

数码照片光影色调调整

Lightroom具有强大而易用的自动调整功能，以及各种智能的工具，可以让处理的图像达到最佳品质。但Lightroom的调色功能Photoshop中都具备，为了让用户能够更多地掌握一些有关调色的功能，本章将详细介绍如何使用Photoshop调整光影色调，通过本章的学习可以快速掌握Photoshop各种调色命令的使用方法。

Lightroom 照片处理实战秘技 **250**招

招式 217 调整曝光不足的照片

Q 在拍摄时，如果是外在原因导致拍出来的成片曝光不足，那么在Photoshop里面怎么调整呢？

A 在Photoshop中，可以在图层面板中创建曝光度调整图层，增加曝光度，快速调整图像的曝光度问题。

1.单击"曝光度"命令

❶ 单击"文件"|"打开"命令，打开"第17章\素材\招式217"中的照片素材，❷ 单击"图层"|"新建调整图层"|"曝光度"命令。

2. 设置曝光参数

❶ 在弹出的"新建图层"对话框中，单击"确定"按钮，保持默认设置，❷ 设置"曝光度 1"调整图层"属性"面板的参数。

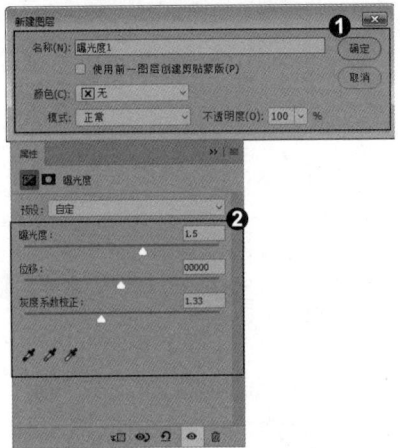

3. 修改不透明度

❶ 在"图层"面板中设置"曝光度 1"调整图层的不透明度为"90%"，❷ 可查看调整后的效果。

知识拓展

如果想令画面呈现更加明亮的效果，可以将"曝光度 1"调整图层的混合模式修改为"滤色"，由于"滤色"混合模式是将混合色的互补色与基色进行正片叠底，所以产生的效果类似于十多个摄影幻灯片在彼此投影下而产生的效果。

招式 218　轻松调整曝光度

Q 如果前期拍摄时，光圈开得过大，照片曝光过度，那么在Photoshop中应该怎么解决此问题呢？

A 可以复制一个图层，更改它的图层模式，再创建一个自然饱和度调整图层，辅以画笔工具调整画面细节，即可完成曝光过度调整。

1.复制背景图层

❶ 打开"第 17 章\素材\招式 218"中的照片素材，❷在"图层"面板中选择"背景"图层，拖曳到新建图层按钮上，复制一个背景图层。

2.还原人物图像

❶ 设置图层的混合模式为"正片叠底"，❷ 单击图层面板底部"创建图层蒙版"按钮，为该图层添加一个蒙版，选择工具箱中的（画笔工具），适当降低画笔不透明度，用黑色画笔涂抹人物，还原部分图像。

3.调整白纱的曝光

❶ 按 Ctrl+Alt+Shift+E 快捷键盖印图层。❷ 选择工具箱中的（套索工具），在人物曝光的白纱处参加选区，羽化 100 像素，❸ 单击"图像"|"调整"|"阴影/高光"命令，在弹出的对话框中设置"高光"参数，调整白纱曝光区域。

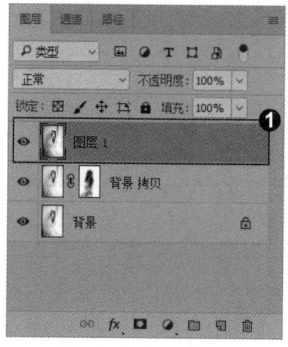

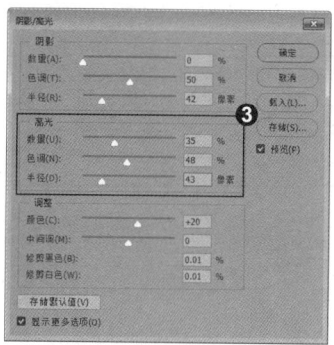

 知识拓展

在"阴影/高光"对话框中，❶"阴影"选项组可以将阴影区域调亮；❷"高光"选项组可以将高光区域调暗；❸"颜色"选项可以调整已更改区域的色彩；❹"中间调"用来调整中间调的对比度；❺"修剪黑色/修剪白色"选项可以指定在图像中将多少阴影和高光剪切到新的极端阴影和高光颜色；❻"存储默认值"选项可将当前的参数设置存储为预设，再次打开"阴影/高光"对话框时，可显示该参数。

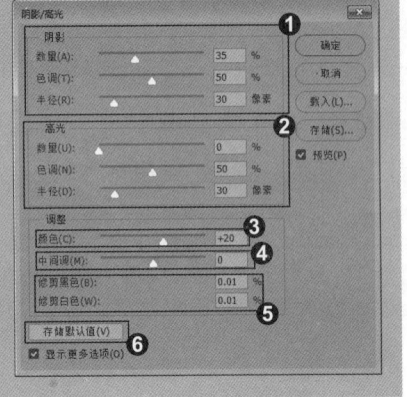

招式 219 校正边角失光

Q 编辑照片时，出现边角失光的情况，在Photoshop中如何调整呢？

A 在菜单栏中单击选择"镜头校正"，加大晕影参数，即可校正边角失光。

1.复制背景图层

❶打开"第17章\素材\招式219"中的照片素材，❷在"图层"面板中选择"背景"图层，拖曳到新建图层按钮上，复制一个背景图层。

2.调整"镜头校正"面板参数

❶单击"滤镜"|"镜头校正"命令，打开"镜头校正"对话框，❷在"自定"选项下面设置"晕影"数量为64，单击"确定"按钮。

3.校正边角失光

返回到工作面板，即可看到照片的边角失
光已经去除了，完成边角失光照片的校正。

 知识拓展

　　使用"以快速蒙版模式编辑"按钮 ⬚，并选择画笔工具 ✎ 在阴暗部分涂抹，也可以对失光的部分进行
调整。

招式 220 制作照片暗角

Q 编辑照片时，如果想为照片添加暗角效果，在Photoshop中该如何操作呢？

A 可以单击菜单栏中的镜头校正命令，设置晕影参数，即可制作照片暗角。

1.复制背景图层

❶ 单击"文件"|"打开"命令，打开"第
17章\素材\招式220"照片素材，❷ 在"图层"
面板中选择"背景"图层，拖曳到新建图层按
钮上，复制一个背景图层，防止原图被破坏。

2.调整"镜头校正"面板参数

❶单击"滤镜"|"镜头校正"命令,打开"镜头校正"面板,❷在其中设置"晕影"的参数,单击"确定"按钮。

3.制作照片暗角

关闭"镜头校正"面板,即可完成照片暗角的制作。

知识拓展

使用另一种方法也可制作照片暗角,新建一个图层,使用渐变工具█在画面中从内向外绘制透明色到黑色的渐变,设置图层混合模式为"强光",即可完成照片暗角制作。

招式 221 添加光晕效果

Q 编辑照片时,如果想给照片添加光晕效果,应该在Photoshop中如何操作呢?

A 首先打开要编辑的照片,在菜单栏里选择镜头光晕,调整光晕位置,即可为照片添加光晕效果。

First ◀ ... ... 17 ... ... ▶ Last

第 17 章　数码照片光影色调调整

1.复制背景图层

❶ 单击"文件"|"打开"命令，打开"第
17 章\素材\招式 221"中的照片素材，❷ 在"图
层"面板中选择"背景"图层，拖曳到新建图
层按钮上，复制一个背景图层，防止原图被破坏。

2.设置"镜头光晕"参数

❶ 单击"滤镜"|"渲染"|"镜头光晕"
命令，❷ 打开"镜头光晕"对话框，在缩览图
里调整光晕位置，并在下面设置其参数，单击"确
定"按钮。

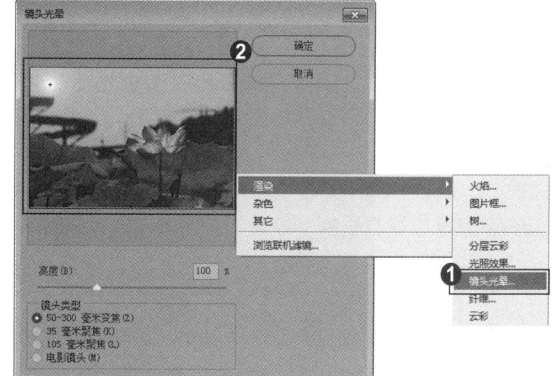

3.添加光晕效果

可查看添加完光晕的效果。

知识拓展

在"镜头光晕"对话框中选择不同的选项，即
会产生不同的光晕效果，如"电影镜头"选项的效
果如下。

★★★★★
招式 222 增强照片对比度

Q 拍摄完照片后，如果觉得出来的成片对比度不够，在Photoshop中该怎么增强
对比度呢？

A 在图层面板单击创建新的填充或调整图层按钮，选择"亮度/对比度"，即可为
照片增强对比度。

285 »»»

Lightroom 照片处理实战秘技 250 招

1.复制背景图层

❶ 打开"第 17 章 \ 素材 \ 招式 222"中的照片素材，❷ 在"图层"面板中选择"背景"图层，拖曳到新建图层按钮上，复制一个背景图层，防止原图被破坏。

2.调整"亮度/对比度"参数

❶ 单击"图层"面板底部的"创建新的填充或调整图层"按钮 ◯，在下拉菜单中选择"亮度 / 对比度"，❷ 打开"亮度 / 对比度"属性面板，调整参数。

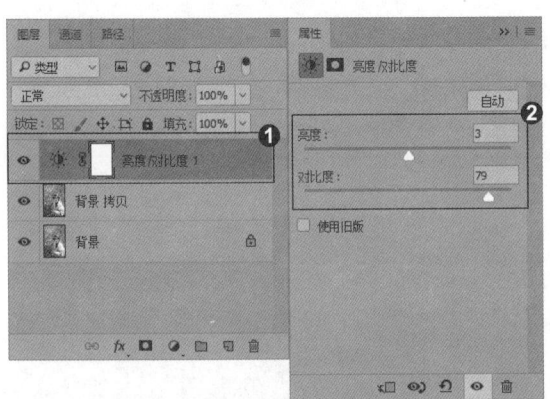

3.增加对比度

返回到"图层"面板，图像整体的对比度得到加强。

知识拓展

在"亮度/对比度"对话框中，❶勾选"使用旧版"复选框，拖动"亮度"与"对比度"滑块，可以得到与 Photoshop CS3 以前的版本相同的调整结果，即进行线性调整。❷ 同取消勾选"使用旧版"复选框进行调整对比，旧版对比度更强，但图像细节也丢失得更多。

招式 223 恢复照片层次

Q 外拍的时候如果遇上阴雨天气导致整体画面偏暗，照片层次不分明，应该怎么处理呢？

A 在Photoshop中可以利用Camera Raw插件，对画面进行无损调节，调整曝光度，对比度和颜色加深，再创建调整图层，调整画面整体颜色。

1.复制背景图层

❶ 打开"第 17 章\素材\招式 223"中的照片素材，❷ 在"图层"面板中选择"背景"图层，拖曳到新建图层按钮上，复制一个背景图层，防止原图被破坏。

2.调整Camera Raw滤镜参数

❶ 单击"滤镜"|"Camera Raw 滤镜"命令，打开 Camera Raw 对话框，❷ 在该面板中设置"效果""细节""HSL/ 灰度"的参数。

3. 创建可选颜色图层

❶ 单击"图层"面板底部的"创建新的填充或调整图层"按钮 ，在下拉菜单中选择"可选颜色"，设置其"青色"参数，❷ 以及"黄色"参数。

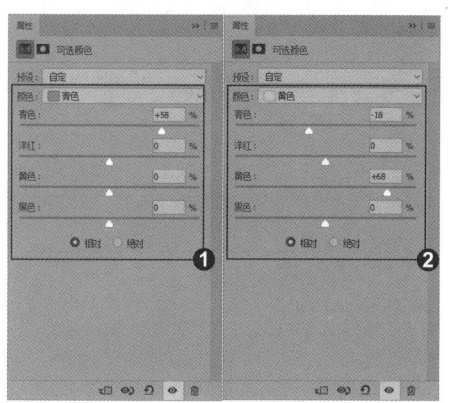

4. 创建曲线调整图层

❶ 在"可选颜色"调整图层上方创建一个"曲线"调整图层，调整其 RGB 通道曲线，❷ 以及"红"通道曲线。

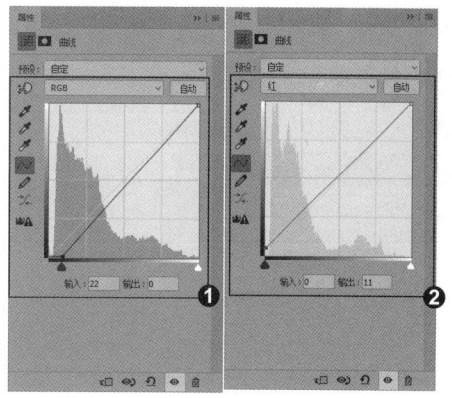

5. 调整头发颜色

❶ 在"曲线 1"调整图层上面继续创建一个"曲线 2"调整图层，调整 RGB 通道曲线，❷ 以及"红"通道曲线，这一步是为了调整头发颜色细节。

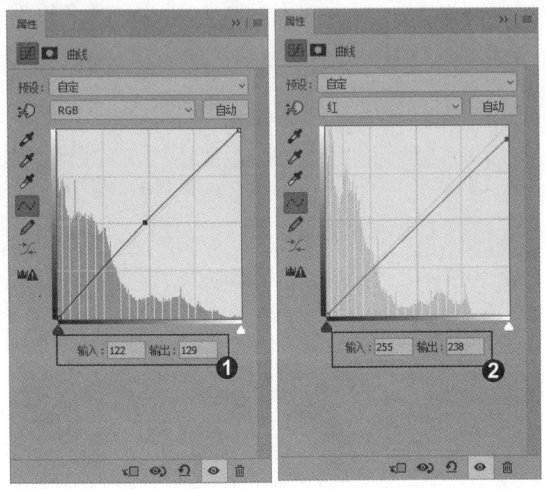

6. 创建亮度/对比度图层

❶ 设置前景色为黑色，使用画笔工具在"曲线 2"调整图层蒙版中擦出人像，使人像更加突出，❷ 在其上再创建一个"亮度/对比度"调整图层，调整画面整体明暗度。

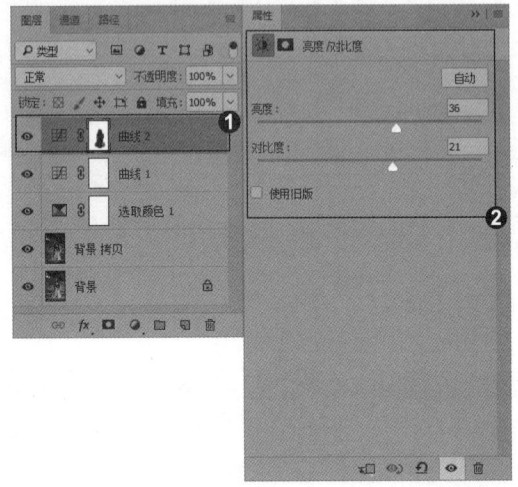

7. 加强高光亮度

❶ 按 Ctrl + Alt + 2 快捷键调出高光选区，❷ 创建一个"曲线"调整图层，设置其参数，加强高光亮度。

8. 恢复照片层次

此时可以查看画面整体效果，对比度更高，照片层次更加明显。

 **知识拓展**

在"色阶"对话框中，可以利用❶ "在图像上取样设置黑场"吸管 🖊、❷ "在图像上取样设置白场"吸管 🖊、❸ "在图像上取样设置灰场"吸管 🖊，分别吸取图像中的黑色、白色、灰色来校正图像的偏色。

招式 224　调整偏色照片

Q 拍摄照片时，如果某些色彩过艳，导致照片偏色，在Photoshop中该怎么调整呢？

A 可以在Photoshop中创建色彩平衡调整图层，调整照片的饱和度，调整照片鲜艳程度。

1.复制背景图层

❶ 打开 "第17章\素材\招式224"中的照片素材，❷ 在"图层"面板中选择"背景"图层，拖曳到新建图层按钮上，复制一个背景图层，防止原图被破坏。

2. 创建色彩平衡调整图层

❶ 单击"图层"面板底部的"创建新的填充或调整图层"按钮 ◕，在下拉菜单中选择"色彩平衡"，设置其参数，单击"确定"按钮，❷ 将"色彩平衡"调整图层复制一份，调整其参数。

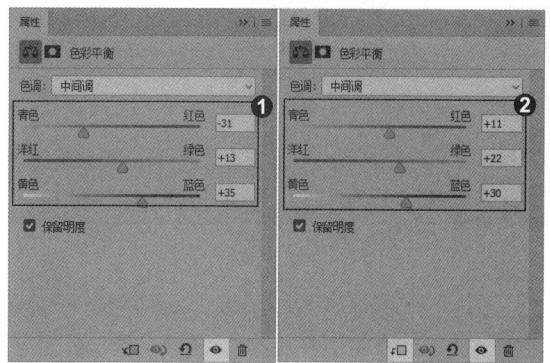

3. 创建亮度/对比度调整图层

❶ 再创建一个"亮度 / 对比度"调整图层，设置其参数，❷ 回到图层面板，修改"背景拷贝"图层的混合模式为"溶解"，❸ 可查看调整完成后的效果。

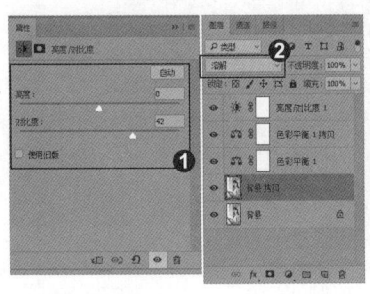

知识拓展

在"色调"选项组中，"阴影"选项主要用于调整图像暗部的颜色，"中间调"选项用于调整图像的中间调的颜色，"高光"选项用于调整图像亮部的颜色。

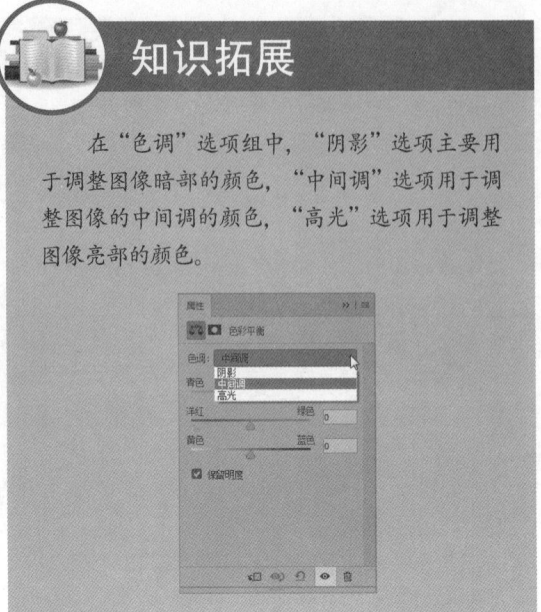

★★★★★

招式 225 让照片恢复生机

Q 拍摄照片时，有些照片会因为光线原因而看起来十分灰暗，没有生机，应如何调整这种照片呢？

A 可以在图层面板下单击创建填充或调整图层，为调整它的颜色和亮度，令照片恢复生机。

1.复制背景图层

❶ 打开"第 17 章 \ 素材 \ 招式 225"中的照片素材，❷ 在"图层"面板中选择"背景"图层，拖曳到新建图层按钮上，复制一个背景图层，防止原图被破坏。

2.调整Camera Raw滤镜参数

❶ 单击"滤镜" | "Camera Raw 滤镜"命令，打开 Camera Raw 对话框，❷ 在该面板中调整"HSL/ 灰度"下的"饱和度""色相"的参数。

3.调整曲线及色相/饱和度参数

❶ 单击"图层"面板底部的"创建新的填充或调整图层"按钮◉，在下拉菜单中选择"曲线"，设置其参数，❷ 再创建一个"色相/饱和度"调整图层，设置其参数。

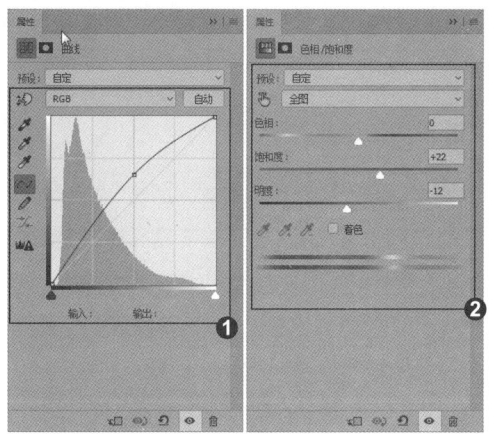

4. 创建可选颜色调整图层

❶ 在"色相/饱和度"调整图层上再创建一个"可选颜色"调整图层，❷ 分别设置它的"白色""绿色""黄色"和"红色"颜色数值。

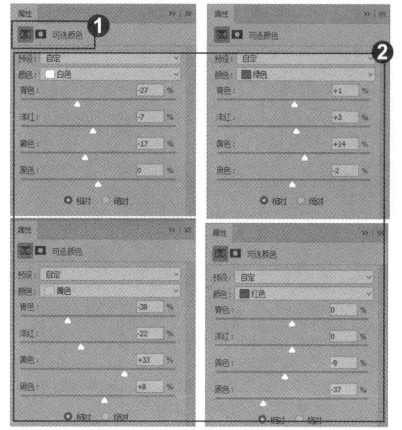

5. 创建亮度/对比度调整图层

❶ 继续在"可选颜色"面板中设置"中性色"数值，❷ 设置完成后再创建"亮度/对比度"调整图层，提亮画面亮度。

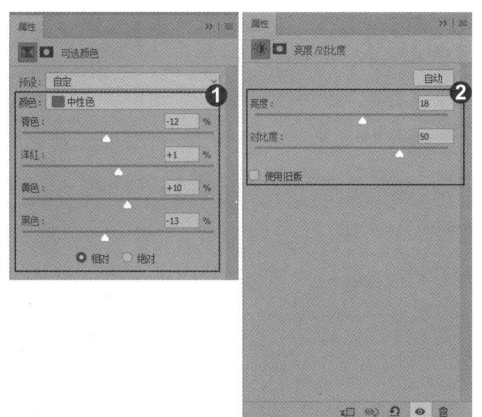

6.恢复照片生机

调整图层设置完成后，即可查看效果，画面整体提亮，也有了明显层次。

 ## 知识拓展

在Photoshop CC版本前，Camera Raw是作为一个增效工具随Photoshop一起提供的，安装Photoshop时会自动安装它，是专门用于Raw文件的程序，可以解释相机原始数据文件，使用相关相机的信息以及图像元数据来构建和处理彩色图像。而在Photoshop CC版本中，Camera Raw可以作为一个滤镜命令来进行操作，方便处理jpg、png等各种格式的文件，使操作变得更加简单、智能。

招式 226 制作夜景照片

Q 有时拍摄一处景物只拍了白天的景，而没有拍摄夜景，有没有方法将白天的景做成夜景的样子呢？

A 当然有，首先打开要编辑的照片，为它创建调整图层，降低亮度明度，结合菜单栏的命令制作夜景照片。

1.复制背景图层

❶ 单击"文件"|"打开"命令，打开"第17章\素材\招式226"中的照片素材，❷在"图层"面板中选择"背景"图层，拖曳到新建图层按钮上，复制一个背景图层，防止原图被破坏。

2.降低图像的明度和亮度

❶ 单击"图层"面板底部的"创建新的填充或调整图层"按钮，在下拉菜单中选择"色相/饱和度"，降低明度参数，❷再创建一个"亮度/对比度"调整图层，降低亮度参数。

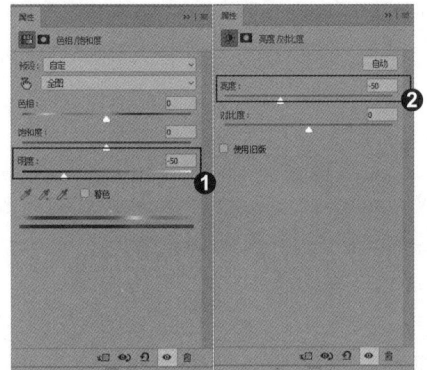

3.创建颜色查找调整图层

❶ 创建一个"颜色查找"调整图层，选择其文件，❷此时可以看到图像效果已经变暗。

4.创建曲线调整图层

❶ 继续在"图层"面板中创建一个"曲线"调整图层，调整成图示模样，❷单击"创建新图层"按钮，在图层最上方新建一个图层，填充黑色。

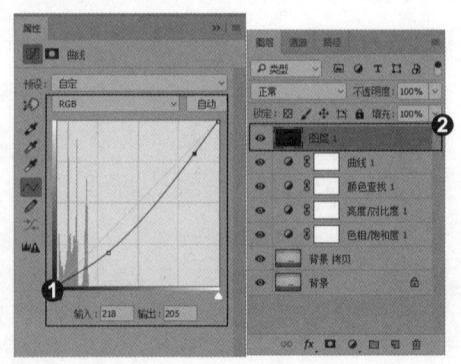

5. 添加杂色

❶ 单击"滤镜"|"杂色"|"添加杂色"命令，打开"添加杂色"对话框，设置其参数，❷ 再打开"高斯模糊"对话框，设置半径值为 0.25 像素，单击"确定"按钮。

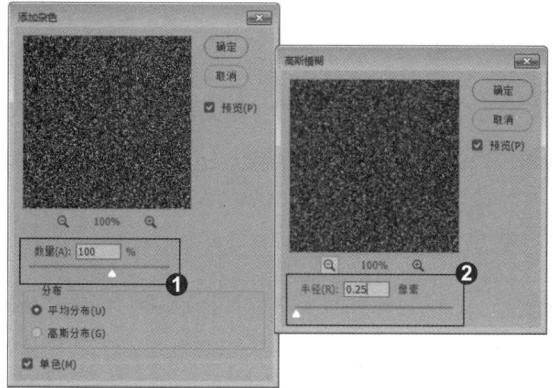

7. 创建色阶调整图层

❶ 更改"图层 1"的混合模式为"柔光"，不透明度为"50%"，❷ 再创建一个"色阶"调整图层，设置其参数。

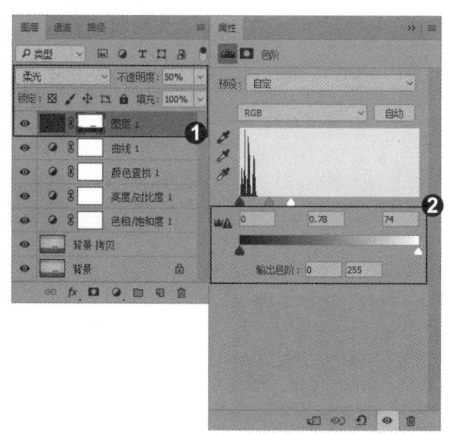

6. 添加蒙版

❶ 关闭"图层 1"的显示，选中"背景 拷贝"图层，使用魔棒工具在天空部分单击，使它载入选区，如果有未选中的区域，可以使用套索工具按住 Shift 键添加到选区，❷ 再选中"图层 1"图层，为它添加蒙版，显示该图层。

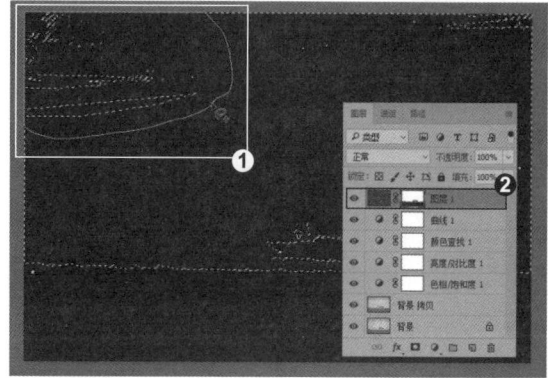

8. 完成夜景照片

调整完色阶后，完成夜景照片制作，可查看其效果。

知识拓展

查找表（Look Up Table，LUT）在数字图像处理领域应用广泛。例如，在电影数字后期制作中，调色师需要利用查找表来查找有关颜色数据，它可以确定特定图像所要显示的颜色和强度，将索引号与输出值建立对应关系。

招式 227 为水面合成倒影

Q 拍摄湖边照片时，如果没有拍摄出水面倒影的样子，或者拍摄的不全面，该怎么办呢？

A 可以将湖边的景物圈选，复制翻转，降低透明度，再结合其他命令合成倒影。

1.复制背景图层

❶ 打开"第 17 章 \ 素材 \ 招式 227"中的照片素材，❷在"图层"面板中选择"背景"图层，拖曳到新建图层按钮上，复制一个背景图层，防止原图被破坏。

2.设置羽化半径参数

❶ 使用多边形套索工具 将湖边的景物圈选，使景物载入选区，❷单击"选择"|"修改"|"羽化"命令，打开对话框，设置羽化半径为 5 像素。

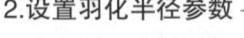

3.水平翻转图像

❶ 按 **Ctrl+C** 快捷键复制选区内容，再按 **Ctrl+V** 快捷键粘贴内容，此时"图层"面板会自动生成一个图层，按 **Ctrl+T** 快捷键显示定界框，右击，在快捷菜单中选择"垂直翻转"，移至合适位置，❷ 在"图层"面板中将该图层不透明度改为"30%"。

4. 添加水色

❶ 按住 **Ctrl** 键单击"图层 1"图层缩览图，令其载入选区，新建一个图层，填充灰蓝色（#59636a），❷ 单击"图层"面板底部的"添加矢量蒙版"按钮 ▣，为该图层添加矢量蒙版，并使用渐变工具，从上至下在蒙版中拉一个白到黑的渐变。

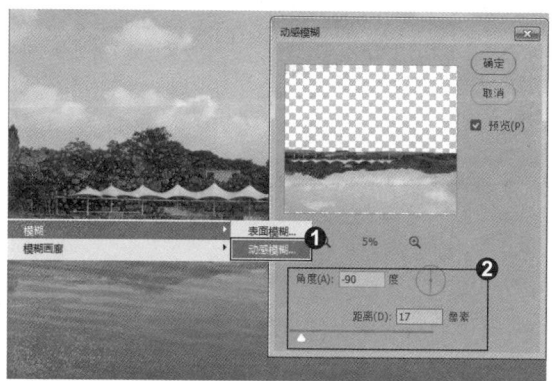

5.设置"动感模糊"参数

❶ 单击"滤镜"|"模糊"|"动感模糊"命令，❸ 打开"动感模糊"对话框，设置该参数。

6.制作水面倒影

单击"确定"按钮，即可关闭对话框，查看图像效果，完成水面倒影合成。

知识拓展

如果"滤镜"菜单中的某些滤镜命令显示为灰色，就表示它们不能使用。在通常情况下，这是由于图像模式造成的问题。RGB模式的图像可以使用全部滤镜，一部分滤镜不能用于CMYK图像，索引和位图模式的图像不能使用任何滤镜。如果要对位图、索引或CMYK图像应用滤镜，可以先执行"图像"|"模式"|"RGB颜色"命令，将它们转换为RGB模式，再使用滤镜处理。

★★★★★ 招式 228 调出照片怀旧色调

Q 照片在拍摄完成后，想将它调成怀旧色调，在Photoshop中该如何操作？

A 可以选择色相/饱和度和曲线命令调整照片色调，使照片具有怀旧感。

1.复制背景图层

● 打开"第 17 章 \ 素材 \ 招式 228"中的照片素材，❷ 在"图层"面板中选择"背景"图层，拖曳到新建图层按钮上，复制一个背景图层，防止原图被破坏。

2.调整"色相/饱和度"参数

● 单击"图像" | "调整" | "色相 / 饱和度"命令，❷ 打开"色相 / 饱和度"对话框，设置其参数。

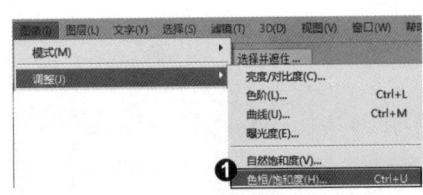

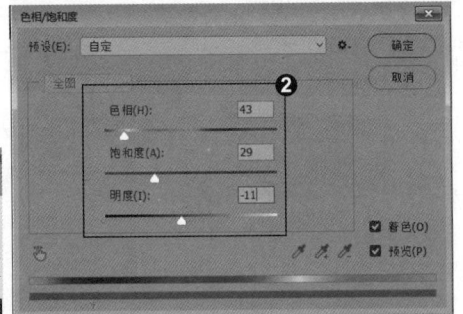

3. 调整RGB曲线

单击"图层"面板底部的"创建新的填充或调整图层"按钮 ●，创建"曲线"调整图层，在"曲线"面板中添加两个节点，分别设置其 ● 左下节点参数和 ❷ 右上节点参数。

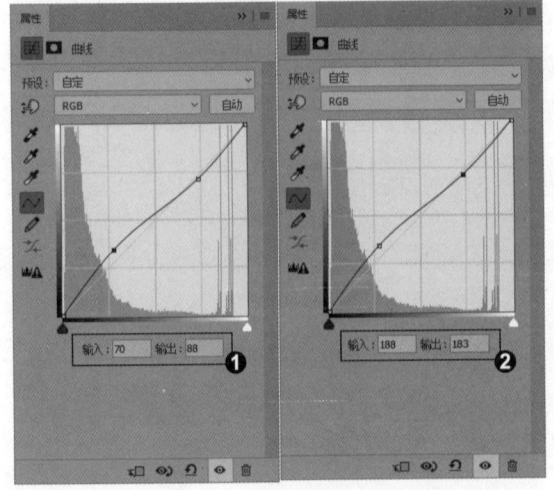

4.调整蓝曲线

单击 RGB 选项，在下拉菜单中选择"蓝"，在曲线上添加两个节点：● 左下节点参数、❷ 右上节点参数。

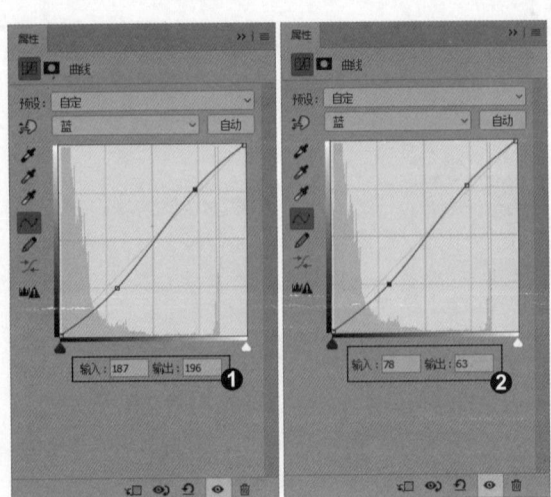

5.制作怀旧色调效果

曲线设置完后，图像的整体效果也会随之改变，完成怀旧色调的照片制作。

知识拓展

使用"色阶"与"曲线"进行调色时，通常会配合着"直方图"来进行调整，直方图用图形表示了图像的每个亮度级别的像素数量，展现了像素在图像中的分布情况。在"直方图"面板中❶"紧凑视图"为默认的显示方式，它显示的是不带统计数据和控件的直方图；❷"扩展视图"显示的是带有统计数据和控件的直方图；❸"全部通道视图"显示的是带有统计数据和控件的直方图，同时还显示每一个通道的单色直方图（不包括Alpha通道、专色通道和蒙版）。❹如果选择面板菜单中的"用原色显示直方图"命令，可以用彩色方式查看通道直方图。

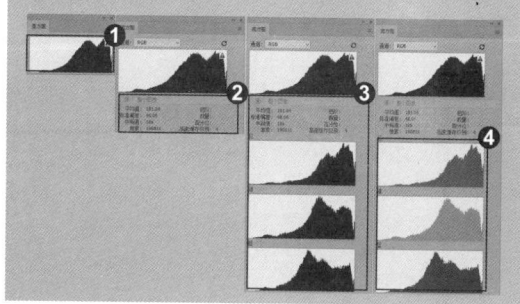

招式 229　制作柔嫩糖水色调

Q 现在大多流行糖水色调，可衬托人物的肌肤，如何调出柔嫩糖水色调呢？

A 可以将模式调成Lab模式，复制a通道的内容于b通道，再辅以其他命令即可制作柔嫩糖水色调。

1.复制背景图层

❶打开"第17章\素材\招式229"中的照片素材，❷按Ctrl+J快捷键复制"背景"图层，防止原图被破坏。

2. 调出高光选区

❶ 按 Ctrl + Alt + 2 快捷键调出高光选区，❷ 再按 Ctrl+J 快捷键复制一层选区图层。

4. 应用图像

❶ 单击"图像"|"应用图像"命令，在打开的对话框中选择混合模式为"柔光"，单击"确定"按钮，❷ 在"图层"面板中设置该图层的混合模式为"颜色"。

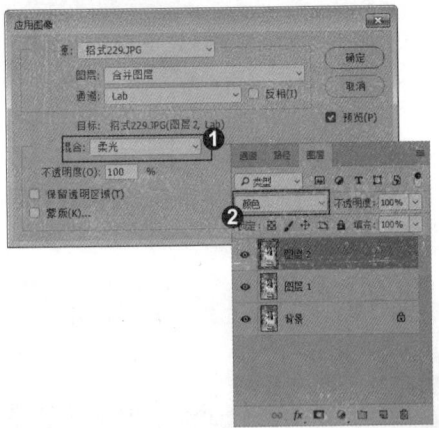

6. 更改不透明度

❶ 按 Ctrl+D 快捷键取消选区，单击 RGB 图层，回到"图层"面板，❷ 更改不透明度为 60%，此时糖水色调已经初步完成了。

3. 转换Lab模式

❶ 单击"图像"|"模式"|"Lab 颜色"命令，❷ 在弹出的对话框中单击"不拼合"按钮。

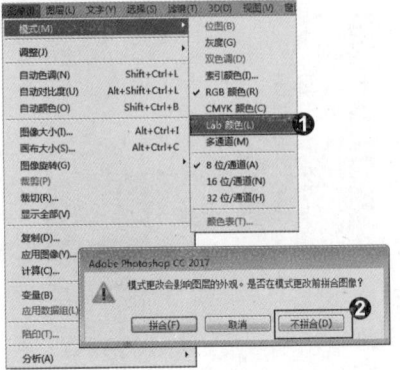

5. 复制通道内容

❶ 按 Shift+Ctrl+Alt+E 快捷键盖印一个图层，单击通道面板，选中"a"图层，按 Ctrl+A 快捷键全选内容，再按 Ctrl+V 快捷键复制内容，❷ 单击"b"图层，按 Ctrl+V 快捷键粘贴到该图层。

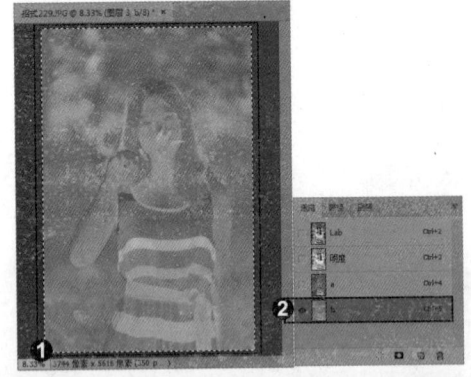

7.设置"减少杂色"参数

❶ 按 Shift+Ctrl+Alt+E 快捷键再盖印一个图层，❷ 单击"滤镜"|"杂色"|"减少杂色"命令，设置其参数。

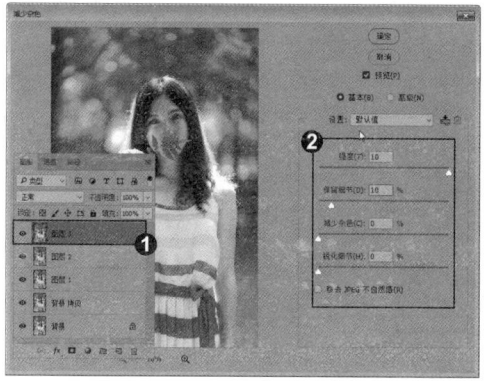

8.设置"镜头校正"参数

❶ 单击"图像"|"模式"|"RGB 颜色"命令，选择"不拼合"，❷ 再选择菜单栏中的"镜头校正"命令，设置其参数。

9.制作柔嫩糖水色调

单击"确定"按钮，返回到工作面板，查看图像效果，完成柔嫩糖水色调图像制作。

知识拓展

在Lab模式中，L代表了亮度分量，它的范围为0~100；a代表了由绿色到红色的光谱变化；b代表了由蓝色到黄色的光谱变化。颜色分量a和b的取值范围均为+127~-128。Lab模式在照片调色中有着非常特别的优势，处理明度通道时，可以在不影响色相饱和度的情况下轻松修改图像的明暗信息；处理a和b通道时，则可以在不影响色调的情况下修改颜色。

招式 230 打造黄色温馨色调

Q 在日常生活中，经常能看到黄色温馨色调的照片，观感十分舒服，如何打造这种色调的照片呢？

A 打开照片，为它添加调整图层，增加黄色色调，加强对比度，辅以其他命令即可打造黄色温馨色调。

1.复制背景图层

❶ 打开"第 17 章 \ 素材 \ 招式 230"中的照片素材，❷ 按 Ctrl+J 快捷键复制"背景"图层，防止原图被破坏。

2. 创建曲线调整图层

❶ 单击"图层"面板底部的"创建新的填充或调整图层"按钮 ，创建"曲线"调整图层，❷ 在弹出的对话框中调整"红""绿"通道曲线的数值，这一步主要是给图片加淡红色。

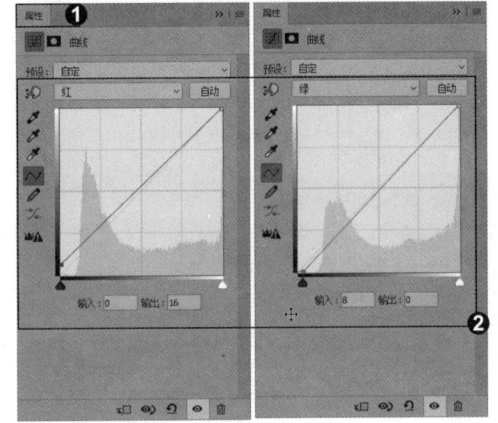

3. 创建可选颜色调整图层

❶ 在"曲线 1"上方再创建一个"可选颜色"调整图层，❷ 在弹出的对话框中分别调整"黄色""白色""红色"的数值。

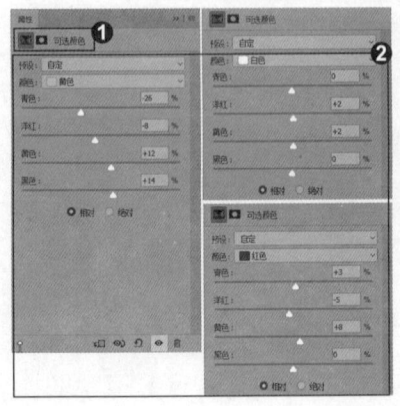

4. 创建色相/饱和度调整图层

❶ 创建"色相/饱和度"调整图层，❷ 在弹出的对话框中设置"红色""黄色"的通道数值。

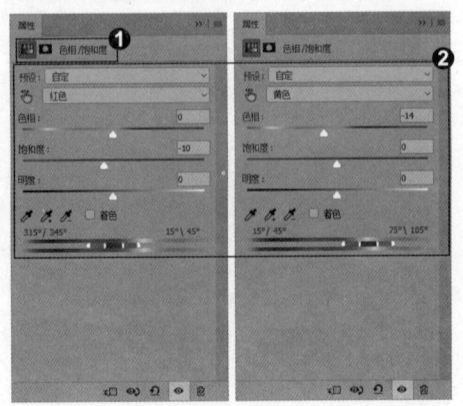

5.设置色彩平衡参数

❶ 按 Ctrl + Alt + 2 快捷键调出高光选区，再按 Ctrl+Shift+I 快捷键选择反向，❷ 创建一个"色彩平衡"调整图层，设置其参数。

6. 创建曲线调整图层

❶ 继续创建"曲线"调整图层，参照下图调整各曲线的数值，❷ 按 Ctrl + Alt + G 为"曲线 2"调整图层创建剪贴蒙版。

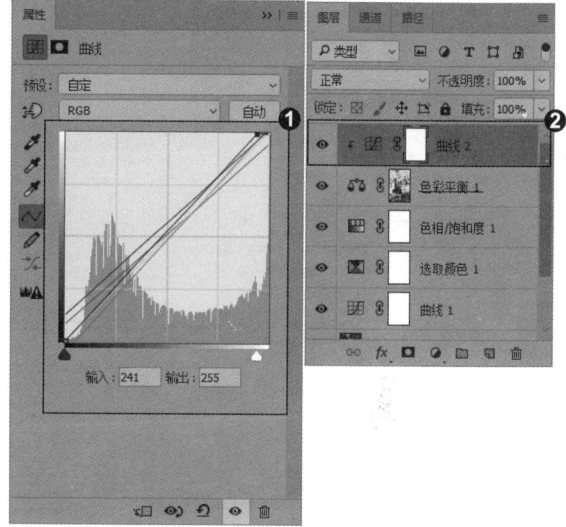

7. 添加云彩

❶ 在"图层"面板中新建一个图层，确认前景色是黑色，单击"滤镜"|"渲染"|"云彩"命令，此时画面被云彩填充，❷ 在"图层"面板中设置该图层的混合模式为"滤色"，不透明度为"10%"。

8. 创建颜色填充调整图层

❶ 按 Ctrl + Alt + G 快捷键为"图层 1"创建剪贴蒙版，❷ 在"图层 1"上方创建一个"颜色填充"调整图层，设置填充色为橙红色（#ce755d），设置混合模式为"滤色"，为该调整图层的蒙版填充黑色。

9.擦出光线

❶ 将前景色调成白色，使用画笔工具 ，调低画笔的不透明度，在选区涂抹，为其增加光线效果，❷ 按 Ctrl+J 快捷键复制"颜色填充 1"图层。

10.增加高光

❶ 将"颜色填充 1 复制"的蒙版填充为黑色，❷ 继续使用透明度较低的白色画笔 在下图选区涂抹，意在增加高光效果。

11.设置色彩平衡

❶ 创建"色彩平衡"调整图层，❷ 在弹出的对话框中分别调整"阴影""高光"的数值。

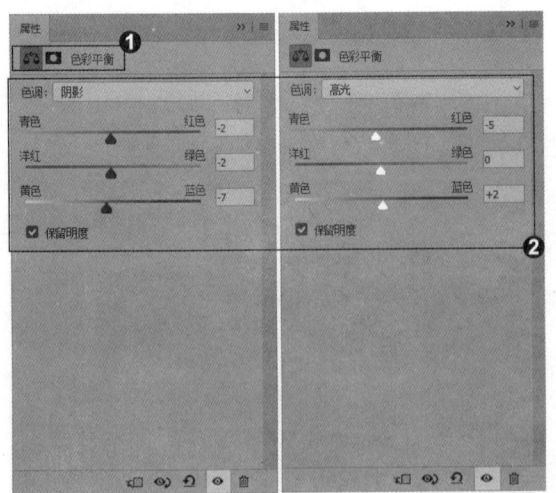

12.增加暗角

❶ 再创建一个"曲线"调整图层，参照下图设置各曲线值，在"图层"面板将该图层蒙版填充黑色，❷ 使用画笔工具 在图像边角处涂抹，增加暗角。

13.设置可选颜色

❶ 创建"可选颜色"调整图层，❷ 在弹出的对话框中分别设置"黑色""白色""黄色""洋红"的数值。

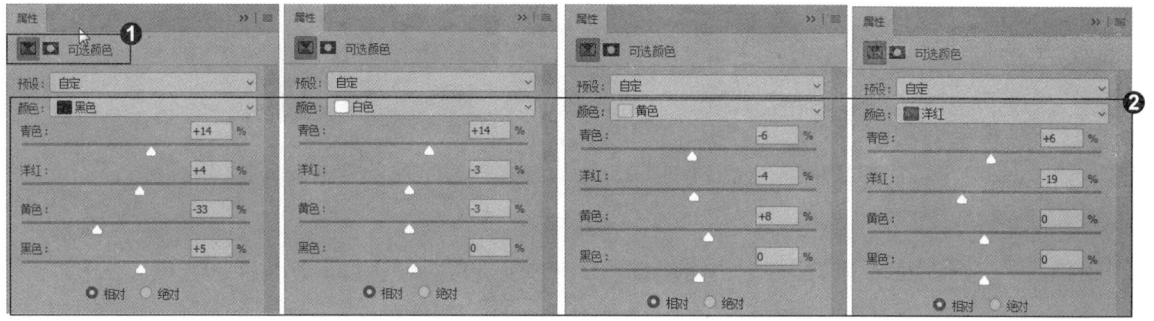

14.设置亮度/对比度

❶在该面板中设置"可选颜色"，选择"红色"，设置其数值，❷再创建一个"亮度/对比度"调整图层，设置参数，加大图像的对比度。

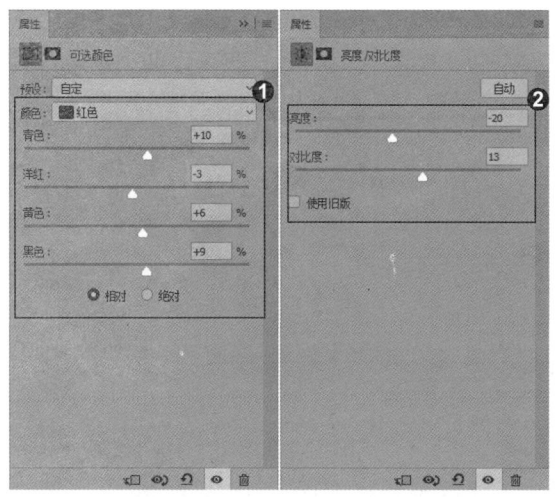

15.制作黄色温馨色调

❶ 为了提亮人物的肤色，可在图层最上方继续创建一个"颜色填充"图层，填充色为白色，混合模式为"滤色"，不透明度为"10%"，将蒙版填充黑色，❷ 使用透明度较低的白色画笔 在人像皮肤上涂抹，❸ 达成满意效果后查看图像，完成黄色温馨色调照片制作。

知识拓展

　　在"通道"对话框中，水平的渐变颜色条为输入色阶，它代表了像素的原始强度值，垂直的渐变颜色条为输出色阶，它代表了调整曲线后像素的强度值。调整曲线之前，这两个数值是相同的，❶将曲线调整为"S"形，可以使高光区域变亮、阴影区域变暗，从而增强色调的对比度，❷反"S"形曲线则会降低对比度。

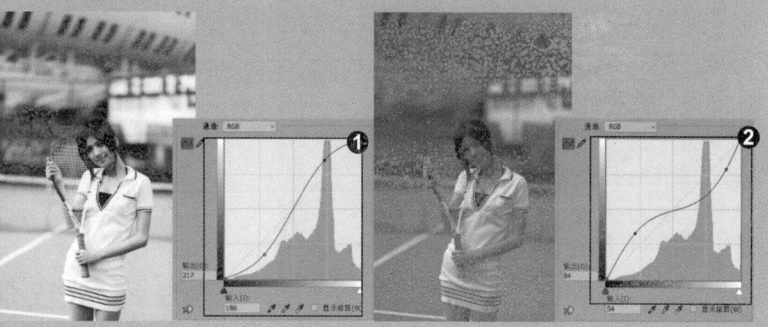

招式 231 打造唯美的淡紫色色调

Q 如果照片在拍摄完成后，想将它打造成唯美的淡紫色色调，在Photoshop中怎么实现呢？

A 可以调整画面的颜色，创建新的填充或调整图层，逐一设置其参数，即可打造唯美的淡紫色色调。

1.复制背景图层

❶打开"第17章\素材\招式231"中的照片素材，❷按Ctrl+J快捷键复制"背景"图层，防止原图被破坏。

2. 创建色相/饱和度调整图层

❶ 单击"图层"面板底部的"创建新的填充或调整图层"按钮，创建"色相/饱和度"调整图层，分别设置"全图""绿色""黄色""青色"的参数，❷ 可查看调整后的效果。

3. 创建曲线调整图层

❶切换"曲线"调整图层，打开"曲线"属性框，设置RGB曲线参数，❷再选择"蓝"曲线，设置其参数。

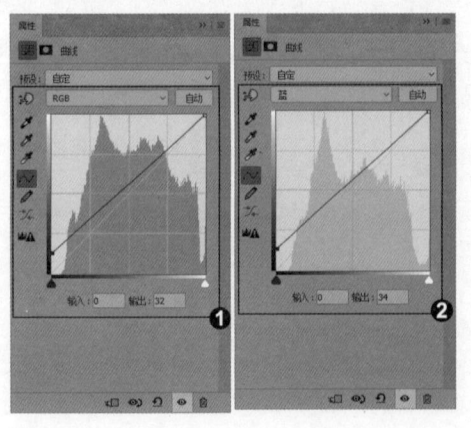

4. 设置可选颜色

❶创建"可选颜色"调整图层，❷在"颜色"下拉列表中分别调整"红色""黄色""白色""中性色""黑色"等通道的数值，设置各个通道中的参数。

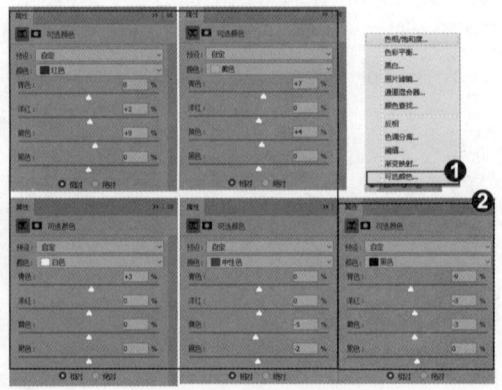

5. 设置色彩平衡

❶ 切换到"色彩平衡"调整图层，在弹出的对话框中分别调整"高光"的数值，❷ 以及"阴影"的数值。

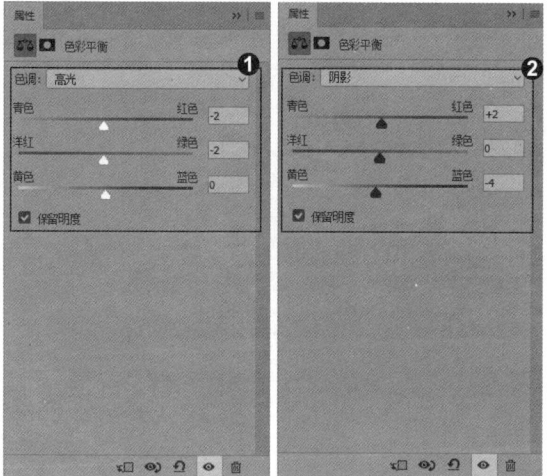

7. 创建色阶调整图层

❶ 再创建一个"色阶"调整图层，设置其参数，❷ 按 Ctrl + Alt + 2 快捷键调出高光选区。

6. 设置可选颜色

❶ 再新建一个"可选颜色"调整图层，在"颜色"下拉列表中调整"洋红"通道的数值，❷ 以及"蓝色"的数值。

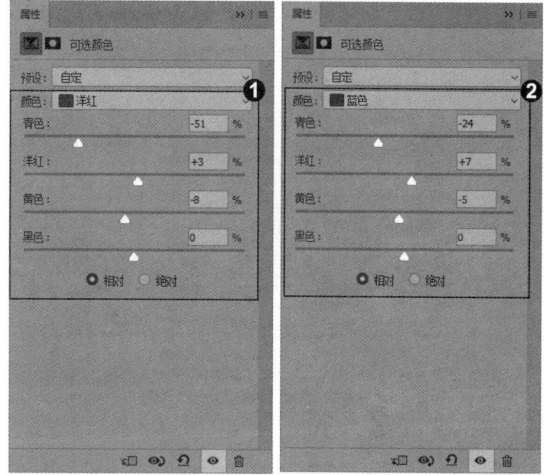

8. 填充选区

❶ 在"图层"面板中新建一个图层，按 Alt+Delete 快捷键填充选区为淡黄色（#C1B6A4），❷ 修改图层模式为"柔光"，不透明度为"30%"。

9. 复制图层

❶ 为该图层添加蒙版，设置前景色为黑色，使用画笔工具涂抹人物，❷ 新建一个图层，将前景色设置为淡黄色（#DDD2BA），使用画笔把左上角部分涂上前景色，❸ 按 Ctrl+J 快捷键把当前图层复制一层，混合模式改为滤色，不透明度改为 50%。

11. 创建可选颜色调整图层

❶ 在"曲线"调整图层上面再创建一个"可选颜色"调整图层，调整中性色的参数，❷ 以及白色的参数。

10. 创建曲线调整图层

❶ 按 Ctrl + Alt + 2 快捷键调出高光选区，再按 Ctrl+Shift+I 反选图像，❷ 创建一个"曲线"调整图层，分别设置 RGB、"绿"和"红"通道参数，将图像颜色加深。

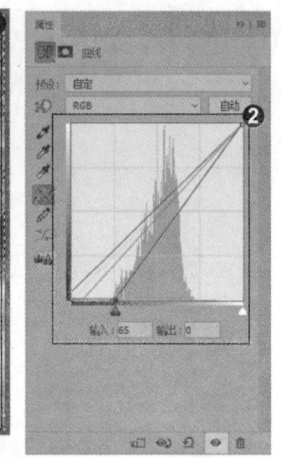

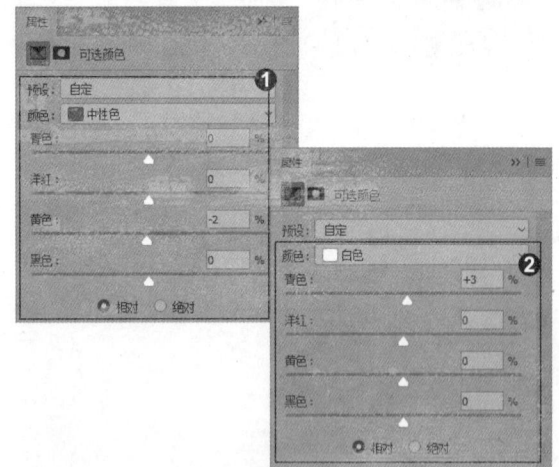

12. 色彩平衡及颜色填充

❶ 继续创建"色彩平衡"调整图层，设置其参数，❷ 在其上方再创建一个"颜色填充"调整图层，设置颜色为白色，图层模式为"柔光"，不透明度改为 20%。

13.打造唯美淡紫色色调

调整完颜色后，即可看到唯美的淡紫色照片效果呈现。

知识拓展

　　调整图层是独立的图层，它的操作效果与图像调整中的调色命令相同，不同的是它的操作命令对其下所有的图层都有效，并且可以反复地对其操作而不会损坏图层。

招式 232 打造金色夕阳色调

Q 在日常生活中看到夕阳色调照片，总是令人心驰神往，如何打造这样一张金色夕阳色调照片呢？

A 可以在图层面板中创建调整图层，调整画面颜色，并不断复制图层，更改图层模式，形成金色夕阳色调。

1.复制背景图层

❶ 打开"第 17 章 \ 素材 \ 招式 232"中的照片素材，❷ 按 Ctrl+J 快捷键复制"背景"图层，防止原图被破坏。

2.加深原图颜色

❶ 在"图层"面板中新建一个图层，填充红色（#ff0303），❷ 更改混合模式为"柔光"，不透明度为 10%，这一步意在加深原图颜色。

3.创建曲线调整图层

❶ 单击"图层"面板底部的"创建新的填充或调整图层"按钮 ，创建"曲线"调整图层，❷ 分别调整"红""绿""蓝"的通道曲线。

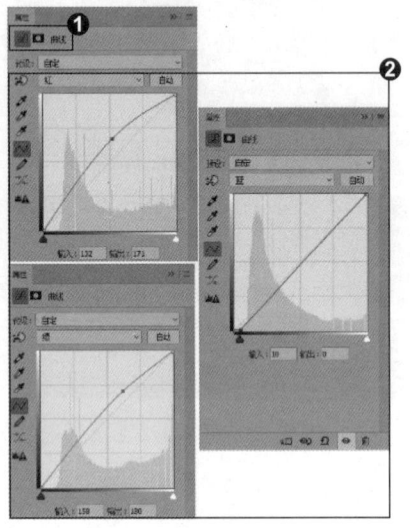

4.创建可选颜色调整图层

❶ 按 Ctrl+J 快捷键复制"曲线 1"图层，❷ 在上创建"可选颜色"调整图层，设置其参数。

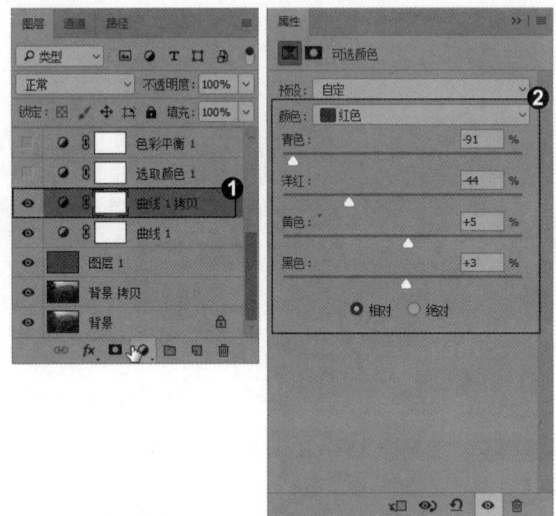

5.设置色彩平衡

❶ 继续创建一个"色彩平衡"调整图层，❷ 在弹出的对话框中分别调整"阴影""中间调"及"高光"的数值。

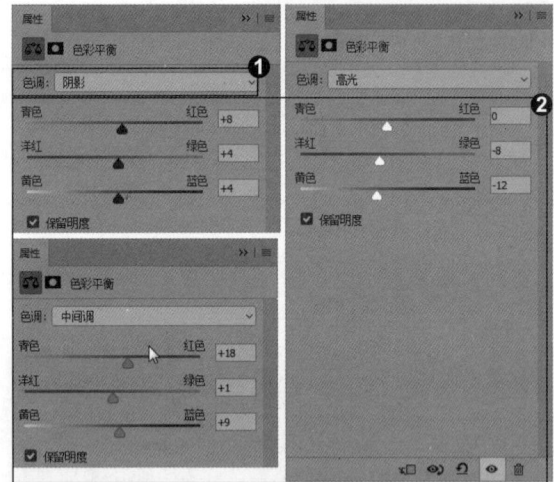

6.复制图层并设置混合模式

❶ 按下 Shift+Ctrl+Alt+E 快捷键盖印一个图层，❷ 再按 Ctrl+J 快捷键复制"图层 2"图层，更改混合模式为"滤色"，不透明度为 30%。

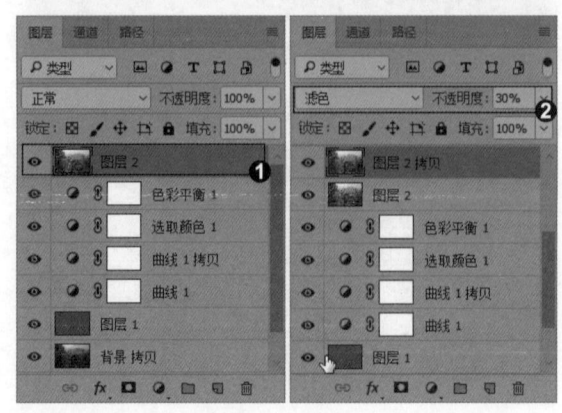

7.盖印图层

❶ 再复制一个图层，更改混合模式为"柔光"，不透明度为 28%，❷ 按 Shift+Ctrl+Alt+E 快捷键盖印一个图层。

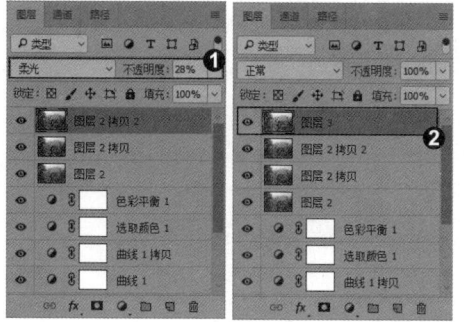

9.添加蒙版

❶ 再按 Ctrl+J 快捷键复制"图层 3"，设置混合模式为"正片叠底"，不透明度为 80%，❷ 为它添加蒙版，使用渐变工具选择白到黑的渐变，在画面中从上至下拉出渐变。

11.打造金色夕阳色调

❶ 再创建一个"亮度 / 对比度"调整图层，在弹出的对话框中调整其参数，加强整体画面的对比度和亮度。❷ 返回到工作面板可查看画面整体效果，金色夕阳色调打造完成。

8.设置"镜头校正"参数

❶ 单击"滤镜"|"镜头校正"命令，打开"镜头校正"面板，❷ 在该面板中设置"镜头型号"及"晕影"。

10.锐化图片

❶ 按下 Shift+Ctrl+Alt+E 快捷键盖印一个图层，❷ 单击"滤镜"|"锐化"|"USM 锐化"命令，打开"USM 锐化"对话框，设置其参数。

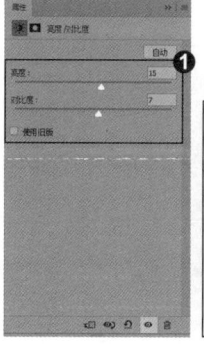

知识拓展

使用"色阶"或是"曲线"调整图像色调时，如果要同时编辑多个颜色通道，可在单击"色阶"命令之前，❶先按住Shift键在"通道"面板中选择这些通道，❷这样"色阶"的"通道"菜单会显示目标通道的缩写，例如，RG表示红色和绿色通道。

招式 **233** 制作阿宝色

Q 拍摄风景照时，一般以清新为主，所以后期经常会修成阿宝色来烘托清新的氛围，那么如何制作阿宝色呢？

A 首先打开图片，调整其画面曲线、亮度，再运用通道制作阿宝色。

1.复制背景图层

❶ 打开"第 17 章 \ 素材 \ 招式 233"中的照片素材，❷ 按 Ctrl+J 快捷键复制"背景"图层，❸ 修改混合模式为"滤色"，设置不透明度为 75%。

2.转换为Lab模式

❶ 按 Ctrl+E 快捷键向下合并图层，❷ 单击"图像" | "模式" | "Lab 颜色"命令，转换为Lab 模式。

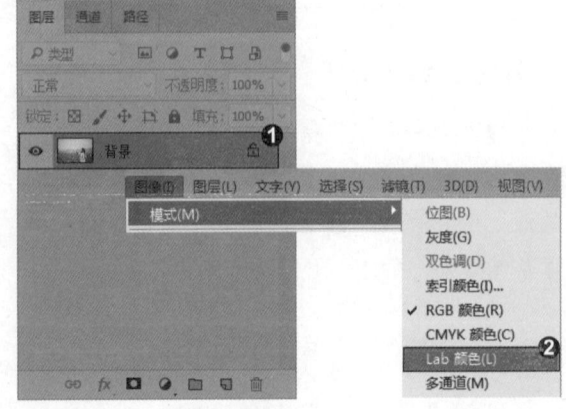

3. 创建曲线调整图层

❶ 单击 "图层" 面板底部的 "创建新的填充或调整图层" 按钮 ，创建 "曲线" 调整图层，在弹出的对话框中调整 "a" 参数值，❷ 然后调整 b 的参数值。

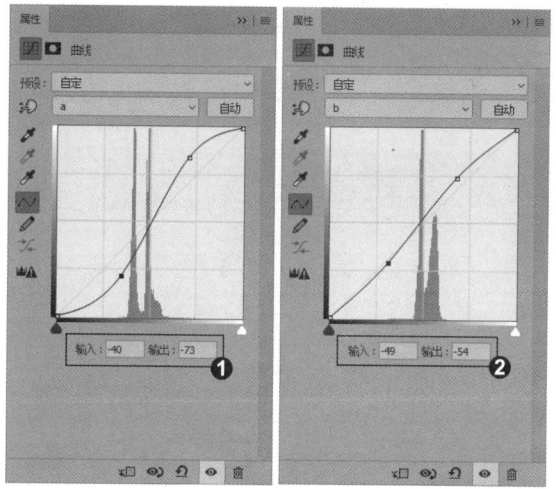

4.转换为RGB模式

❶ 按 Ctrl+E 快捷键向下合并图层，❷ 单击 "图像" |"模式" |"RGB 颜色" 命令，转换回 RGB 模式。

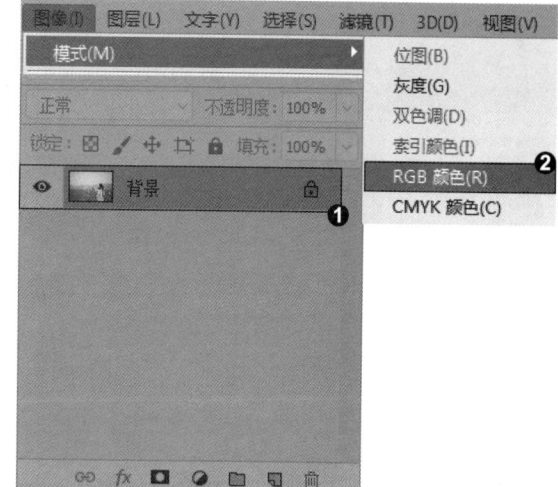

5. 羽化选区

❶ 使用魔棒工具 在绿色部分单击，使它载入选区，再按 Ctrl+Shift+I 快捷键反选人像，❷ 单击 "选择" |"修改" |"羽化" 命令，在弹出的 "羽化选区" 对话框中设置羽化值为 8 像素。

6. 创建色阶调整图层

❶ 单击 "图层" 面板底部的 "创建新的填充或调整图层" 按钮 ，创建 "色阶" 调整图层，在打开的 "色阶" 属性框中设置参数，❷ 提亮人像亮度。

7. 复制通道颜色

❶ 切换到 "通道" 面板，选中 "绿" 通道，按住 Ctrl 键单击 "绿" 通道缩览图，使它载入选区，按 Ctrl+C 快捷键复制，再选中 "蓝" 通道，按 Ctrl+V 快捷键粘贴，❷ 返回到 RGB 通道，按 Ctrl+D 快捷键取消选区，阿宝色照片制作完成。

知识拓展

　　ab模式的a通道和b通道比较特殊，a通道包含介于绿与洋红之间的颜色（互补色），b通道包含介于蓝与黄之间的颜色（互补色）。在这两个通道中，50%的灰度代表了中性色，通道越亮，颜色越暖，通道越暗，颜色越冷，因此，将a通道调亮，就会增加洋红色（暖色）；将a通道调暗，会增加绿色（冷色）；将b通道调亮，会增加黄色；将b通道调暗，则会增加蓝色。

★★★★★ 招式 234 制作红外照片效果

Q 红外摄影是一种比较另类的摄影方式，它能使照片呈现出与众不同的观感，如果在没有加红外滤镜的情况下，如何运用Photoshop做出红外照片的效果呢？

A 首先打开图片，利用"反相"命令使照片反相，修改图层模式，再创建调整图层，降低图像饱和度，使图像呈现出长时间曝光的效果，完成红外照片制作。

1.复制背景图层

　　❶打开"第17章\素材\招式234"中的照片素材，❷按Ctrl+J快捷键复制"背景"图层，防止原图被破坏。

2.反相图像并设置混合模式

❶ 单击"图像"|"调整"|"反相"命令，即可将照片反相，❷ 在"图层"面板中修改图层模式为"颜色"。

3. 创建通道混合器调整图层

❶ 单击"图层"面板底部的"创建新的填充或调整图层"按钮，创建"通道混合器"调整图层，❷ 在弹出的对话框中分别设置"蓝""红"通道的数值。

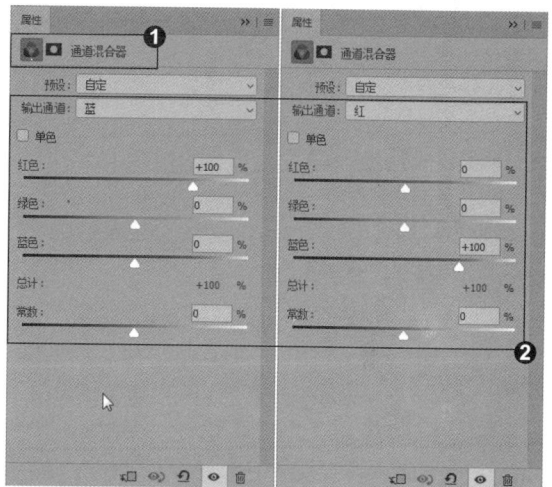

4. 创建色相/饱和度调整图层

❶ 继续创建"色相/饱和度"调整图层，❷ 在弹出的对话框中分别设置"蓝色""红色"通道的数值。

5. 创建通道混合器调整图层

❶ 在"色相/饱和度 1"调整图层上方创建一个"通道混合器"调整图层，在弹出的对话框中设置其属性值，❷ 在"图层"面板中新建一个图层。

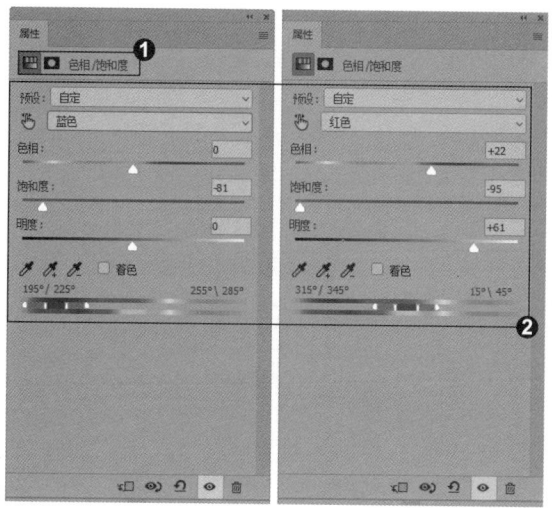

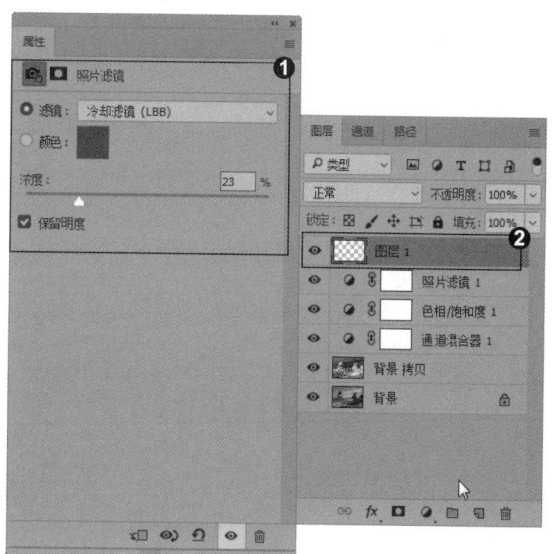

6.设置"应用图像"参数

❶ 单击"图像"|"应用图像"命令，❷ 在弹出的对话框中分别设置其参数，单击"确定"按钮。

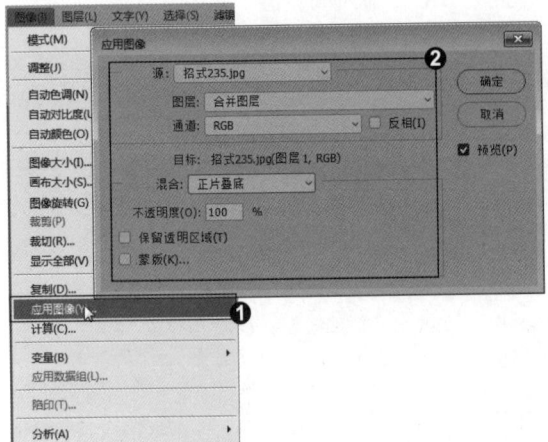

7.制作红外照片效果

红外照片制作完成，返回到工作面板可以查看图像效果。

知识拓展

　　"应用图像"命令主要是在图像中利用图层图像并通过图层混合模式的设置来合成图像。在照片的处理中可以应用此命令合成不同的图像文件，得到特殊的艺术照片效果，多次尝试更会得到意想不到的效果。

　　在"应用图像"对话框中的"图层"下拉列表中可以选择不同的图层，来对不同图层的图像进行调整。不同色，值也不相同，所以在设置参数的时候，要根据图片的色彩信息来决定参数的多少，不能够一概而论。

第 18 章

人像数码照片美化与修饰

　　Lightroom是一款色调处理软件，对光影色调的处理得心应手，但是涉及人像精修，比如制作双眼皮、拉伸人物比例等操作时就无从下手。本章主要讲解在Photoshop中处理Lightroom无法处理的技能，通过本章的学习可以掌握人像精修的各种技法。

招式 **235** 消除红眼

Q 在拍摄时，如果因为外在原因导致拍出来的人像出现红眼，在Photoshop中该怎么去除呢？

A 在Photoshop中，可以选择工具面板中的红眼工具，单击红眼区域，即可消除红眼。

1.复制背景图层

❶ 打开"第18章\素材\招式235"中的照片素材，❷ 在"图层"面板中选择"背景"图层，拖曳到新建图层按钮上，复制一个背景图层。

2.选择红眼工具

❶ 按住 Ctrl++ 快捷键放大图片，以便观察红眼，❷ 选择工具面板中的 <kbd>+◉</kbd>（红眼工具）。

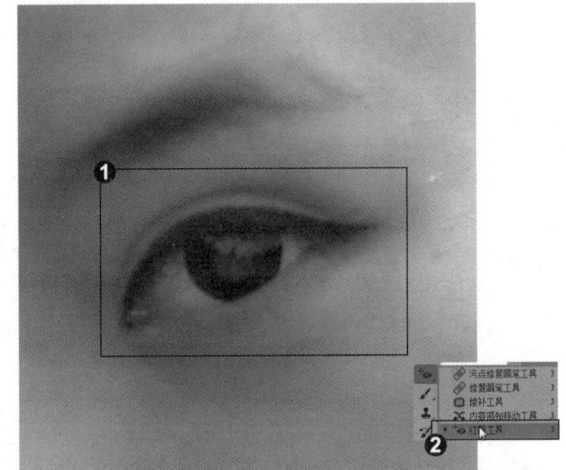

3.去除红眼

❶ 使用红眼工具 <kbd>+◉</kbd> 在红眼区域单击，即可消除红色，多单击几次，恢复到满意颜色，❷ 对另一只眼睛也进行此操作，可查看去除红眼后的效果。

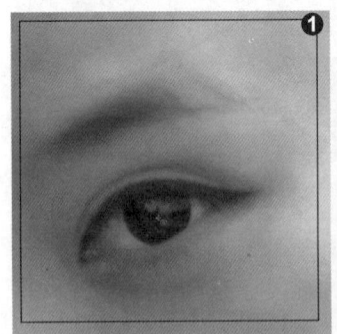

知识拓展

使用红眼工具需要根据红眼的大小设置该工具的属性参数，根据"瞳孔大小"和"变暗量"的参数设置，决定去除红眼后的效果。

★★★★★ 招式 236 单眼皮变双眼皮

Q 有许多人对双眼皮情有独钟，但偏偏自己不是双眼皮，在后期有没有什么办法将单眼皮变成双眼皮吗？

A 当然有，可以使用钢笔工具绘制路径，选择描边路径便能得到双眼皮的效果。

1.复制背景图层

❶ 打开"第 18 章 \ 素材 \ 招式 236"中的照片素材，❷ 在"图层"面板中选择"背景"图层，拖曳到新建图层按钮上，复制一个背景图层。

2.选择钢笔工具并绘制路径

❶ 选择工具面板中的 （钢笔工具），❷ 按住 Ctrl++ 快捷键放大图片，使用钢笔工具 在眼皮上绘制双眼皮的路径。

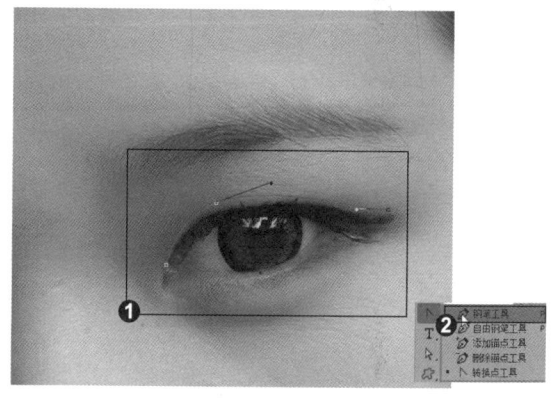

3.描边路径

❶ 选择画笔工具 ✎，设置硬边画笔大小为 8 像素，再单击前景色，当鼠标指针变成 ✎ 状时，吸取眼皮的颜色，再在色板上选择更深的颜色，❷ 回到钢笔工具 ✐，右击，在弹出的快捷菜单栏中选择"描边路径"命令。

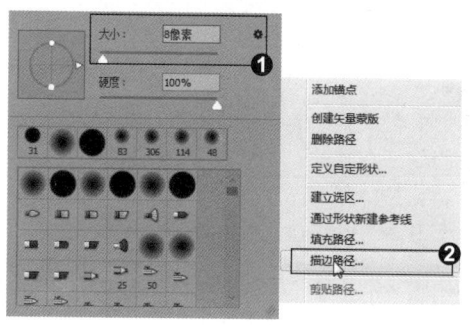

4.加深描边

❶ 在弹出的对话框中选择"画笔"，勾选"模拟压力"复选框，单击"确定"按钮，即可增加双眼皮，❷ 选择工具面板中的加深工具 ，在描边中透明度较高的地方涂抹，使它显示出来，令双眼皮更具真实感。

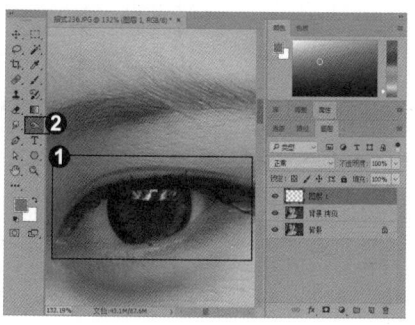

5.绘制另一双眼皮

❶在"图层"面板中新建一个图层，❷使用钢笔工具 ✒ 参照上述步骤绘制另一边眼皮。

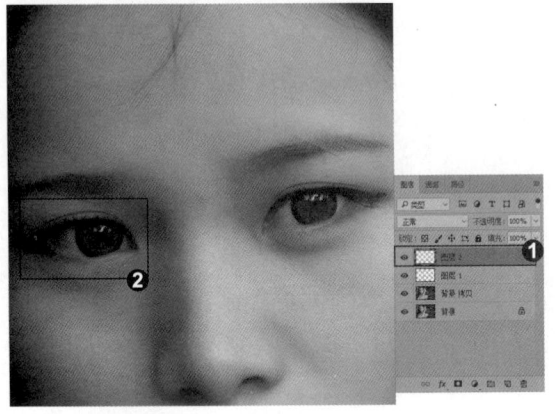

6.设置"高斯模糊"参数

❶按 Ctrl+E 快捷键向下合并图层，❷单击"滤镜"|"模糊"|"高斯模糊"命令，设置半径为 1 像素。

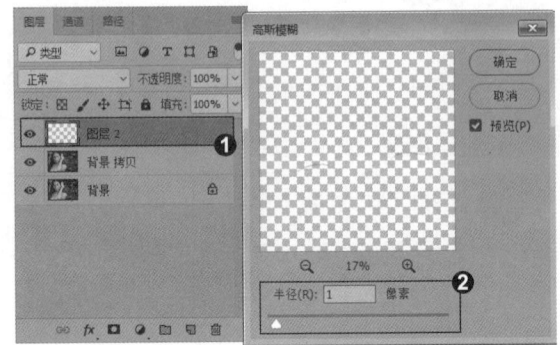

7.查看双眼皮效果

单击"确定"按钮，即可返回到工作面板，查看双眼皮的效果。

知识拓展

❶如果想要双眼皮的效果更明显，可以新建一个图层，修改混合模式为"深色"，吸取眼皮颜色为前景色，使用画笔工具 ✏ 在眼皮上涂抹，❷即可令双眼皮的效果更加明显。

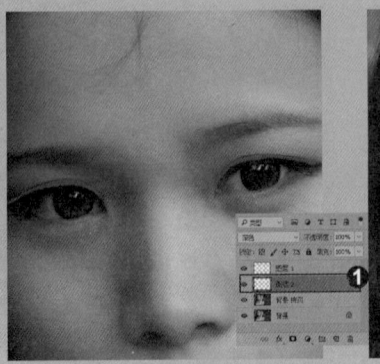

★★★★★ 招式 237 清除眼袋

Q 处理人像图片时，有些眼袋比较影响美观，该如何清除呢？

A 可以在工具面板中选择修补工具，圈选眼袋，拖曳到平滑的皮肤上，再辅以仿制图章工具即可清除眼袋。

1.复制背景图层

❶ 打开"第 18 章 \ 素材 \ 招式 237"中的照片素材，❷ 在"图层"面板中选择"背景"图层，拖曳到新建图层按钮上，复制一个背景图层。

2.修补工具圈选眼袋

❶ 选择工具面板中的 🔘（修补工具），❷ 单击并拖曳圈选眼袋。

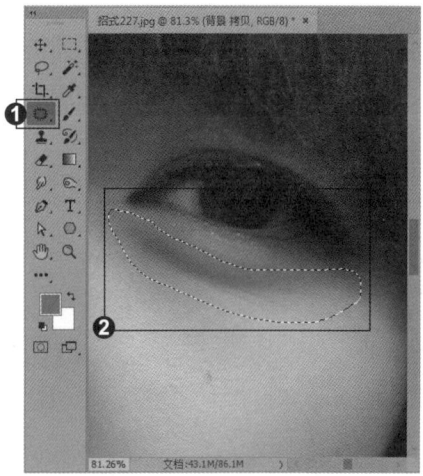

3.渐隐修补工具

❶ 使用修补工具 🔘 拖曳选区内容到平滑的皮肤上，❷ 单击"编辑"|"渐隐修补选区"命令，在弹出的对话框中设置不透明度为 58%，单击"确定"按钮。

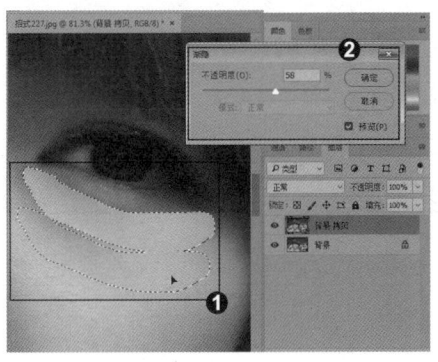

4.仿制图章工具去除眼袋

使用修补工具修补完成后，如果还有不满意的地方，可以使用仿制图章工具 🔳 进行深度修复。

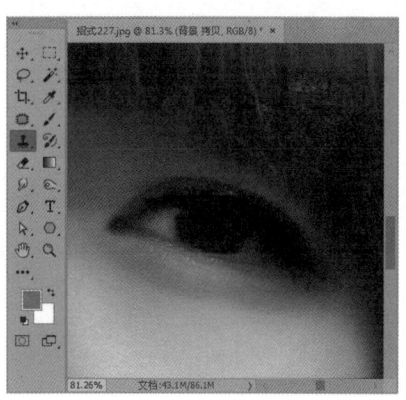

5.清除眼袋

❶ 对另一边的眼袋也进行同样的操作，去除眼袋，❷ 最后将图像缩小，可查看完成的效果。

 **知识拓展**

除了使用修补工具 可以清除眼袋外，还可以使用多边形套索工具 ✄ 选取光滑的皮肤部分并覆盖人物眼袋，其原理和修补工具一样，完成后调整皮肤的不透明度，盖印图层，并通过仿制图章工具 ♣ 再次对眼袋部分进行调整，使其自然过渡。

招式 238 打造大眼睛

 **Q** 大眼睛能够给人机灵漂亮的感觉，拥有一双大眼睛是很多人的愿望，那么可不可以用Photoshop实现这个愿望呢？

A 当然可以，在菜单栏中选择"液化"命令，即可打开液化面板，选择其中的工具将眼睛放大，做出大眼效果。

1.复制背景图层

❶ 打开"第18章\素材\招式238"中的照片素材，❷ 在"图层"面板中选择"背景"图层，拖曳到新建图层按钮上，复制一个背景图层，防止原图被破坏。

2.放大眼睛

❶ 单击"滤镜"|"液化"命令，打开"液化"对话框，选择"向前变形工具" ，❷ 设置画笔大小为"10"，然后可以将画面放大，在人物眼睛边缘单击并向上推动变形，使眼睛变大。

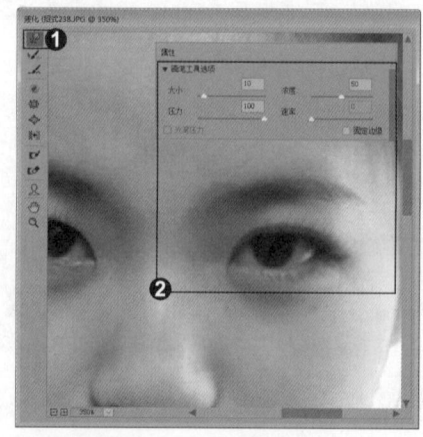

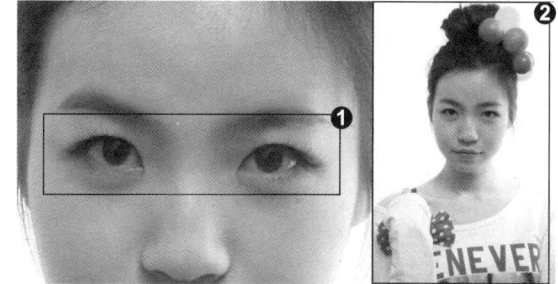

3.调整双眼大小

❶ 对另外一只眼睛也做同样操作，进行变形处理，让两边眼睛保持相同大小比例，❷ 单击"确定"按钮关闭液化对话框，即可看到眼睛放大的整体效果。

知识拓展

在Photoshop中还有另外一种变大眼睛的方法，❶可以使用套索工具 ⬭ 圈选眼睛的一半，按住Shift+F6快捷键调出"羽化"对话框，设置其参数，单击"确定"按钮，回到工作面板，❷按Ctrl+C快捷键复制选区内容，再按Ctrl+V快捷键粘贴，即可生成一个图层，选择移动工具，按键盘上的↑键即可将眼睛放大，对另一只眼睛也执行此操作，完成放大眼睛的操

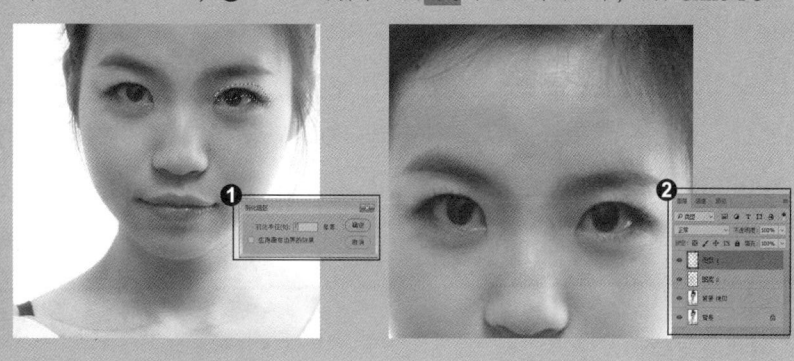

招式 239 让眉毛变回来

Q 没有化妆时，拍出来的照片会比较素，甚至眉毛颜色都看不到，这种情况应该怎么在后期补救呢？

A 打开要编辑的照片，使用钢笔工具描出眉形，复制眉毛，添加蒙版，更改混合模式为正片叠底，即可刷出眉毛颜色，让眉毛变回来。

1.复制背景图层

❶ 打开 "第 18 章 \ 素材 \ 招式 239"中的照片素材，❷ 在"图层"面板中选择"背景"图层，拖曳到新建图层按钮上，复制一个背景图层，防止原图被破坏。

2.用钢笔工具描绘眉形

❶ 使用钢笔工具 ✐ 围绕眉毛边缘绘制一个选区，按 Ctrl+Shift+I 快捷键反向选区。❷ 选择仿制图章工具 🔖 在眉毛附近的皮肤上取样，然后在选区内单击修正眉形。

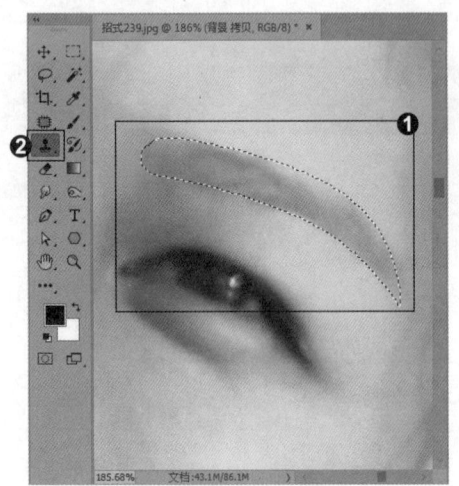

4.用画笔工具加深眉毛颜色

❶ 按 Ctrl+J 快捷键复制选区内容图像得到"图像 1"，修改混合模式为"正片叠底"，按住 Alt 键添加图层蒙版，❷ 设置前景色为"白色"，使用不透明度为 20% 的画笔在蒙版上涂抹眉毛，加深眉毛颜色。

5.查看眉毛效果

❶ 参照同样的方法做出另一条眉毛，❷ 查看最后完成的效果。

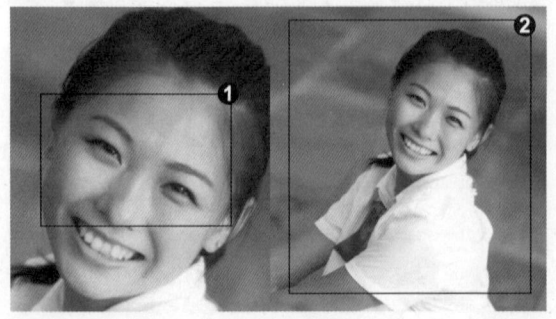

3.羽化选区

❶ 再反向一次，将眉毛载入选区，单击"选择"|"修改"|"羽化"命令，❷ 在弹出的"羽化选区"对话框中设置羽化半径为 5 像素。

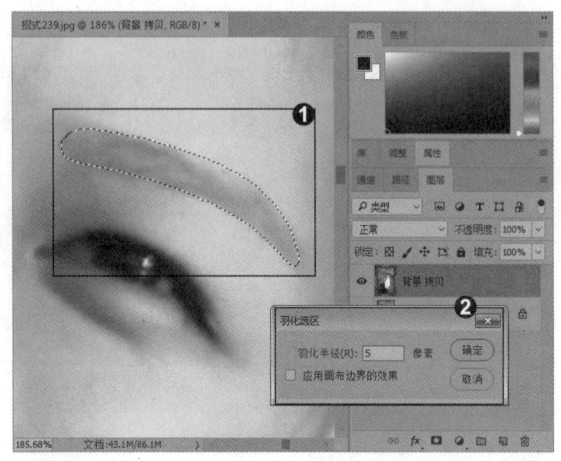

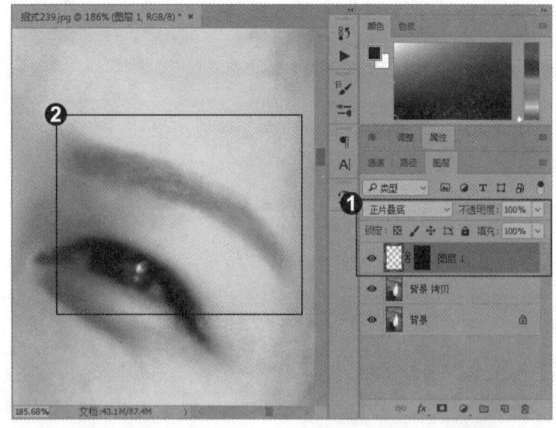

知识拓展

在对脸部位置进行编辑时，可以用缩放工具来放大局部图像。按 Ctrl++ 快捷键可以放大图像，按 Ctrl+- 快捷键可以缩小图像。在图像放大时，可以按住空格键不放，切换到抓手工具 🖐，方便地移动图像的位置，以便更好地进行编辑。

招式 240　妆点眼影告别素颜

 如何在后期给人物妆点眼影呢？

 在Photoshop中打开要编辑的图片，使用画笔工具在人物眼睛上涂抹，更改混合模式为"颜色"，再调整图层的颜色，即可为人物妆点眼影。

1.复制背景图层

❶ 打开"第18章\素材\招式240"中的照片素材，❷ 在"图层"面板中选择"背景"图层，拖曳到新建图层按钮上，复制一个背景图层，防止原图被破坏。

2.用画笔绘制眼影

❶ 在"图层"面板中新建一个图层，❷ 设置前景色为蓝色（# 363a7f），使用画笔工具 ✐ 在眼睛边缘涂抹，绘制出眼影形状。

3.更改混合模式

❶ 单击"滤镜"|"模糊"|"高斯模糊"命令，在弹出的"高斯模糊"对话框中设置其参数，❷ 更改该图层的混合模式为"颜色"，为其添加蒙版，使用黑色画笔将多余的眼影擦除。

4.创建色相/饱和度调整图层

❶ 创建"色相 / 饱和度"调整图层，修改各项参数，❷ 按 Ctrl+Alt+G 快捷键创建剪贴蒙版，只调整蓝色眼影的颜色。

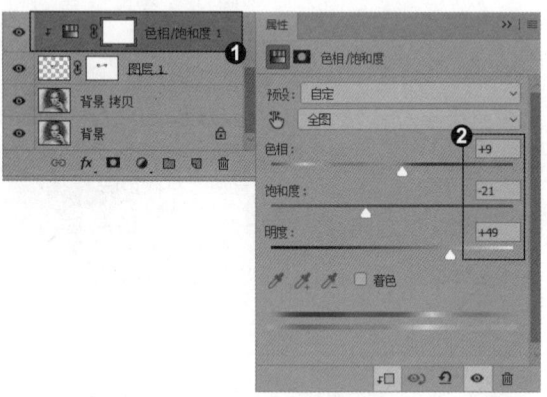

5.添加内眼影

❶ 新建一个图层，修改混合模式为"颜色"，❷ 设置前景色为紫色（# ba21e0），使用画笔工具 在眼睛内边缘绘制一圈眼影。

6.添加叠加眼影

❶ 再新建一个图层，修改混合模式为"叠加"，❷ 设置前景色为橘黄色（# e07721），使用画笔工具 在眼睛内边缘绘制一圈眼影。

7.添加宝石

❶ 打开"招式 240"宝石素材，单击并拖曳到编辑的项目文件中，❷ 将宝石移动至合适位置，按 Ctrl+J 快捷键多次复制宝石，调整宝石的大小和位置，点缀眼影。

知识拓展

使用画笔工具 可以在图像中的任意位置涂抹前景色，达到添加颜色的效果，在人像处理中常用于局部妆容色彩的修饰，给人像添加自然的彩妆效果。在工具箱中选择"画笔工具"，可以查看该工具的选项。

8.复制宝石

❶ 在"图层"面板中按住 Ctrl 键选中所有宝石图层，❷ 按住 Ctrl+Shift 快捷键使用移动工具将其复制一份到另一边眼睛，按 Ctrl+T 快捷键显示定界框，将其水平翻转，放置在合适位置。

10.创建调整图层

❶ 单击"图层"面板底部的"创建新的填充或调整图层"按钮 ，在下拉菜单中选择"色相/饱和度"，设置其参数，按 Ctrl+Alt+G 快捷键创建剪贴蒙版，更改眼影的颜色。❷ 再创建一个"曲线"调整图层，调整其 RGB 通道曲线，压暗亮度，同样创建剪切蒙版。

9.添加投影

❶ 选中所有宝石图层，为其新建一个组，❷ 再单击"图层"面板底部的"添加图层样式"按钮 *fx*，打开"图层样式"对话框，设置其投影参数。

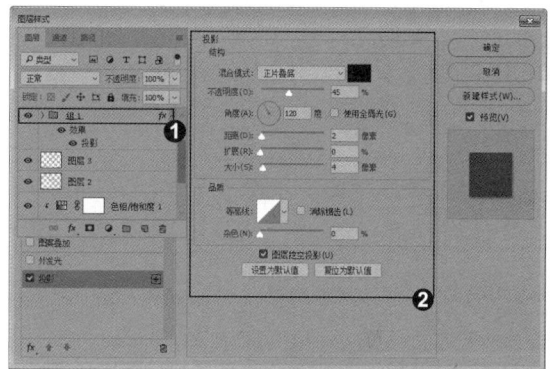

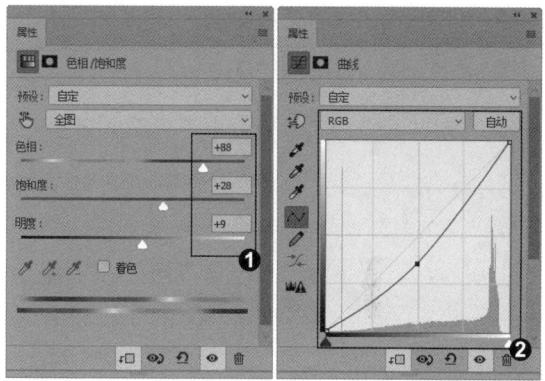

11.查看眼妆效果

❶ 使用黑色画笔在"曲线"蒙版中擦出宝石高光部分，❷ 返回到工作面板，即可查看图像效果，完成妆点眼影效果。

Lightroom 照片处理实战秘技 **250** 招

招式 **241** 挽救大鼻子

Q 在五官中，鼻子是很影响视觉效果的一个部位，如果有一个大鼻子的话，在后期处理中如何挽救呢？

A 在Photoshop中可以利用菜单栏中的"球面化"滤镜，减小数值缩小鼻子，得到想要的效果。

1.复制背景图层

❶ 打开 "第18章 \ 素材 \ 招式242" 中的照片素材，❷ 在"图层"面板中选择"背景"图层，拖曳到新建图层按钮上，复制一个背景图层，防止原图被破坏。

2.框选鼻子区域

❶ 使用椭圆工具  在要缩小的区域建立选区，❷ 单击"滤镜"|"扭曲"|"球面化"命令。

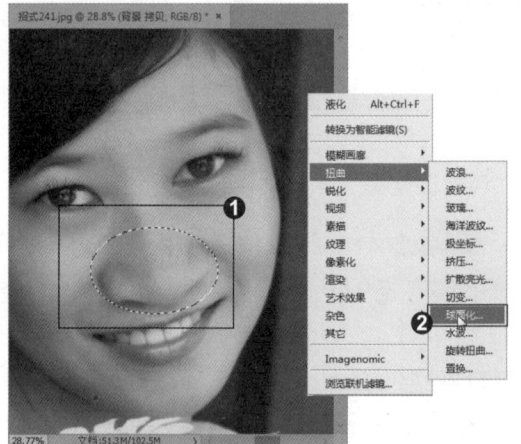

3.球面化缩小鼻子

❶ 打开"球面化"对话框,设置参数,单击"确定"按钮,即可缩小鼻子, ❷ 返回到工作面板即可查看图像整体效果。

知识拓展

在Photoshop中还可以使用"液化"命令挽救大鼻子，单击菜单栏中的"滤镜"|"液化"命令，打开"液化"对话框，在属性下的"鼻子"选项栏中设置参数，再选择"向前变形工具" ，设置其画笔工具选项参数，调整鼻子的大小和形状。

★ ★ ★ ★
招式 242 打造挺拔鼻梁

Q 在人的五官中，有一个挺拔立体的鼻梁可以给外貌增色不少，如果人物本身鼻梁并没有那么立体，可不可以在后期处理中将人物鼻梁变得立体呢？

A 当然可以。打开要编辑的图片，在菜单中选择液化命令，调整其参数使鼻梁变挺，单击"确定"按钮，即可查看效果。

1.复制背景图层

❶ 打开 "第 18 章\素材\招式 242"中的照片素材，❷ 在"图层"面板中选择"背景"图层，拖曳到新建图层按钮上，复制一个背景图层，防止原图被破坏。

3.填充50%灰色

❶ 在"图层"面板中新建一个图层，修改混合模式为"叠加"，❷ 单击"编辑"|"填充"命令，在弹出的对话框中设置内容为"50% 灰色"，单击"确定"按钮。

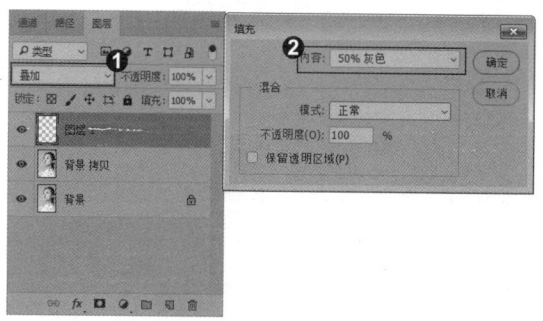

2.利用"液化"命令改造鼻梁

❶ 单击"滤镜"|"液化"命令，打开"液化"对话框，在"人脸识别液化"选项下设置"鼻子"的参数，❷ 再选择"膨胀工具"，设置其画笔大小，在鼻梁上单击，可令鼻梁变挺，重复此操作，达到满意效果，即可单击"确定"按钮。

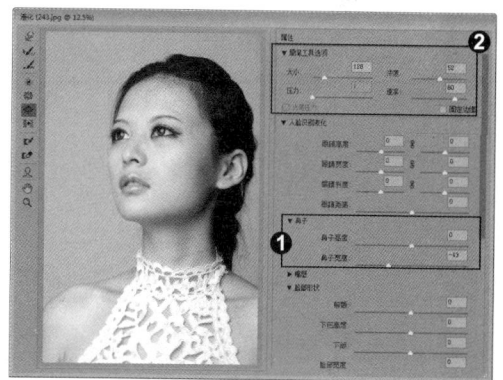

4.用加深工具为鼻添加梁阴影

❶ 选择工具箱中的 ◔ （加深工具），设置其参数，❷ 在鼻梁右侧涂抹，添加阴影，完成挺拔鼻梁的打造。

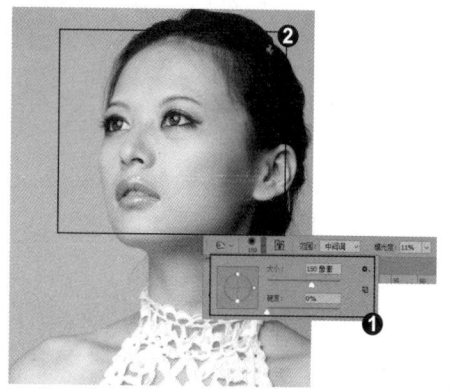

知识拓展

选择工具箱中的"加深工具" ，在工具选项栏中对各项参数进行设置，在画面中需要加深的区域反复涂抹，可以观察到该区域的图像颜色被加深。

★★★★ 招式 243 美白牙齿

Q 拍摄照片时，牙齿不够白，拍摄出的照片效果没那么好，后期怎么办呢？

A 可以使用套索工具将牙齿圈出来，再创建调整，为照片创建色彩平衡调整图层，调整牙齿高光，即可美白牙齿。

1.复制背景图层

❶ 打开 "第 18 章 \ 素材 \ 招式 243 " 中的照片素材，❷ 在 "图层" 面板中选择"背景"图层，拖曳到新建图层按钮上，复制一个背景图层，防止原图被破坏。

2.设置羽化半径

❶ 使用套索工具 ，在牙齿边缘拖曳出选区，❷ 单击 "选择" | "修改" | "羽化" 命令，在弹出的对话框中设置羽化半径为 2 像素。

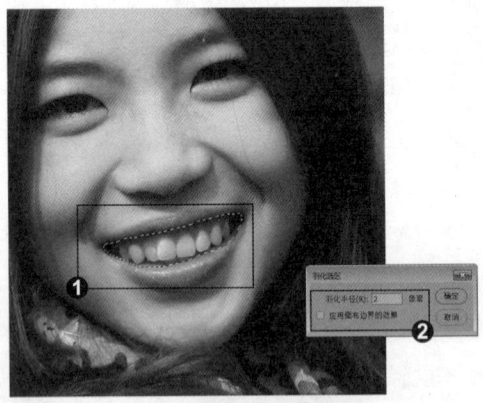

3.创建色彩平衡调整图层

❶ 单击 "图层" 面板底部的 "创建新的填充或调整图层" 按钮 ，在下拉菜单中选择 "色彩平衡"，在弹出的对话框中设置 "高光" 参数，❷ 此时即可看到选区内的牙齿更改了色调，去除了黄色，完成美白效果。

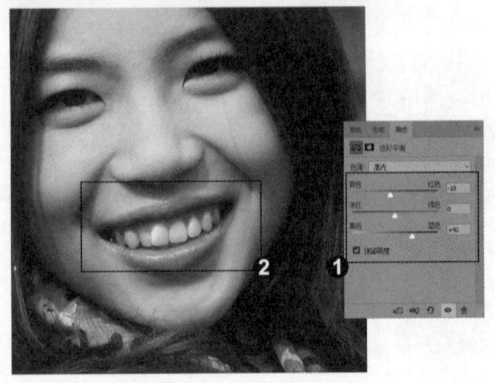

 **知识拓展**

　　创建了调整图层后，单击"色相/饱和度"调整图层前的"图层缩览图"，在打开的"属性"面板中将显示该调整图层的相关设置选项，对选项的参数进行设置后，在图像窗口可以看到图像的效果发生了改变，并且调整图层不会对原图像造成破坏。

招式 244 打造整齐牙齿

Q　一口整齐的牙齿会给人物的笑容加分，而反之，如果牙齿不整齐即会呈现相反的效果，如何用Photoshop打造整齐的牙齿呢？

A　可以使用仿制图章工具复制旁边整齐的牙齿到不整齐的牙齿上，不断复制，再辅以其他命令即可达到想要的效果。

1.复制背景图层

❶ 打开"第 18 章 \ 素材 \ 招式 245 "中的照片素材，❷ 在"图层"面板中选择"背景"图层，拖曳到新建图层按钮上，复制一个背景图层，防止原图被破坏。

3.使用仿制图章工具复制牙齿

❶ 按 Ctrl+Enter 快捷键将路径载入选区，❷ 使用 （仿制图章工具）在人物的牙齿上取样，用来修复牙齿，调整到合适形状。

2.绘制牙齿路径

❶ 选择工具箱中的 （钢笔工具），❷ 在不整齐的牙齿边缘绘制路径。

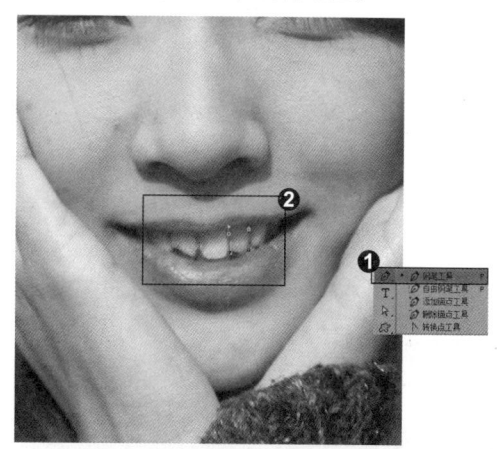

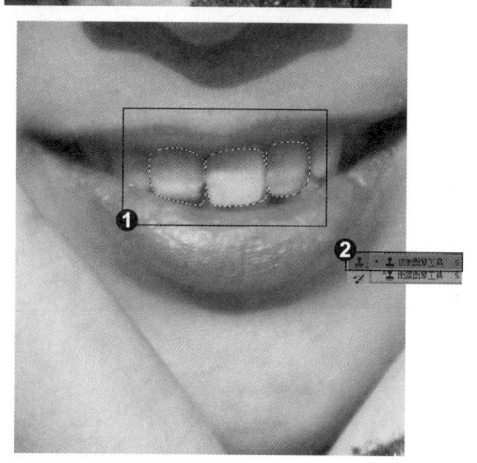

4.使用褶皱工具改变牙齿大小

❶ 单击"滤镜"|"液化"命令，打开"液化"面板，选择褶皱工具 ，❷ 在画笔大小中设置"41"，即可在牙齿不整齐处单击，收缩牙齿，改变牙齿大小。

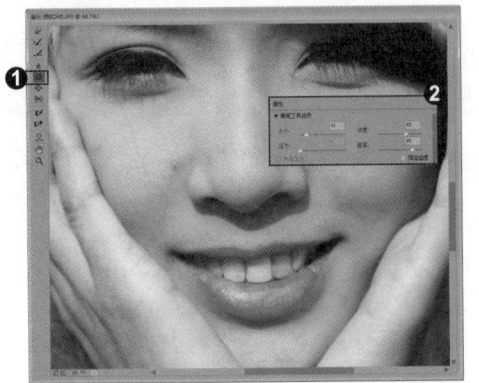

5.查看牙齿修补效果

单击"确定"按钮，关闭对话框，回到工作面板，即可查看图像效果，完成整齐牙齿的打造。

知识拓展

在"液化"对话框中对图像进行液化变形处理时，如需展开画面局部，可放大图像显示，按Ctrl++快捷键就可以放大图像，也可以单击"缩放工具"进行放大。

招式 245 打造樱桃小嘴

Q 为了让人物唇部与脸型与五官更加匹配，必定需要一张樱桃小嘴，在后期如何将大而厚的嘴唇打造成樱桃小嘴呢？

A 可以单击菜单栏中的"液化"滤镜，选择向前变形工具将嘴唇变薄，打造成樱桃小嘴。

1.复制背景图层

❶ 打开 "第 18 章 \ 素材 \ 招式 245" 中的照片素材，❷ 在"图层"面板中选择"背景"图层，拖曳到新建图层按钮上，复制一个背景图层，防止原图被破坏。

2.应用"液化"命令变薄嘴唇

❶单击"滤镜"|"液化"命令，打开"液化"对话框，选择"向前变形"工具，❷设置画笔大小为"60"，放大图像，在人物嘴唇边缘推动，达到变薄嘴唇的效果。

3.打造樱桃小嘴

单击"确定"按钮，关闭对话框，回到工作面板，可查看图像整体效果。

知识拓展

❶如果觉得照片中的唇形不够精致，还可以选择工具箱中的仿制图章工具，按住Alt键在人物嘴唇边缘的皮肤上单击取样，❷松开Alt键，然后在嘴唇边缘进行涂抹，继续调整唇形，制作精致的樱桃小口。

招式 246 极致红唇

Q 大红色的唇色总是会呈现一种极致的诱惑，令整个人十分有气色，那么如何用Photoshop做出极致红唇的样子呢？

A 可以使用套索工具将嘴唇圈选出来，然后创建调整图层，调成大红色，完成极致红唇的制作。

1.复制背景图层

❶ 打开"第 18 章 \ 素材 \ 招式 246"中的照片素材，❷ 在"图层"面板中选择"背景"图层，拖曳到新建图层按钮上，复制一个背景图层，防止原图被破坏。

2.复制图层并设置混合模式

❶ 更改"背景 拷贝"图层模式为"滤色"，不透明度为"30%"，❷ 按 Shift+Ctrl+Alt+E 快捷键盖印一个图层，再按 Ctrl+J 快捷键复制"图层 1"图层，更改该图层模式为"柔光"，不透明度为"30%"。

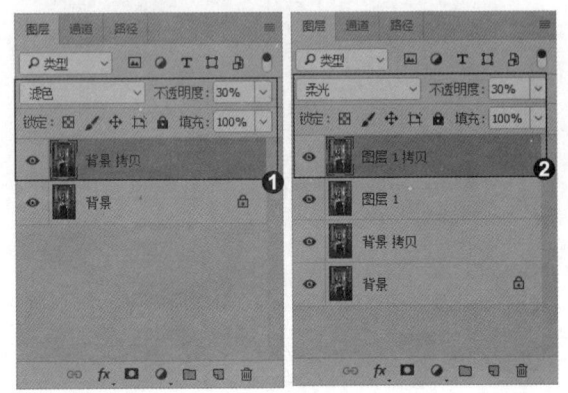

3.框选嘴唇

❶ 使用套索工具 ◯ 在嘴唇边缘单击拖曳出选区，❷ 单击"选择" | "修改" | "羽化"命令，在弹出的对话框中设置羽化半径为 3 像素，单击"确定"按钮。

4.创建可选颜色调整图层

❶ 单击"图层"面板底部的"创建新的填充或调整图层"按钮 ◐，在下拉菜单中选择"可选颜色"，在弹出的对话框中调整"红色"参数，❷ 修改该图层的混合模式为"正片叠底"、不透明度为"80%"。

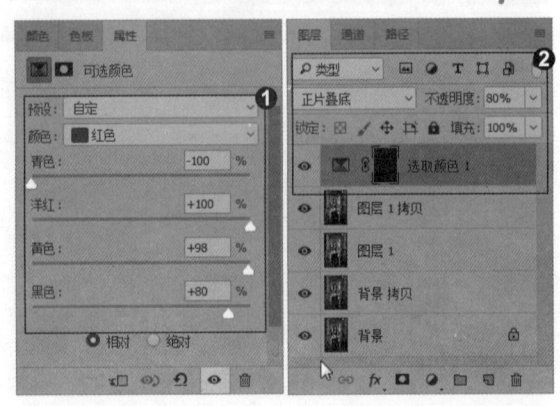

5.调整色彩平衡和曲线

❶ 继续在图层上方创建一个"色彩平衡"调整图层,设置它的"中间调"和"高光"参数,❷ 再创建一个"曲线"调整图层,在弹出的对话框中调整 RGB 曲线参数,调整嘴唇的明暗度。

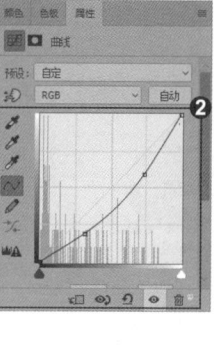

6.画笔擦出牙齿亮度

❶ 此时极致红唇颜色基本打造完成,但是牙齿部分太暗,影响观感,可以使用黑色画笔工具 在每个调整图层蒙版上涂抹,擦出牙齿亮度,❷ 查看完成后的效果。

7.查看极致红唇效果

制作完成后回到工作面板,缩小图像,即可查看极致红唇效果。

知识拓展

如果想令红唇更具层次感,可选择加深工具 ◔ ,在工具选项栏中设置选项,然后使用该工具在嘴唇边缘位置涂抹,可看到被涂抹的区域变暗,增加嘴唇明暗层次的效果。

招式 247 打造 V 脸型

Q 脸部是呈现给人的第一印象，如果一个人脸部肥胖，便会给人一种全身肥胖的感觉，如果想在后期将人物脸部修瘦该怎么做呢？

A 单击菜单栏中的"液化"滤镜，选择人脸识别液化，调整参数，打造成V脸型。

1.复制背景图层

❶打开"第18章\素材\招式247"中的照片素材，❷按Ctrl+J快捷键复制"背景"图层，防止原图被破坏。

2.应用"液化"命令瘦脸

❶单击"滤镜"|"液化"命令，打开"液化"对话框，在"人脸识别液化"选项下设置其参数，❷如果想要更明显的效果，可以选择"向前变形"工具 🖐，设置画笔大小、压力大小，即可在人物脸上推动达到瘦脸效果。

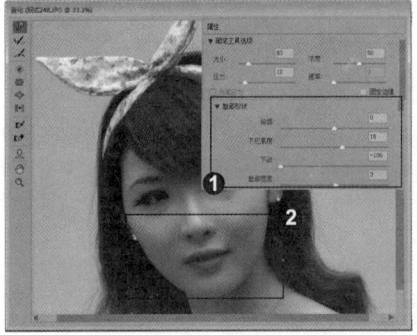

3.打造V脸型

单击"确定"按钮，关闭对话框，回到工作面板，即可查看图像效果，V脸型打造完成。

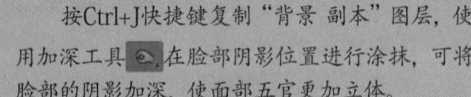
知识拓展

按Ctrl+J快捷键复制"背景 副本"图层，使用加深工具 👆 在脸部阴影位置进行涂抹，可将脸部的阴影加深，使面部五官更加立体。

招式 248 消除皱纹

Q 岁月是一把最无情的刀，会在每个人的脸上留下痕迹，无论当初多么美好的脸庞都终有一天会长出皱纹，那么有没有办法在后期将皱纹消除？

A 当然有。在Photoshop中可以使用污点修复工具去除明显的皱纹，再结合减淡工具可柔化深刻的法令纹。

1.复制背景图层

❶打开"第18章\素材\素招式248"中的照片素材，❷按Ctrl+J快捷键复制"背景"图层，防止原图被破坏。

2.应用污点修复工具去除皱纹

❶ 按住 Ctrl++ 快捷键即可将图像放大查看皱纹位置，选择工具箱中的 ✍（污点修复工具），❷ 在标注箭头的位置单击消除皱纹。

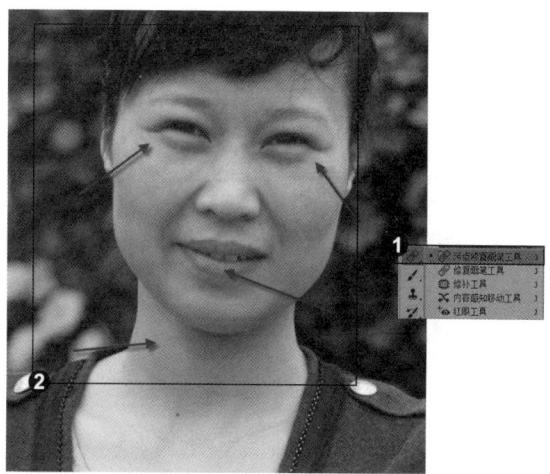

3.应用减淡工具减淡法令纹

❶ 选择工具箱中的 ✍（减淡工具），❷ 在法令纹的位置涂抹达到减淡法令纹的效果。

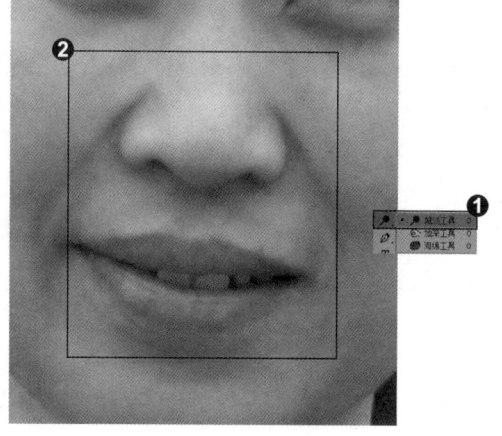

4.设置"表明模糊"参数

❶ 单击"滤镜" | "表面模糊"命令，在弹出的对话框中设置其参数，❷ 按 Ctrl+J 快捷键复制一个"背景 拷贝"图层，修改混合模式为"柔光"，不透明度为 50%。

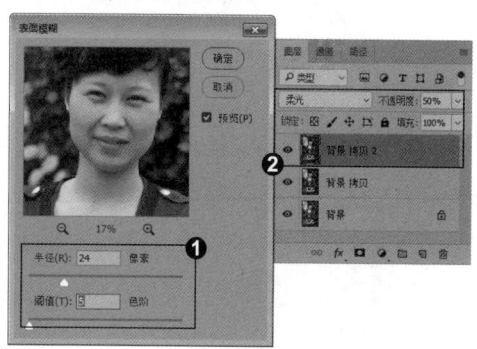

5.消除皱纹

返回到工作面板，将图像缩小即可查看图像效果，消除皱纹。

知识拓展

在照片中对较大色块的修复还可以使用仿制图章工具 来完成，因为该工具的修复功能比较自然，当然，除了可以修补图像外，也可以利用它选取一个整体图案，在照片中需要的位置进行涂抹复制。修复人物皮肤的时候，可以结合多种修复工具配合使用，使修复的效果更自然。

招式 249　消除脸部雀斑

Q 雀斑可以给人俏皮的感觉，但雀斑过多会影响人物形象，在Photoshop中有没有什么方法将雀斑去除呢？

A 当然有方法。可以在菜单栏中单击"表面模糊"命令来消除脸部雀斑，再使用仿制图章工具来进行细致调整，达到更精致的效果。

1.复制背景图层

❶打开"第18章\素材\招式249"中的照片素材，❷按Ctrl+J快捷键复制"背景"图层，防止原图被破坏。

2.设置"表明模糊"参数

❶ 单击"滤镜"|"表面模糊"命令，在打开的对话框中设置其参数，单击"确定"按钮，❷ 如果还有未清除干净的雀斑，可以使用仿制图章工具 ，在平滑皮肤上取样，再覆盖到雀斑位置，即可消除。

3.建立选区

❶ 按住 Ctrl 键单击通道面板中的"红"通道的缩览图，❷ 令其载入选区，再回到"图层"面板中。

4.再次表面模糊

❶ 按 Ctrl+J 快捷键给选区创建一个图层，❷ 再单击"滤镜"|"表面模糊"命令，设置其参数，这一步使人像皮肤更加柔白。

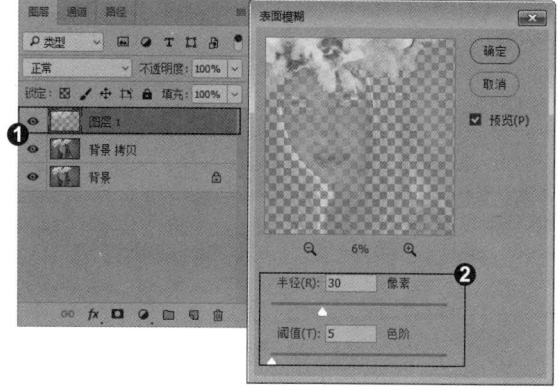

5.擦出细腻皮肤

❶ 为"图层 1"添加一个蒙版，设置前景色为黑色，按 Alt+Delete 快捷键填充蒙版，❷ 使用白色画笔在人物脸上涂抹，擦出细腻皮肤的效果。

6.添加杂色

❶ 按 Ctrl+Shift+Alt+E 快捷键盖印一个图层，❷ 单击"滤镜"|"杂色"|"添加杂色"命令，设置其数值，令图像更有质感。

知识拓展

"蒙尘与划痕"滤镜可以通过修改具有差异化的像素来减少杂色，可以有效地去除图像中的杂点和划痕。在对话框中，"半径"选项用来设置柔化图像边缘的范围；"阈值"选项用来定义像素的差异有多大才被视为杂点，数值越大，消除杂点的能力越弱。

7.创建曲线调整图层

❶ 单击"图层"面板底部的"创建新的填充或调整图层"按钮 ◑，创建"曲线"调整图层，调整 RGB 曲线值，提高画面整体亮度，❷ 回到工具面板，即可查看图像效果，此时消除脸部雀斑。

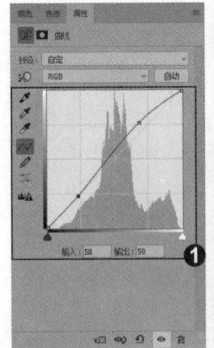

招式 250 打造修长身姿

Q 模特的腿又长又细，穿什么衣服都好看，可不可以利用Photoshop将自己的腿修长呢？

A 可以利用"自由变换"命令向上或是向下拖动定界框修饰腿型。

1.创建矩形选区

❶ 打开"第 18 章 \ 素材 \ 招式 250"照片素材，❷ 在"图层"面板中选择"背景"图层，右击，在弹出的快捷键菜单中选择"复制图层"命令，在弹出的对话框中单击"确定"按钮，复制图层。❸ 选择工具栏中的 ▣（矩形选框工具），在人像腿部创建选区。

2.修饰腿型

❶ 单击"编辑"|"自由变换"命令，或按 Ctrl+T 快捷键显示定界框，❷ 将鼠标指针放置于定界框中间的控制点上，当指针变为 ↕ 形状时，单击并向下拖动鼠标，即可对人像腿部进行修饰。

3.修饰腿部线条

❶ 按 Enter 键确认操作变形，按 Ctrl+D 快捷键取消选区。❷ 单击"滤镜"|"液化"命令，打开"液化"对话框，选择左侧工具箱中的向前变形工具，❸ 在右侧参数面板中设置画笔的大小及压力，涂抹人像腿部，修饰腿部线条。

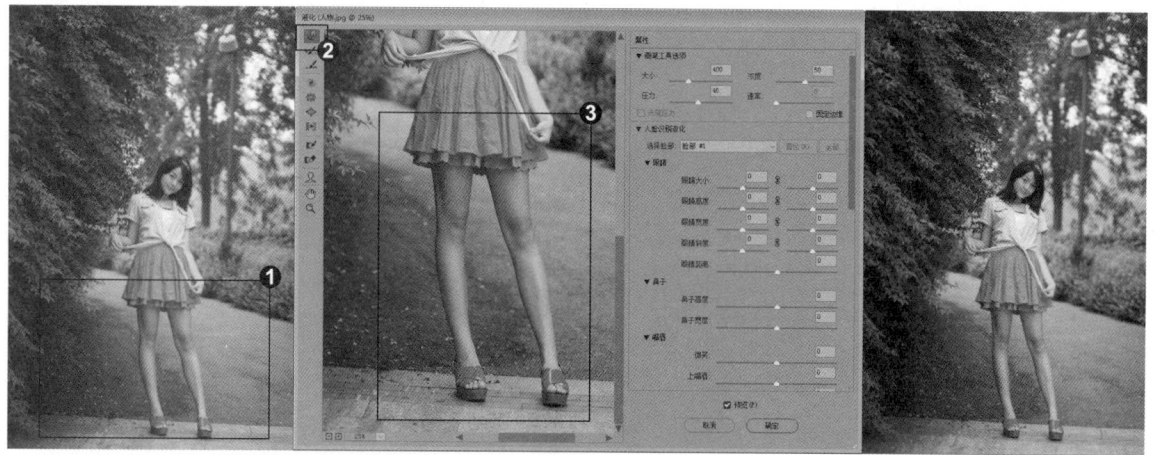

 **知识拓展**

　　在图像中创建选区后，按Ctrl+T快捷键会在选区范围显示定界框，可以对选区进行变形处理，操作方法与整张变形图像的操作一样。若变形过程中，背景也相对发生变形，一定要将原有的图像显示出来，不然图像会穿帮。